바른 먹거리 착한 소비

우리가 사고 먹고 버리는 것들에 대한 이야기

최준석 저

(주)백산출판사

서문

나는 '환경'을 먹는다.

나는 이런저런 '환경'을 마트나 인터넷, 장에 가서 골고루 사 온다. 집에 돌아와 주방에 '환경'을 풀고 '물'에 깨끗하게 씻어 흙먼지 같은 더러움을 닦아낸 후, 페이퍼 타월로 물기를 잘 제거한다. 껍질을 벗기고, 피를 내고, 뼈와 살을 발라서 알맞게 토막을 내 밑손질을 한다. 나무 장작을 태워 불을 켜고, 프라이팬에 석유를 둘러 예열한 뒤, '환경'을 넣어 잘 볶는다.

'환경'이 잘 볶아지면, 양념으로 준비한 가축의 '젖'과 '즙'을 '오물'들에서 걸러낸 후, 양념과 잘 어우러지도록 살살 '뜸'을 들여 마무리한다. '환경'과 양념이 잘 섞였으면, 사람들의 노동과 땀으로 마지막 간을 맞춘다. 열대림에서 벌목해 온 나무로 만든 예쁜 그릇에 잘 조리된 '환경'을 정갈하게 담는다. 가니시는 알록달록 윤이 나는 플라스틱을 골라, 한 꼬집 올려서 보기 좋게 마무리한다.

예쁘게 완성된 '환경'을 밥상에 올려서, 가스보일러가 데워놓은 훈훈한 온돌바닥 위에, 혹은 시원~하게 돌아가는 전기 에어컨 앞에 앉는다. 마지막으로 한때 악취가 나도록 썩었었지만, 잘 걸러져서 지금은 깨끗해진 정수기 물을 텀블러에 한 잔 따라 마셔, 입안을 헹군 뒤 '환경'을 맛있게 먹는다.

환경을 먹는다는 것

1800년대 후반부터 현대 과학 기술과 문명의 본격적인 발달로, 지난 120년 동안 전 세계적으로 급속한 발전이 이루어졌습니다. 하지만 이는 인류의 다양한 측면에 여러 가지 쟁점을 만들어 냈습니다.

변화와 갈등은 인류의 삶이 지속되는 내내 함께해 왔고, 인류는 자연스럽게 발생하는 여러 문제점을 인지하고 노력하며 해결책들도 마련해 왔지만, 지금까지의 인류가 갖춘 '문제해결 능력과 속도'는 최근 일어나는 급격한 변화와 이에 따라 발생하는 복잡한 난제들을 해결하기에는 부족한 듯합니다.

어려운 점은 꼬리에 꼬리를 물고 나타나는데, 도대체 어디서부터 어떻게 시작해야 하는 것인지 엄두가 나질 않습니다. 저도 한번, 마음을 굳게 먹고 어떤 실천을 해보았지만, 어디선가 들려오는 비관적인 목소리, "그런 건 소용이 없어.", "노력한다고 바뀌는 게 있겠어?", "뭘 한들 또 다른 문제가 튀어나올걸?"

알면 알수록…. 하면 할수록…. 더욱더 어렵고 막막하게 느껴지곤 했습니다. 이 난제는 '내가 뭘 할 수 있겠어.' '내가 뭘 한다고 되겠어….'와 같은 푸념을 하게 만들고, 결국에는 '어차피 안 변할 거 그냥 맘 편히 살자….'라며 포기하게 만들기도 했습니다.

하지만, 그럼에도 불구하고, 그야말로 출구가 어딘지 도무지 알 수 없는, 검고 어두운 동굴에 갇혀 있는 듯한 막막함 속에서도, 각자의 분야에서 두 손과 두 발로 벽을 더듬어 가며, 하나씩 하나씩 문제와 그 원인, 해결책을 찾아내고 실천하고 계신 선구자들을 여러 번 만난 적이 있습니다. '완벽한 해결책'은 아니지만, 분명한 목표를 두고 지치지 않고 즐겁게 실천하며 이야기를 나눠주는 고마운 분들이 세상엔 많았지요.

하여 저도, 앞으로 백 년을 넘게 세상을 살아가야 할 '제 두 아들'과 앞으로 언젠가 만나게 될 '이 둘의 처'와 '제 손주'들을 위해 짧은 생각과 부족한 능력이나마 제가 고민한 문제들은 무엇인지, 도움이 되는 노력에는 어떤 것들이 있는지, 배우고 경험해 본 것들을 정리하는 글을 작성해 보았습니다.

이 책은 '환경'이라는 '거대 담론'을 '식문화'를 중심으로 이해해 볼 수 있는 다양한 자료들을 조사, 분석, 연구해 보고 그것을 바탕으로 제 생각을 더한 결과물입니다. '우리가 소비하는 음식들이 어디서 만들어져서 어떻게 전달되고, 어떻게 소비된 후 폐기되고, 다시 또 자원으로 재활용되는가?' 이 흐름을 어렴풋이나마 이해할 수 있는 밑그림을 그려본 것이 이 책입니다.

단순한 '앎'을 넘어, 그 문제가 나의 삶과 어떻게 맞닿아 있는지, 그래서 지금 우리는 어떤 선택을 해야 하는지를 '먹거리'를 중심으로 함께 이야기하고 고민해 봤으면 좋겠습니다. 그 결론으로 오늘의 내가 결정 할 수 있는, 최선의 '바른 먹거리'는 무엇인지에 대해 저와 당신이 '그 정답'에 가까이 다가갈 수 있으면 좋겠습니다.

그리고 '소비', 우리는 다양한 경제활동을 통해 '돈'을 벌게 됩니다. 이를 '소득'이라 하는데, 이런 '소득'을 어떻게 '사용'하느냐를 '소비'라고 합니다. 이때 '소비'는 단순하게 '돈을 사용하는 것'을 넘어, 내가 어떤 가치를 가졌는지, 내가 무엇이 좋고, 옳다고 여기는지, 표현하고 지지하는 하나의 강력한 수단이 됩니다. 저는 이렇게 중요한 의사 표현인 '소비'를 나와 내 주변을 위하고, 우리 모두에게 도움이 되는 방식으로 행사하는 것을 '착한 소비'라고 정의해 봤습니다.

이 책을 통해서 제가 생각하는 '바른 먹거리'는 무엇인지, '착한 소비'는 어떤 것인지를 여러분들에게 말씀드릴 수 있게 되어 큰 영광입니다. '바른 먹거리'를 '착한 소비'로 조금 더 많이 지지하는 세상이 되기를…. 누추한 제 글을 읽고 계신 모든 독자의 관심에 감사 인사를 올립니다.

저의 아내와 아이들, 부모님과 형제들, 그리고 저에게 소중한 모든 분을 위하여

저는 '지구를 위한다'는 말을 별로 안 좋아합니다. 사실은 틀린 말이라고 생각해요. 지구는 인류가 번성하기 전, 그 옛날부터 이 자리에 있었고, 우리 '인류'는 잠시 지구 위를 빌려, '우세종', '지배종'이라고 스스로를 칭하며 살고 있을 뿐 아닐까요? '지구가 인격체'라는 상상을 바탕으로 우리를 지켜보고 있다면, 얼마나 귀여워할까…. 라는 상상도 해봅니다.

지금 우리가 걱정하는 '기후 위기'와 '환경재앙'이 격해짐에 따라, 사라지는 것은 결국 우리가 될 것이고, 지구는 지금까지처럼 이 자리에서 죽어간 인류를 추억이라도 하면 다행이지 싶어요. 지금 우리가 하는 고민과 노력이 지구를 위한 것이라는 말은, 마치 우리 집에 불이 났는데, 그 불을 끄기 위한 노력을, 집주인을 위한 것이라며 호들갑을 떠는 격은 아닌가 반성해 봅니다.

우리가 이야기하는 '기후 위기'와 이를 해결하기 위해 수반되어야 하는 노력은 '지구를 위한다'는 뭔가 추상적인 일이 아니고, 우리 이웃을 위한 노력은 더더욱 아닐뿐더러, 내 후손을 위한 희생도 아닙니다. 바로 **'오늘의 우리', '지금의 나'를 위한 것**이라는 자각이 무엇보다 필요해 보입니다.

기후 위기는 지구를 뜨겁게 만들고, 뜨거운 지구는 각종 태풍과 홍수, 이상 현상을 만듭니다. 이런 결과로 삶의 터전을 잃은 많은 사람이 기후난민으로 쫓겨나 죽음의 위협 아래 떨어집니다. 혹자들은 기후 위기는 '미래의 위협'이라고들 하지만, 나에게 아직 안 왔을 뿐, 이미 지구촌 곳곳에서 많은 문제를 일으키고 있습니다.

기후가 불안정할수록 음식을 모자라게 먹게 됩니다. 작황이 좋지 못해 재배량이 줄고, 재배에 안정적 환경을 꾸미기 위해 더 많은 자원을 사용해야 하며, 이 때문에 귀해진 음식은 더 비싸게 사 먹어야 하니, 먹는 것은 점점 더 어려운 일이 됩니다.

값싸게 고기를 생산하려 '공장식 축산'을 하는 축산업자들은 원가가 줄고, 고깃값은 합리적이라 하지만, 이런 '집중 가축 사육시설'은 전염병이 한번 발생하면 인근의 동종 가축 모두를 살처분시킵니다. 한번 전염병이 발생하면 수천에서 수만 마리, 많게는 수십만 마리의 가축을 통째로 매장하거나 질식시켜 묻기도 합니다.

살처분, 그리고 우리가 잘 모르지만, 이런 산업구조의 유지를 위해 발생하는 다양한 비용은 모두 우리가 낸 세금이기 때문에, 당장 내 지갑에서 나가는 고깃값이 많지 않다고 하여, 결코 싼 것이라 확신하기도 어려운 실정입니다.

경제적 이익과 효율성의 극대화를 위해 시작된 일들이 인류의 건강, 동식물의 멸종, 기후 위기와 같은 환경 전반의 위협을 초래하는 것으로 의심이 되는 요즘. 그것들이 만들어 낸 '경제적 이득'과 그 때문에 일어난 '경제적 손실'만 고려해 보더라도 이게 득인지, 실인지 모르겠습니다. 더불어, 이런 '경제적 이익'과 '효율성의 극대화'가 '내가 살아온 삶'과 '내가 살아갈 미래'를 박살 낼지도 모른다는 '위협'이 현실이 되는 지금. 이제는 진지한 관심을 갖고 함께 이야기해 보기를 청합니다.

이런 이야기를 나누고 싶은 분들에게 조금이나마 도움이 될 수 있기를 바라며, 더불어 저도 여러분들의 귀한 견해를 전해 들을 수 있는 계기가 되기를 기원해 봅니다.^^

2025년 5월 27일, 대한민국 제주도에서,
최준석 올림

추천사

'역사를 돌아보는 것'은 미래를 연구하는 의미 있는 작업입니다.

역사를 돌아보는 도구들은 다양한데요. 저자는 식량 생산에서 음식 소비로 이어지는 오늘날의 식품획득 방식이 어떻게 시작되었고 정착되었는지, 식문화의 역사를 중심으로 오늘날 우리의 소비문화까지 친절하고도 재미있게 소개합니다.

본서는 목축과 어로, 농사를 1800년대부터 시작해 일제강점기의 산업화, 그리고 근현대 식량 산업의 대형화부터 세계화까지의 과정을 돌아봅니다. 본서는 이를 바탕으로 형성된 오늘날 식문화의 발자취를 들여다볼 수 있는 자세한 안내서이기도 한데요.

인류 역사를 돌아봄으로써, 오늘날의 식문화를 바르게 이해하고 지구촌의 모든 이웃과 생물들을 위하는 소비를 통해 착한 미래를 만들어 가는 방법은 무엇인지 독자들과 함께 대화하고자 하는 저자의 노력이 자못 흥미롭고 반갑습니다.

역사를 통해 오늘을 이해하고, 착한 미래를 꿈꾸는 독자분들이 저자와 대화하고, 고민하고, 미래를 만들어 가는 계기가 본서를 통해 마련되기를 기대해 봅니다.

호사카 유지 | 세종대학교 교수

우리 시대의 질문 '바른 먹거리와 착한 소비란 무엇인가?'

제주한라대학교 최준석 교수님을 만난 건 10여 년 전 일입니다. 당시에 미국에서 조리학교를 마치고 돌아온 반듯한 젊은 청년의 모습이 기억납니다. 환경운동가이자 조리사인 그와 이야기를 나누면서 환경에 대해 진심으로 생각하는 사람을 만난 것이 처음이었고, 환경과 미래에 대해 확고한 철학을 가진 모습이 후배 교수이지만 늘 존경할 만한 동료 교수였습니다.

그의 "바른 먹거리 착한 소비"가 출간된다는 소식을 들으니, 선배 교수로서 더없이 기쁘고 자랑스럽습니다. 환경에 대한 깊은 관심과 남다른 통찰력을 지닌 저자가 오랜 시간 천착해 온 결실이 이 책에 고스란히 담겨 있기 때문입니다.

이 책은 단순히 '무엇을 먹을 것인가?'라는 개인 차원의 질문을 넘어, '그것들이 어떻게 생산되고, 우리의 환경과 미래에 어떤 영향을 미치는가?'라는 커다란 질문에 성실하게 해답을 찾아가는 이야기입니다.

저자는 육류 소비에 대한 공장식 축산의 문제점과 저인망 어선과 같은 과도한 어업 방식이 해양생태계에 미치는 영향, 산업화된 농업이 직면한 과제들과 이것들이 초래하는 문제점들을 여러 근거와 함께 제시하며 대화를 청합니다. 더불어, 제자들과 함께 텃밭을 가꾸며, 자연의 혜택을 받는다는 것을 직접 체험하는 등, 저자의 다양한 일화들은 음식과 환경, 우리의 삶이 연결되어 있다는 사실을 재미있게 전달합니다.

우리가 소비하는 먹거리가 우리 환경과 얼마나 깊게 연결되어 있는지, 우리의 착한 소비가 어떻게 더 나은 미래를 만들어 낼 수 있을지, 그 과거와 현재, 미래의 환경과 먹거리, 지속 가능한 삶에 대해 고민하는 모든 분에게 이 책을 추천합니다.

존경하는 마음을 담아,

신재근 | 청강문화산업대학교 조리학과 교수

"소비자는 '각자의 소비'라는 '작은 힘'을 모아 '큰 변화'를 끌어낼 수 있다."

지금 우리의 삶은 그 어느 때보다 풍요롭습니다. 맨몸으로 들판을 뛰어다니며 먹이를 구하던 때부터 시작하여, 여러 역경을 이겨내며 성장해온 이 문명이 놀랍고 감사합니다. 신비롭고 다양한 생물로 가득한 이 지구라는 행성은 또 얼마나 멋진가요. 우리가 살아갈 앞으로의 시간들, 그리고 우리를 뒤를 이어갈 수많은 생명의 삶도 안전하게 품어줄 수 있는 지구가 미래에도 지속되길 바랍니다.

그러나 지금, 2025년 여름, 나날이 뜨거워지는 지구, 새벽까지 25도를 넘는 기온은

'열대야'의 정의를 무색하게 합니다. 심각한 폭우, 폭염 아래 목숨을 잃는 노동자들의 뉴스. 이제 환경 문제는 일상이 되어 가는 듯합니다.

"기후변화, 무섭구나. 이 환경에 적응해 가야겠지, 지금도 그렇지만 아이들이 살아갈 앞날이 걱정이다…" 나의 소비, 선택에 우리의 미래가 달려 있음을 기억하고, '내가 먹는 것이 나의 몸을 만들고 내가 읽는 책이 나의 정신을 만든다.' 감각적 자극을 자제하는 건강한 내 삶을 위해 자주 되새기는 말입니다.

"바른 먹거리, 착한 소비(바먹착소)"는 80억에 달하는 인류의 소비가 어떤 결과를 불러올 수 있는지 타당한 근거들을 통해 보여주고 있으며, 저자의 경험과 고민, 그가 전하는 다양한 활동가들의 고군분투는 작은 울림을 일으킵니다.

본서를 읽고 있자면, '글에서 사람이 보인다'는 느낌이 듭니다. 저자의 평소 생각과 행동들이 생각나며, 지구와 환경, 그리고 우리 주변에 대한 그의 애정이 고스란히 묻어납니다. 다양한 환경 이슈에 관심을 갖고 자원봉사자로 또 활동가로 현장에서 실천하며, 문제를 이해하고 해결책을 찾기 위해 찾아보고 질문하며, 고군분투했을 저자의 모습이 선명한데요. 이런 저자의 '바먹착소'는 다양한 생명이 함께 살아가야 할 지구에 대한 이해를 돕고, 우리 사회의 변화를 이끌어가야 할 새 세대를 위한 좋은 '안내'가 될 것입니다.

지역 활동가로 7년을 보내며 조금은 공격적이고 예민해진 저에게 '따뜻한 환경 이야기'를 들려준 반가운 글이었습니다.

이경아 | 지구별약수터

1960년대 펄 벅은 경주 부근 농촌을 여행하던 중 한 농부가 볏단을 실은 소달구지를 끌면서 자신의 지게에도 볏단을 따로 지고 가는 모습을 보았다. 펄 벅은 통역을 통해 "왜 소달구지에 짐을 다 싣지 않고 힘들게 짐을 직접 지고 가십니까?"라고 물었다. 농부는 "저도 하루 종일 일했지만, 소도 하루 종일 힘들게 일했으니 짐을 서로 나눠서 져야지요"라고 답했다. 펄 벅은 농부의 대답에 깊은 감명을 받고 이것이야말로 한국에서 보고 싶었던 아름다운 마음씨라고 극찬했다고 한다.

펄 벅의 일화를 들은 한국 사람들은 교과서에서 배운 황희 정승 이야기도 바로 떠오를 것이다. 한국인은 가축을 단순히 가축으로 보지 않고 한 식구로 대우했다. 그렇지만 반려동물과 가축으로 경계가 선명하게 나눠지면서 전자는 인간 이상의 대우를 받는 식구가 되었지만, 후자는 공장에서 찍어내는 비생명적인 물질 덩어리로 취급받고 있다. 잔인한 시대다. 수십 년의 수명을 지닌 동물들이 두 달 혹은 2년이 채 되기 전에 도축되어 우리 식탁에 오르고 있다. 인간으로 치면 태어난 후 돌이 되기 전에 죽는 셈이다.

지구는 무한히 크고 넓은 것 같지만 한계를 가진 행성일 뿐이다. 행성 시스템의 회복력을 벗어난 과도한 소비는 시스템 붕괴를 초래할 수밖에 없다. 퇴비로만 농사를 짓는다면 40억 인구가 먹을 수 있는 식량을 생산하는 게 한계라고 한다. 그런데 지금 80억 인구가 먹을 수 있는 식량을 생산하고 있을 뿐 아니라 식량의 30%는 쓰레기로 버려진다. 이게 가능한 이유는 화학비료를 만들어 농지에 쏟아붓기 때문이다. 자연 상태에서 공급될 수 있는 질소나 인을 초과한 결과 수생태계에서는 부영양화라는 재앙이 초래되고 있다. 전 세계 바다에서는 어떠한 생물도 살 수 없는 죽음의 바다(dead zone)가 형성되어 있다. 수생태계로 공급되는 인의 행성 한계는 연간 1,100만 톤에 불과하지만 연간 2,200만 톤의 인(P)이 강과 바다로 들어가고 있다고 한다. 행성 한계를 2배 초과한 것이다.

우리는 개인과 가족의 건강을 위해서 좋은 식단을 고민한다. 그렇지만 무엇을 어떻게 먹고 버리느냐에 따라 지구의 건강이 결정된다. 바르게 먹고 바르게 버리는 것이야말로 건강한 지구 생태계를 만드는 가장 좋은 방법이다. 처참한 환경에서 고통스럽게 자란 동물의 살을 먹는 인간이 행복할 수 없다. 동물이 행복을 누릴 수 있도록 해야 인간도 더 행복할 수 있다.

불교 용어 중에 동업중생(同業衆生)이 있다. 같은 업(Karma)을 지닌 중생들이라는 뜻으로 내가 한 것이 아니라도 같은 시대에 우리가 저지르고 겪은 일들이 우리 공동의 업이 되어 나중에 그에 합당한 대가를 치르게 될 거라는 의미다. 우리 식탁에 오르는 음식들을 얻기 위해서 우리나라를 비롯해 세계 곳곳에서 어떤 일이 일어나고 있는지를 이해해야 한다. 우리 눈에 보이지 않는다고 해서, 내가 직접 한 일이 아니라고 해서 외면한다면 그 결과는 우리 혹은 우리 아이들이 결국 받게 될 것이다. 저자가 제시하는 '푸드 리터러시(Food Literacy, 음식 이해력)'가 중요한 이유다. 이 책을 통해서 음식 이해력을 키우고 문제 해결을 위한 올바른 실천을 고민해야 한다. 내가 할 수 있는 개인적 실천과 더불어 산업 시스템을 바꾸기 위한 강력한 시민행동도 병행되어야 한다. 바른 먹거리와 착한 소비를 지향하는 강력한 시민연대가 이 책의 독자들 사이에서 일어나기를 바란다.

홍수열 | 자원순환사회경제연구소 소장

오늘날 우리의 식탁은 그 어느 때보다 풍요롭습니다.

고기와 생선, 곡물이 넘쳐나는 시대지만, 정작 그 음식들이 어디서, 어떤 과정을 거쳐 우리 앞에 놓이는지 깊이 고민하는 사람은 많지 않습니다.

그러나 기후 및 환경변화, 생태계 파괴, 그리고 생명 존중의 위기는 바로 이 일상의 식탁과 긴밀히 연결되어 있습니다.

"바른 먹거리, 착한 소비"는 축산업, 수산업, 농업의 역사를 따라가며 공장식 축산, 남획, 화학적 농업이 만들어낸 풍요의 이면과 그 대가를 과학적, 역사적 시각으로 설득력 있게 보여줍니다. 한 끼의 선택이 토양과 바다, 기후와 생태계에 이르기까지 인류에 미치는 영향은 대학에서 학생들을 가르치는 제게도 깊은 울림을 주었습니다.

이 책의 가장 큰 장점은 단순한 경고에 그치지 않는다는 점입니다. 저자는 독자와 함께 오늘의 내가 선택할 수 있는 최선의 '바른 먹거리'와 '착한 소비'가 무엇인지 고민하며, 그 해답을 찾아갑니다. 명태 한 마리의 여정, 소와 닭, 그리고 텃밭의 이야기를 따라가다 보면 어느새 한 끼의 소중함과 '착한 소비'의 의미를 깨닫게 됩니다.

본서는 환경과 식문화, 소비 윤리를 연결하는 훌륭한 교양서이자 교육 자료입니다. 대학의 교양 수업뿐 아니라, 일반 독자들에게도 친절한 안내서가 될 것입니다. 제로 웨이스트(Zero Waste)와 같은 생활 실천은 음식물 쓰레기를 줄이고 환경 부담을 최소화하며, 한 끼의 소비를 생명 존중으로 연결합니다.

"오늘의 한 끼가 내일의 지구를 바꾼다."

한 조각의 고기, 한 마리의 생선, 밥 한 그릇에 담긴 수많은 이야기를 전해주는 이 책이 우리가 사랑하는 많은 이들에게 읽히기를 기원합니다. 우리의 식탁, 소비가 더 나은 세상을 만드는 출발점이 되기를 바라며..

김창열 | 경민대학교 호텔조리과 교수

우리의 밥상에서 시작되는 가장 근본적인 환경활동, 본서는 환경을 걱정하는 마음을 구체적인 행동으로 이어주는 실용적이면서도 감동적인 지침서입니다.

'쓰줍인(쓰레기를 줍는 사람들)'은 전국의 거리와 바닷가에서 우리가 남긴 소비의 마지막 흔적을 마주합니다. 버려진 비닐 포장재, 해안을 뒤덮은 폐부표들을 치우며 늘 같은 질문에 부딪힙니다. '이 쓰레기들은 어디서부터 시작된 것일까?' 애정하는 저희 쓰줍인의 제주 리더가 쓴 이 책, "바른 먹거리 착한 소비"는 그 질문에 대해 근본적이고 따뜻한 답을 제시하는데요. 이 책은 특히, 이런 분들께 추천하고 싶습니다.

- 내 아이의 밥상이 곧 아이의 미래라고 믿는 부모님들. 아이들이 살아갈 세상을 위해 지금 무엇을 할 수 있는지 구체적인 방향을 생각해 보고 싶은 분들.
- 개인의 작은 선택이 어떻게 세상을 바꾸는 힘이 되는지가 궁금한, 거대한 환경 문제 앞에서 '내가 뭘 할 수 있겠어'라며 무력감을 느끼셨던 분들.
- 진정한 미식은 음식의 여정을 아는 것부터 시작됨을 들여다보고 싶은, 음식을 사랑하기에, 그 근원까지 알고 건강하게 즐기고 싶은 미식가들.

일상에서 발견하는 진실, 저자는 우리 밥상 위의 음식 한 점이 거대한 축산업, 수산업, 농업과 어떻게 연결되어 있는지 알려줍니다. 그리고 그 산업들이 우리 주변의 쓰레기, 그로부터 시작되는 지구의 신음과 어떻게 맞닿아 있는지 전하는데요. 본서의 매력은 단순한 고발이나 비판에 그치지 않고, 저자의 진솔한 경험담을 통해, 복잡하고 어려운 문제를 나와 우리의 이야기로 끌어와 안겨준다는 데 있습니다. 본서의 여러 이야기는 우리들의 소비가 얼마나 큰 나비효과를 초래할 수 있는지 담담히 전하지만, 저자의 시선은 묵묵한 실천으로 늘 희망을 향하고 있습니다.

치우는 일에서 만들어 가는 일로. 우리가 먹는 것과 버리는 것은 동전의 양면과 같습니다. 저자는 우리의 '소비'가 세상을 바꾸는 가장 강력한 '선택'이자, '의사표현'이라 주장합니다. 저자가 말하는 '착한 소비'는 세상을 '청소하는 일' 이전에, '치울 필요가 없는' 깨끗한 세상을 만드는 시작이자 첫걸음입니다. 부디 많은 분이 이 '따뜻하고 단단한 안내서'를 통해, 밥상에서 시작하는 위대한 변화를 함께 만들어 주시기 바랍니다.

비키 | 쓰줍인(쓰레기를 줍는 사람들) 대표

"나는 환경을 먹는다."

저자는 이 한 문장으로 우리가 매일 접하는 식탁 위의 음식이 환경과 사회, 그리고 미래와 직결된 문제임을 강렬하게 일깨워 줍니다.

본서는 우리가 무엇을 사고, 먹고, 버리는지에 대한 성찰의 기록입니다. 축산업과 농업, 수산업을 비롯해 먹거리의 생산과 소비 전 과정을 들여다보면서, 공장식 축산의 그림자, 기후 위기와의 관계, 그리고 소비가 초래하는 결과를 진지하게 조망합니다.

그러나 저자는 절망이 아닌 희망을 주장하고 있습니다. '지구를 위한다'는 추상적 구호가 아니라, 바로 오늘의 나와 우리의 삶을 위한 선택이라는 메시지는 독자들에게 따뜻하면서도 분명한 울림을 줍니다.

저는 제주관광학회 회장으로서, 학회를 함께 이끌어 온 부회장 최준석 교수를 곁에서 지켜본 인연이 있습니다. 학문적 연구와 교육, 그리고 사회적 실천을 아우르는 그의 진지한 태도가 이번 저서에도 고스란히 담겨 있습니다. 제주라는 지역적 토대 위에서, 학자로서의 시선과 아버지로서의 책임이 어우러진 이 책은 단순한 음식 관련 환경 서적이 아니라, 생활 철학서이자 미래 세대를 위한 선언문이라 할 만합니다.

"바른 먹거리 착한 소비"는 오늘의 독자에게 스스로 묻게 합니다. '나는 무엇을 먹고 있으며, 나의 소비는 어떤 세상을 지지하고 있는가?' 바로 이 질문을 시작으로 우리는 더 나은 삶의 길을 찾게 될 것입니다.

제주에서, 이 귀한 책의 출간을 진심으로 축하드리며, 많은 독자가 이 책을 통해 삶의 방향을 다시 세우는 계기를 얻기를 바랍니다.

김의근 | 제주관광학회 회장

인류에게 요리는 그 자체로 하나의 역사입니다. 본서는 앙투안 카렘에서 오귀스트 에스꼬피에, 폴 보뀌즈에서 앨리스 워터스, 페란 아드리아를 거쳐 다니엘 훔에 이르기까지, 프랑스 요리의 역사적 흐름과 셰프들의 창의적 도전을 깊이 있게 탐구합니다. 화려하고 귀족적인 프랑스 식문화에서 출발한 음식들은 시간의 흐름에 따라 혁신과 파격적 실험을 거쳐 본질에 충실한 방향으로 진화해 왔습니다.

음식은 이제 생존을 위한 필수재를 넘어, 즐거움과 쾌락을 제공하는 수단이 되었지요. 하지만 대량생산과 소비의 반복은 과잉을 낳고, 그 과잉은 다시 더 많은 소비를 부릅니다. 이제 우리는 더 이상 음식의 낭비와 폐기, 그로 인한 환경적 부담을 돌아보지 않을 수 없게 되었습니다.

저자는 이 책을 통해 셰프들의 역사와 음식평론, 소비자들의 소비방식의 변천사를 다루면서, 오늘날 우리의 음식 소비 방식은 어떻게 만들어졌는가, 우리가 소비하는 음식들은 어떻게 다양한 의미를 갖게 되었는가, 그리고 이 풍요로운 시대의 식생활은 얼마만큼의 음식 이해도가 필요한가, 그래서 결국 우리 소비자들은 어떤 선택을 해야 하는가에 대하여 돌아볼 기회를 제공하는데요. 진정한 미식, 지속 가능한 소비를 고민하는 우리 이웃의 소비자들을 위한 재미있는 안내서가 필요한 분들께 추천합니다.

홍여주 | **용인예술과학대학교 교수**

인간은 지구에 출현한 이방인입니다. 우리는 지구라는 환경의 돌봄 속에서 성장해 왔습니다. 하지만 이제는, 그 고마운 지구를 황폐하게 만들고 있는 듯합니다. 어떤 이들은 우리 삶의 방식이 왜 지속 불가능한지, 그리고 불공정하기까지 하다는 사실을 모르고, 또 어떤 이들은 이런 소모적이고 불공정한 현실의 혜택을 누리기 위해 침묵하기도 합니다.

저자는 '먹거리'와 '소비'를 둘러싼 이야기들을 역사적 흐름에 따라 풀어내며, 왜 우리가 오늘날의 지속 불가능함과 불공정한 소비 방식에 대해 돌아보아야 하는지 친절히 이야기합니다. 시대의 흐름에 따라 달라져 온 환경에 대한 인류의 관점도 쉽게 설명되어 있어, 한 사람의 소비자로서 내가 존재하는 방식을 성찰하게 만들어 주는 이 책 '바른 먹거리, 착한 소비'를 더 나은 내일을 고민하는 모든 분에게 추천합니다.

양진희 | **남양주 환경교육 사회적협동조합 이사장**

오늘날의 소비는 단순한 구매 행위를 넘어, 우리가 어떤 삶의 가치를 선택하느냐를 보여주는 지표가 되었습니다. "바른 먹거리, 착한 소비"는 축산, 수산, 농업 등 먹거

리의 본질에서부터 제로 웨이스트, 업사이클링, 친환경 소비재에 이르기까지, 지속 가능한 미래를 위한 실천적 방향을 폭넓게 제시하는 책입니다.

제주의 자연과 함께하며 우리 지역의 소중함과 지속 가능성의 가치를 지켜온 한 사람으로서, 그리고 클린 뷰티와 ESG 경영을 실천하고 있는 기업의 대표로서, 이 책의 메시지에 깊이 공감합니다. 바른 생산과 윤리적 소비는 곧 다음 세대를 위한 책임이며, 보다 나은 사회와 환경을 위한 작은 시작입니다.

"바른 먹거리, 착한 소비"가 많은 이들에게 지속 가능한 소비의 의미를 일깨우고, 실천으로 이어지는 따뜻한 변화의 씨앗이 되기를 진심으로 바랍니다.

강유안 | **청정 제주의 아름다움을 가꾸는 ESG 실천 기업, (주)대한뷰티산업진흥원 대표이사**

우리는 매일 먹고, 버리며 살아갑니다. 끝없이 진열대에 채워지는 농축산물의 풍요 속에 살지만, 그 이면에는 자원낭비, 환경부담, 동물복지의 문제가 숨어 있습니다. "바른 먹거리, 착한 소비"는 음식물·쓰레기 분리수거가 해답이라는 소극적인 생각에서 벗어나, 생산부터 소비까지 전 과정을 바라보는 시선과 정부·기업·우리 모두의 책임 있는 행동을 제안합니다.

이 책은 생활 속 작은 습관을 돌아보게 하면서, '먹고 버리는 것'이 남긴 환경의 흔적들을 차분히 돌아보게 합니다. 많은 사람들 본서를 읽고 시작한 여러 실천들을 통해서, 우리 환경을 '쓰고 남긴 흔적'이 아니라, '소중히 지켜낸 선물'로 다음 세대에게 선사할 수 있게 되기를 바랍니다.

정민영 | **한국관광협회중앙회 국장**

방관자에서 실천적 삶으로..

유난히 무더웠던 여름을 지나며 늘 가지고 있던 기후변화에 대한 걱정이 더 깊어졌습니다. 하지만 정작 지구온난화에 대하여 '힘없는 내가 무엇을 어떻게 변화시킬 수 있을까..'라는 방관자적인 무력감도 여전했습니다.

이 책은 그런 저에게 '이렇게 해볼래? 많은 방법이 있어, 그렇게 어렵지 않아.'라고 말해주는 좋은 친구입니다. 고기를 좋아한다면 소고기 대신 닭고기를 소비하는 것도 탄소배출을 줄일 수 있는 한 걸음임을 알려주고, 오늘날의 먹거리에 관련된 여러 가지 문제점들을 아주 쉽고 자세히 알려주는 책입니다. 본서가 전해주는 바와 같이 매일의 '소비'라는 작은 힘들이 모여 큰 변화를 이루어 낼 수 있는 날을 기대합니다.

임성연 | 백석예술대학교 교수

역사, 현장 그리고 고민과 대안으로 이어지는 음식 고민 백서. 상식으로 통용되는 것이 현실과 거리가 있을 때. 자본과 시장 논리에 종속된 뒤틀림을 꼬집고 풀어 가는 일.

본서는 여러 현장에서 현실을 목도한 작가가, 아이에게 밥을 해주는 아빠의 시선으로, 동시대를 살아가는 교수자이자 연구자의 시선으로 음식과 환경을 이야기하고 있습니다. 농업이 시작되는 땅과 해양생물의 바다, 그리고 가축이 숨 쉬는 지구상의 하늘까지, 환경에서 태어나는 밥상에 대해 톺아보는 기록입니다.

소비자이자 생산자인 우리가 충분히 고민할 수 있도록, 밥상에 식재료를 준비하듯 고민에 필요한 재료를 역사-현장-진실에 기반해 저자의 경험을 소개하는 이 책은 내 이웃, 내 부모님, 혹은 내가 직접 마주할지도 모르는 고민들을 함께하는 친구 같습니다. 이런

한민성 | 둘러앉은밥상 대표

"바른 먹거리, 착한 소비"는 교과 서적에 필요한 전문성을 바탕으로 하면서도, 우리가 일상 속에서 놓치지 말아야 할 소중한 삶의 지혜를 담아내고 있습니다. 한 끼 음식을 대하는 태도에서부터 환경과 사회를 생각하는 마음까지, 오늘날 조리인과 생활인 모두에게 필요한 길을 제시합니다. 저자는 깊은 학문적 성찰과 현장 경험을 바탕으로, 독자들에게 '배우는 즐거움'과 동시에 '실천하는 용기'를 선물하고 있습니다. 이 책이 학생과 독자 여러분께 든든한 지침서이자 따뜻한 길잡이가 되기를 바랍니다.

김민전 | 레스토랑 '아웃 랜더스' 오너셰프

이 책을 읽다 보면 마치 오래된 퍼즐 조각을 맞추듯, 우리가 잊고 지냈던 식탁과 삶의 연결 고리를 하나하나 찾게 됩니다. 음식을 먹는다는 행위가 얼마나 광범위한 의미를 지니는지 다시금 깨닫습니다. 음식은 단순히 배를 채우는 행위를 넘어, 지구와 환경, 그리고 나를 둘러싼 생명을 어떻게 바라보고 대할 것인지 결정하는 행위입니다. 작가님의 지식과 감성, 경험이 한데 어우러져 만들어낸 이 책으로부터 식탁 위의 세상을 바꾸는 작은 혁명이 이뤄지기를 꿈꿔봅니다.

박정음 | 서울환경연합 자원순환팀 팀장

저자를 처음 만났을 때는 단순히 바다에 관심을 가진 사람이라고만 생각해 기초적인 프리다이빙 교육만 했다. 수중에 침적되어 있는, 오래된 해양쓰레기를 수거하는 활동만을 위해 이 교육에 관심을 가진 사람으로만 생각했다. 하지만 저자의 깊이는 달랐다.

이 책을 통해 우리의 식탁이 단순히 먹고 배를 불리는 행위를 넘어, 지구의 환경과 미래 세대의 삶과도 깊이 연결되어 있음을 새삼 깨달았다. 저자는 인류 식문화의 역사와 축산·수산·농업의 변화 과정을 차분히 돌아보면서, 오늘날 우리의 밥상이 어떤 과정을 거쳐 완성되는지 알려줬다. 공장식 축산의 그림자, 남획으로 신음하는 바다, 화학농업이 불러온 피해를 짚어내는 그의 서술은 결코 가볍지 않다. 그러나 동시에, 소비자로서 우리가 어떤 선택을 할 수 있는지 친절하게 안내하는 따뜻한 태도는 독자에게 무력감이 아닌 실천의 용기를 불어넣는다.

이 책이 더 많은 독자에게 읽혀, '나의 소비가 곧 세상의 변화'라는 메시지가 생활 속 실천으로 이어지기를 바란다.

전장원 | 플로빙 코리아 대표

차례

2장
어업

3장
농업

4장
풍요의 시대, 그리고 그 대가

5장
변화하는 음식 문화

6장
푸드 리터러시 & 제로 웨이스트

'육류의 소비자로서 우리는, 그리고 나는 어떤 실천을 할 수 있을까?'에 대해서 생각해보고자 합니다.

1장

축산업

들어가기 전에

왜 '축산업'을 고민하고 알아봐야 할까?

오늘날 우리는 전에 없이 많은 육류를 소비하고 있습니다. 그러나 이러한 소비가 가능할 수 있었던 이유는, '고기'를 소비하고자 하는 욕구를 충족시키기 위해 '효율성'을 최우선 가치로 두고, 이를 둘러싼 다른 모든 것들을 양보하고 희생함으로 얻어낸 단기적이고 무자비한 결실로 보입니다.

하여 이 장에서는 언제부터, 어떤 방법으로 이렇게 많은 고기를 생산하고 소비할 수 있게 되었는지를 알아보고자 합니다.

그리고 이런 대규모 '소비'를 위해 우리는 어떤 희생을 했고 고통을 겪게 되었는지 알아 봄으로써 오늘날의 현실을 다각도에서 들여다본 후, 오늘 우리가 맞닥뜨리게 된 문제들을 완화하고 해소할 방법은 무엇인지 탐구할 것입니다. 특히, **'육류의 소비자로서 우리는, 그리고 나는 어떤 실천을 할 수 있을까?'**에 대해서 생각해보고자 합니다.

1. 육류 소비 변천사

대한민국 이전까지 조선의 식생활에서 육류의 비중은 지금과 비교하면 극히 일부였다. 고려시대에는 국교인 불교의 영향으로 조선시대보다 육식이 더 드물었다. 유교를 근간으로 세워진 조선은 고려보다는 육식에 관대했지만, 농경사회에 필수 노동력인 '소'를 먹지 못하게 하는 '우금령(牛禁令)'이 국가적으로 수차례 시행되기도 했다. 소고기를 즐겨 먹지 않았다면, 우금령이 필요 없었을 텐데, 소고기는 차례상에 올리는 특별한 식재료, 선물, 하사품, 기력 회복과 같은 약용 식품 등 다양한 용도와 의미가 있었다.

조선시대 문헌을 보면, 소고기와 관련된 기록이 다수 있다. 『조선왕조실록』과 『승정원일기』에는 태종이 자신이 죽으면 육식을 즐기는 세종대왕이 상제 기간에 육식을 금하여 건강을 해치지는 않을까 걱정하는 기록이 있기도 하며, 연산군 또한 소고기를 매우 즐겼던 왕으로 매일 소를 10마리씩 잡았다고 한다. 왕실 관련 행사만으로 하루에 500마리의 소를 도축한 기록도 있고, 한양에서만도 하루에 1천 마리의 소를 잡았을 것으로 추정되는 기간도 있다. 왕실과 양반 등 사회 지배층의 탐식은 특별한 사례로만 볼 수도 있다.

하지만, 백성들도 명절이나 조상님께 차례를 올리는 때가 되면, 우금령 중에도 소고기를 열심히 구했던 것으로 보인다. 한 지방 관아의 기록을 보면, "소의 다리가 부러지고 몸이 상해, 아픈 소를 농사에 더 이상 이용할 수 없게 되었다"라는 백성들의 신고가 명절 때마다 반복적으로 급증했다고 한다(농업에서 노동력을 제공하는 소를 '농우'라 하는데, 농업에 더 이상 활용할 수 없는 소는 농우가 못 되는 것으로 그 고기를 취할 수 있었음). 이런 현상은 조상님을 위한 제례에 소고기를 잡아 올리려는 수요 때문으로 보이며, 이런 관례와 풍습이 일반적이었을 것으로 보인다. 평생 농사에 쓰이다가 늙어 죽은 소의 고기는 질겼으므로, 이런 질긴 고기를 부드럽게 조리하는 방법이 보급되었다. 이런 기록들을 돌아보면 소고기는 보편적인 식재료였던 것으로 추정된다.

소는 단순히 고기의 제공을 넘어, 당시 농업사회에서 중요한 노동력을 제공했던 자원이기도 했고, 나라에서도 '우금령'과 같이 그 수요와 공급에 관여했던 만큼, 관련 기록이나 농우에 대해 신뢰할 만한 통계 자료들이 많이 남아있다. 그뿐만 아니라 '소'

를 주제로 한 당시 문인들의 글들도 다수 존재한다.

반면, 닭과 돼지 관련한 자료는 소에 비해 적은데, 이것들은 노동력으로 쓰지 않았기 때문인 듯하다. 대신, '시계'가 없었던 시대에 새벽을 깨우는 역할 외에도 '달걀'을 주기적으로 공급해 주는 고마운 단백질 공급원이었다. 게다가 별도의 먹이를 만들어 줄 필요가 없는 잡식성 가축이기 때문에 사육이 번거롭지 않았다.

돼지 또한 잡식성에 새끼를 많이 낳고 살이 잘 찌는 가축으로 육류 제공이 주된 역할이었는데, 평생 노동하고 늙어 죽은 소의 고기는 질겼기 때문인지, 소고기의 가격이 돼지고기보다 낮았다는 기록도 일부 존재한다. 아마도, 돼지는 주로 육류 제공 용도로 사육되어 고기로서의 가치는 소보다 더 높게 평가되기도 했던 것으로 보이며, 따라서 농가에서는 돼지를 사육할 만한 이유가 충분했다.

약 500년 내외의 긴 역사를 가졌던 고려와 조선, '도합 천 년의 육식 문화'를 어떠했다고 쉽게 단정 지어 말할 수는 없지만, 한반도에서의 육류 소비는 지속적으로 증가해 왔으며, 조선의 뒤를 이어 서구식 식문화가 들어온 대한민국에서의 육류 소비는 폭발적으로 늘어났다.

○ **표 1 2024년 월별 도축량**

(단위: 두/수)

기간	소	돼지	닭
1월	142,549	1,832,417	83,440,893
2월	63,354	1,582,644	72,840,838
3월	79,420	1,593,965	80,698,078
4월	90,715	1,661,736	82,744,546
5월	84,301	1,613,922	89,963,819
6월	76,876	1,366,008	86,903,398
7월	91,687	1,492,158	110,655,958
8월	118,879	1,390,838	88,444,422
9월	88,299	1,405,804	74,670,790
10월	89,771	1,664,457	88,010,115

11월	78,536	1,678,230	82,186,465
12월	110,328	1,750,077	81,789,422
합계	**1,115,000**	**19,032,000**	**1,022,349,000**
2024년 일일 평균 도축량(추정)	**약 4,424**	**약 75,523**	**약 4,056,940**

출처: 축산물안전관리시스템

우리나라에서는 2024년 기준, 소 약 1백11만 마리, 돼지 약 1천9백만 마리, 닭 약 10억 2천2백만 마리가 도축된 것으로 추정된다.

매일 도축된 가축의 숫자는 월간 작업 일수를 21일로, 연간 작업 일수를 252일로 추정 해보면, 소는 '약 4,424마리', 돼지는 '약 75,523마리', 닭은 '약 4,056,940마리'로 계산된다. 예상치 못한 가축 전염병으로 살처분되는 경우를 감안한다 하더라도, 오늘날 우리가 얼마나 많은 육류를 소비하고 있는지 이제는 놀랍기까지 하다. 도대체 언제부터 이런 육류 소비가 가능해졌을까?

조선 후기(1900년대 초반)부터 대한민국까지

조선시대 말, 우리나라는 일제강점기와 근대화를 거치면서 여러 나라의 영향을 받았는데, 식문화도 예외는 아니었다. 한국인의 육류 소비가 본격적으로 달라지기 시작한 것은 약 100년 전부터라고 볼 수 있다. '축산(livestock farming)'이라는 표현 자체가 일제강점기에 생겨났다. '축(livestock)', 즉 '살아있는 자산(live + stock)'이라는 개념이 새삼 놀랍다. 농경사회에서 노동력을 제공하던 소, '농우'라는 개념과 표현이, 고기를 제공하는 '주요 식품'으로 재정의되는 데에도 영향을 끼쳤을 것이다.

이때부터 농경 사회에서 '혼합 영농'이나 '부업 축산'의 형태로 기르던 가축을 농업의 부가적인 요소에서 분리하여 '독립적인 식량자원'으로 정의하고, '고기'와 '우유', '달걀'과 같은 '육류와 그 부산물'로 구분하기 시작했다. '소'와 같은 가축도 '노동력'을 배제한 '순수한 식품'으로 집중 생산하는 산업, '축산업'이 본격적으로 등장한 것이다.

Keijō Slaughter-House, Cattle for Slaughter.

Examining and Weighing Cattle.

Slaughtering Cattle.

Examining and Stamping Viscera.

Skinning Carcases and Stamping Flesh.

일제시대 소고기 도축 과정

❶경성 도살장 외부
❷ 경성 도살장 가축 검사
❸ 경성 도살장 도축 장면
❹ 경성 도살장 내장 검사 광경
❺ 경성부 도살장 내부

출처: 서울역사박물관

그러나 20세기 중반까지 서민들의 육류 소비란, 어쩌다 시장에서 소고기 국거리나 닭고기를 먹을 수 있는 정도였다. 그러던 것이 광복 이후 미군정을 거치면서 크게 바뀌게 된다. 1950년, 6·25 전쟁 이후 미국의 식량 원조로 분유, 밀가루와 함께 통조림 육류나 햄과 같은 가공육이 소개되어 비교적 저렴한 육식이 퍼져나가기 시작했다. 특히 1960년대 경제 개발이 본격화되면서 정부는 국민 영양 개선을 위해 축산업을 장려

했다. 학교 급식 등에 우유와 빵, 고기가 보급되기 시작했으며, 1970년대에는 '고기와 우유를 먹어야 아이들이 튼튼하게 큰다.'며 육류 생산량을 크게 늘리게 된다.

1980년대 후반, 고도 경제성장과 국민 소득의 증가로 육류 소비는 더욱더 증가했다. 삼겹살이나 치킨 같은 음식이 큰 인기를 끌었고, 1990년대 이후 패스트푸드 산업이 성장하면서 햄버거, 피자 등의 보급과 더불어 고기를 매끼 곁들이는 식단이 보편화되었다. 한국인의 1인당 연간 육류 소비량은 1970년에는 5.2kg에 불과했지만, 2000년에는 32.9kg에 이르렀고 2023년에는 60.5kg으로 사상 최고치를 기록했다. 단기간에 육류 소비가 폭발적으로 증가한 것을 아래의 표를 통해 확인할 수 있다.

○ 표 2 대한민국 1인당 주요 육류 연간 소비량

연도	합계 (kg)	쇠고기 (kg)	돼지고기 (kg)	닭고기 (kg)
1970	5.2	1.2	2.6	1.4
1975	6.4	2	2.8	1.6
1980	11.3	2.6	6.3	2.4
1985	14.4	2.9	8.4	3.1
1990	19.9	4.1	11.8	4
1995	27.4	6.7	14.8	5.9
2000	32.9	9.5	16.5	6.9
2005	31.3	6	17.8	7.5
2010	38.7	8.7	19.3	10.7
2011	40.6	10.2	19	11.4
2012	40.6	9.8	19.2	11.6
2013	42.8	10.4	20.9	11.5
2014	45.1	10.8	21.5	12.8
2015	46.9	11	22.5	13.4
2016	49.4	11.5	24.1	13.8
2017	49.1	11.3	24.5	13.3

2018	53.8	12.6	27	14.2
2019	54.6	13	26.8	14.8
2020	52.5	12.9	27.1	12.5
2021	56.1	13.9	27.6	14.6
2022	59.8	14.9	30.1	14.8
2023	60.5	14.7	29.6	16.2
2024	60.1	14.9	30.0	15.2

출처: 2024 농림축산식품 주요통계 (농림축산식품부), 농업전망 2025 (한국농촌경제연구원)

● **그래프 1 대한민국 1인당 주요 육류 연간 소비량 변화**

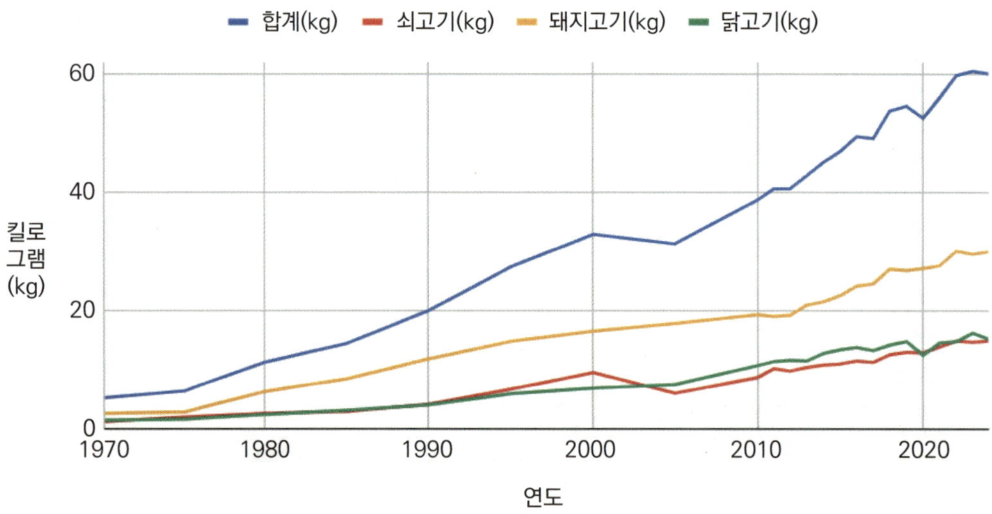

농촌경제연구원의 분석에 따르면 1인당 쌀 소비량이 감소하는 동안 고기 소비량은 매년 약 2~3%씩 증가해왔다. 국민의 식습관이 곡물 위주에서 육류 위주로 빠르게 전환된 것이다. 그 결과 2022년에는 역사상 처음으로 한국인의 1인당 연간 고기 소비량(59.8kg)이 쌀 소비량(56.7kg)을 앞질렀다. 이제 고기는 한국인의 주요 단백질 공급원이자 밥상의 중심으로 자리 잡았다.

○ 표 3 대한민국 1인당 육류 소비량 vs 쌀 소비량

연도	육류 소비량 (kg)	쌀 소비량 (kg)
1970	5.2	136.4
1975	6.4	123.6
1980	11.3	132.4
1985	14.4	128.1
1990	19.9	119.6
1995	27.4	106.5
2000	32.9	93.6
2005	31.3	80.7
2010	38.7	72.8
2011	40.6	71.2
2012	40.6	69.8
2013	42.8	67.2
2014	45.1	65.1
2015	46.9	62.9
2016	49.4	61.9
2017	49.1	61.8
2018	53.8	61
2019	54.6	59.2
2020	52.5	57.7
2021	56.1	56.9
2022	59.8	56.7
2023	60.5	56.4

출처: 2024 농림축산식품 주요통계 (농림축산식품부)

● 그래프 2 대한민국 1인당 육류 소비량 vs 쌀 소비량 변화

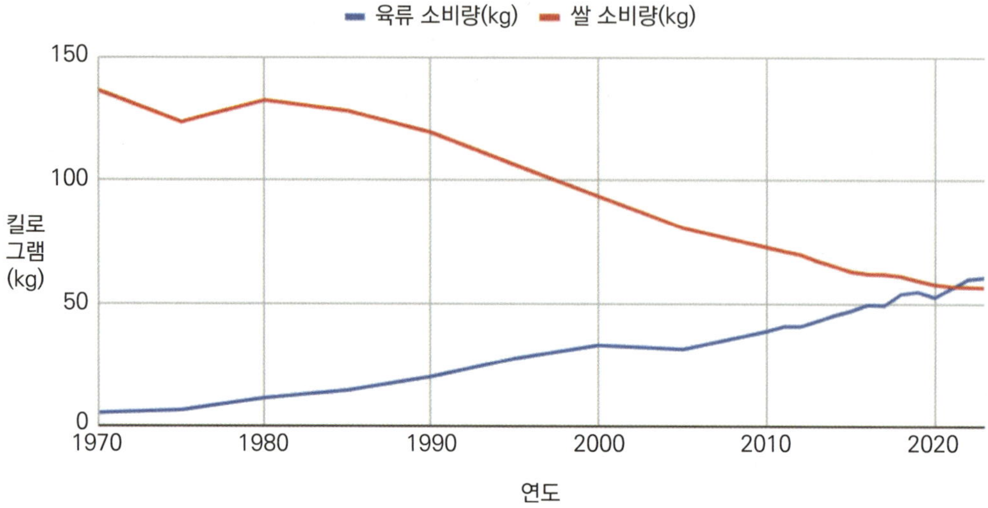

2. 현대 축산업의 구조와 소비 증대 요인

육류 소비의 증가는 현대적 축산업의 발달로 인한 대량생산의 결과이다. 인구 증가와 수요 확대로 인해 전통적인 소규모 방목 사육은 대규모 공장식 축산(Factory Farming)으로 급속히 대체되었다. 현재 전 세계적으로 연간 천억 마리가 넘는 가축이 식용으로 사육·도축되고 있으며, 대부분이 공장식 축산 시스템을 통해 생산된다. 미국의 경우 농장에서 사육되는 가축의 99%가 공장식 축산 방식으로 길러지는 것으로 추정된다. 전 세계의 지상 가축의 약 74%가 집중 가축 사육시설(CAFO, Concentrated animal feeding operations, 공장식 축산의 공식 명칭)에서 생산되어 전 세계로 공급되고 있으며, 이런 '공장식 축산'의 시작은 가축별, 지역별로 다른 기록들이 있지만, 1910~1920년대에 여러 나라에서 시작된 것으로 보인다.

공장식 축산(Factory Farming)이란?

공장식 축산이라는 방법은 하나의 시설과 같은 형태로 정의될 수는 없지만, 미국

농무부(USDA, United States Department of Agriculture)는 '집중 가축 사육 시설(CAFO)'이라는 개념으로 분류하고 있으며, 일반적으로 '공장식 축산'이라고 부른다.

돼지

공장식 축산의 시작은 1920년대 영국까지 거슬러 올라간다. 당시 야외에 풀어놓고 사육하던 돼지들을 실내에서 가두어 사육하는 방법이 유행하기 시작하면서 이 용어가 생겨났다는 기록이 있다.

그 시절 돼지는 한 번에 4~6마리의 새끼를 낳았으나, 오늘날 비육을 위해 개량된 품종은 한 번에 10~13마리, 많게는 20마리까지 새끼를 낳기 때문에 번식력이 높아졌고, 사료도 잡식성으로 크게 가리지 않아 사육이 쉽다. 가축으로서 돼지의 주된 역할은 고기 제공이었다. '농경사회의 조연', 부가적인 소득을 창출하는 '부업 축산' 가축이었기 때문에 공장식 축산 방식을 적용하기가 닭이나 소에 비해 더 용이했다.

돼지를 야외에서 기르면 운동을 많이 해서 살이 덜 찌는 데 반해, 실내에서 기르면 운동도 잘 하지 않고 잠을 더 많이 자므로 살찌기가 쉽다. 또, 야외에서 먹는 식물성 사료들은 섬유질이 많고 돼지를 살찌우는 데 특화된 것이 아니었으나, 비육에 초점을 맞춘 '곡물 중심 사료'는 돼지를 금방 살이 차오르게 해줬다.

축사 내부에는 '사료 공급 통로'와 '배설물 통로'를 일렬로 설치하고, 철제 펜스를 이용해 공간을 구분하여 빼곡히 '바둑판식 우리'를 만들었고, 이는 노동력의 투입을 획기적으로 줄여, 축산업자들은 더 큰 이윤을 볼 수 있었다. 이처럼 이윤 창출이 극대화된 방식이 널리 퍼져나간 것은 당연한 결과였다.

이와 같은 '실내 돼지 비육장(Indoor housing of fattening pigs)'을 본 사람들은 이를 '공장식으로 운영되는 비육장(Fattening houses as a factory operation)'이라고 불렀으며, 이것을 '집중 가축 사육 시설(CAFO)'이라 정의한 방식, 그리고 '공장식 축산(Factory Farming)'의 시작으로 보고 있다.

닭

미국에서는 다소 우연찮게 공장식 축산이 1923년 가금류 비육으로부터 시작된다.

'미국 델라웨어주'의 '서식스 카운티'에 살고 있던, '세실 스틸 여사[1]'는 평범한 농장을 운영하는 집안의 주부였다. 당시에 닭은 고기 제공보다는 산란을 통해 얻게 된 달걀을 판매하는 것이 일반적이었기 때문에, 세실 여사도 병아리를 50마리 정도 주문해서 닭으로 키우고, 사육하는 동안 닭들이 낳은 알을 이웃이나 지역시장에 판매할 계획이었다. 하지만, 그녀의 병아리 주문이 50마리가 아닌 '500마리(!)'로 잘못되어, 예상보다 10배나 많은 병아리를 기를 수밖에 없는 상황에 처했다. 보통이라면 이 난생처음 마주한 커다란 실수에 절망할 수도 있었겠지만, 세실 여사는 여기서 500마리 병아리를 모두 키워 보기로 결심하고, 몇 개월 후, 육계 387마리를 길러내는 데 성공한다. 기대보다 훨씬 더 큰 수익을 올리게 된 세실 여사는 이후 약 3년 만에 약 1만 마리까지 육계생산을 성장시킨다.

이 육계 비즈니스의 시작이자 성공을 들여다보면, 농경 생활에 충실했던 한 주부가 갑자기 닥쳐온 위기에 성실하게 대처해 성공을 일궈낸 아름다운 이야기로 들린다. 하지만, 아이러니하게도 이때부터 전 세계의 병아리와 닭들은 공장식 축산 시설에서 일생을 보내기 시작한다.

세실 스틸 여사의 비육계 사업 성공이 세상에 알려지자 비육계 생산 농장들이 늘어나고, 닭고기를 대량으로 생산하는 육계중심 축산의 사업성이 증명되었다. 이에 따라 늘어난 생산 규모에 맞추어 수요도 본격적으로 증가하게 된다.

1930년대의 자료는 구할 수 없었지만, 1970년대 중반의 1인당 소고기 소비량은 약 88~89파운드(약 40kg)로 정점을 찍은 이후 감소 추세로 내려갔다. 돼지고기 소비량은 변동성을 보였으나 소고기나 닭고기만큼 뚜렷한 성장세를 나타내지는 못했다. 반면, 닭고기 소비량은 이 시기부터 현저한 증가세를 보이기 시작했다. 닭고기 가격이 하락하고, 부분 포장육, 가공육 등 새로운 제품들이 소비를 촉진하였다. 1996년에는 1인당 닭고기 공급량이 돼지고기를 추월하기에 이르렀다.

1970년대 이후 미국 식품 시스템과 소비자 선호도에 변화가 있었다. 소고기에 비해 닭고기의 가격 경쟁력이 지속적으로 개선되고, 건강에 대한 관심 증대로 지방 함량이 낮은 단백질 선호도가 높아지면서, 따라잡을 수 없는 지속적인 성장 동력을 확보했다.

1 그녀의 남편인 David Wilmer Steele과의 결혼으로, 몇몇 자료에서는 '윌머 스틸 부인'으로 기록되기도 한

2000년대 이후 닭고기는 미국에서 가장 많이 소비되는 육류가 되었다. USDA ERS의 2023년 데이터에 따르면 1인당 소매 중량 기준 소비량은 소고기 58.1파운드(26.3kg), 돼지고기 50.2파운드(22.7kg), 육계 99.5파운드(45.1kg)로 소고기보다 높고, 돼지고기에 비하면 2배 이상 소비되는 육류가 되었다. 2024년 기준, 닭고기 소비는 1960년대보다 4.35배 증가한 반면, 소고기와 돼지고기는 비슷한 수준을 유지하고 있다.

소

1920년대부터 '공장식 축산'이라는 용어가 본격적으로 알려지면서부터, 농경사회 풍경의 중요한 구성 요소였던 '가축'을 따로 떼어내, '고기'를 제공해 주는 '식품'으로서의 가치만을 집중적으로 육성하게 되었다. 이때부터 가축들은 효율적 비육에 초점을 맞춘 '식량 자원'으로 관리, 생산되기 시작했다. 그동안 농경사회에서 중요한 노동력으로 헌신했던 '소'도 이런 흐름을 피해 갈 수는 없었다.

소, 돼지, 닭을 중심으로 한 공장식 축산 시스템의 완성

현대 축산업은 사료 생산부터 사육, 도축, 가공, 유통에 이르는 일관된 산업 사슬 구조로 이루어져 있다. 옥수수와 콩과 같은 사료 곡물을 광활한 재배지에서 대량 생산하여 가축공장으로 보내고, 공장에선 가축을 단기간에 비육하여 도축·가공한 뒤, 냉동육이나 육가공식품 형태로 전 세계 시장에 유통한다. 이러한 방법은 효율성이 극대화된 육류 생산방법으로 '규모의 경제'를 달성할 수 있게 했다. 20세기 초중반부터 본격적으로 보급된 공장식 축산방식을 통해 육류의 실질 가격은 떨어졌으며, 이는 소비자들이 더 자주 고기를 접할 수 있게 했다. 소득이 증가한 소비자들은 값싼 육류를 부족함 없이 즐기기 시작했고, 패스트푸드와 외식 산업의 발전 역시 육류 소비 증가의 기폭제 역할을 했다. 치킨과 햄버거와 같이 저렴하고 간편한 육류 음식들이 전 세계적으로 보급되었으며, 식품 산업은 더욱 많은 고기를 공급하기 위해 축산 규모를 키우는 방향으로 성장해왔다.

소비 증대 → 대량생산 → 가격 하락 → 다시 소비 증대와 대량생산으로 이어지는 구조가 갖춰지게 되었고, 글로벌 육류 소비는 지난 60년간 폭발적으로 증가했다. 전 세계 고기 생산량은 1960년대 약 7천만 톤 수준에서 현재는 3억 5천만 톤 이상으로 4~5배 늘어났는데, 이에 따라 1인당 육류 소비량도 1960년대 약 20kg 대에서 2020년대 약 40kg 이상으로 꾸준히 증가했다.

● 그래프 3 **전 세계 가축별 육류 생산량(1961~2023년)**

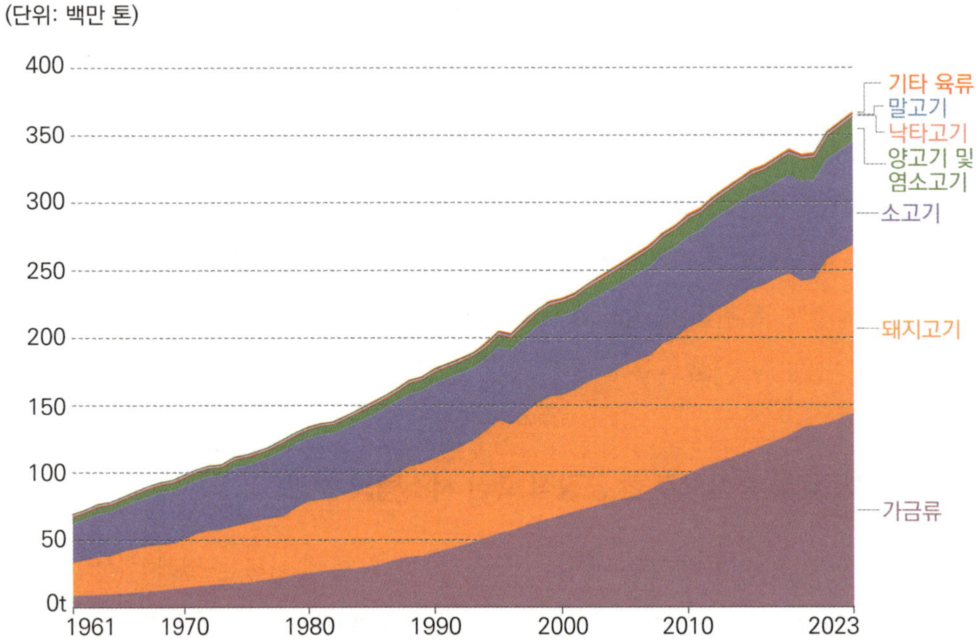

주: 총 육류 생산량에는 상업적 도축과 농가 도축이 모두 포함됩니다. 데이터는 내장과 도축 지방을 제외한, 정육(도축된 사체)의 중량 기준으로 제공됩니다.

출처: Ritchie, H., & Roser, M. (2017). OurWorldInData.org/meat-production.

특히 아시아의 경제 성장으로 중국, 동남아 등의 고기 소비가 급증하여, 오늘날 아시아는 세계에서 육류 소비 증가가 가장 가파른 지역이자 최대 육류 생산지로 부상했다.

● 그래프 4 전 세계 지역별 육류 생산량(1961~2023년)

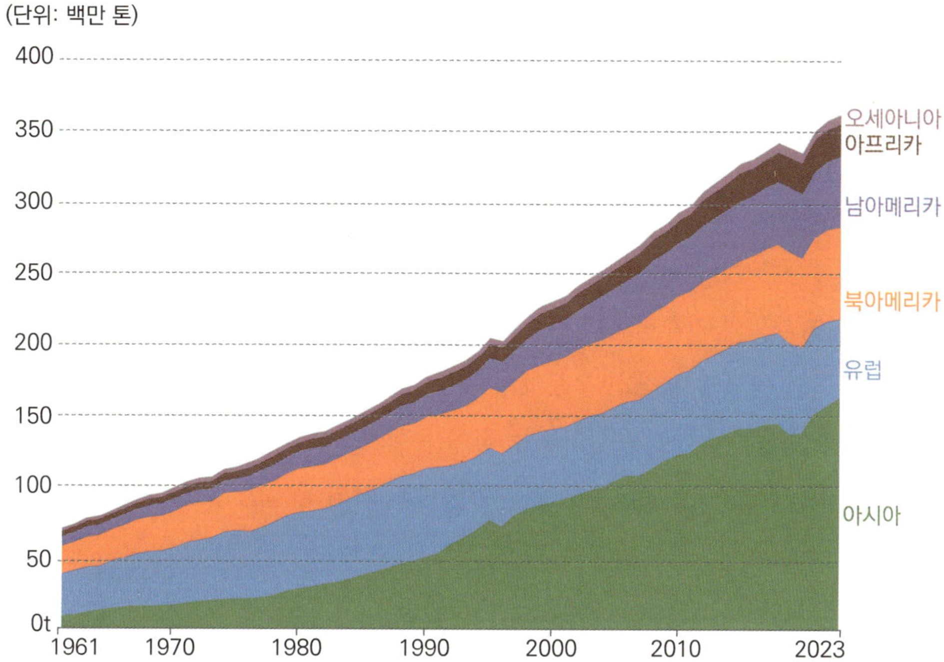

주: 총 육류 생산량에는 상업적 도축과 농가 도축이 모두 포함됩니다. 데이터는 내장과 도축 지방을 제외한, 정육(도축된 사체)의 중량 기준으로 제공됩니다.

출처: Ritchie, H., Rosado, P., & Roser, M. (2019). OurWorldInData.org/meat-production.

이러한 공장식 축산은 생산 비용 절감과 공급과 수요의 양적 확대에는 성공했다. '그럼 좋은 것 아닌가? 더 많은 사람이 더 많은 고기를 더 싸게 먹을 수 있게 되었다는 말이잖아?'라는 질문이 생긴다. 하지만, 이 이면에는 이러한 풍요를 누릴 수 있게 해주는 만큼의 희생이 있었다. 특히, 환경파괴와 기후위기, 동물학대, 그리고 인류의 건강 측면에서도 우려를 낳고 있는데, 어떻게 이런 문제들이 축산업과 연결되는지 한번 자세히 알아보자.

3. 육류 소비 증가가 초래한 결과

육류를 전례없이 많이 소비하고 있는 인류의 소비를 충족시키기 위한 집중 가축 사육시설(CAFO)이 끝없이 늘어남에 따라 다양한 문제를 맞닥뜨리게 되었다.

기후

특히, 환경파괴와 기후변화의 주요 원인으로 지목되고 있는데, 유엔식량농업기구(FAO)에 따르면 세계 음식 생산 부분에서 배출하는 온실가스는 전체 온실가스 배출의 26%, 축산 부문이 배출하는 온실가스는 전체 온실가스의 약 14.5%에 달해, 자동차·비행기 등을 모두 합친 세계 교통수송 부문 배출량과 거의 동일한 수준이다.

온실가스(GHG, Green House Gas)란?

온실가스는 지구의 대기에 머물며 지구의 온도를 상승시키는 결과를 가져오는 이산화탄소, 메탄, 아산화질소 등을 통칭하는 표현이다. 세상에는 다양한 온실가스가 있고, 각각이 온난화에 영향을 미치는 정도에는 차이가 있는데, 이런 차이를 계산하기 위한 기준값을 이산화탄소 환산량이라 한다.

- **이산화탄소 환산량**(CO_2e, Carbon Dioxide Equivalent): 특정 온실가스가 일정 기간 동안 지구온난화에 미치는 영향을 이산화탄소 1톤의 영향과 비교하여 나타낸 값으로, '이산화탄소 등가량'이라고 표기하기도 한다.
- **지구 온난화 지수**(GWP, Global Warming Potential): 1톤의 온실가스가 대기 중에 방출된 후 특정 기간(일반적으로 100년) 동안 지구온난화에 기여하는 정도를 수치화한 것을 '지구 온난화 지수'라고 한다. 지수의 기준값은 이산화탄소의 기여도 '1'을 기준으로 온실가스별 'GWP'를 환산한 값은 다음과 같다.

온실가스(GHG)별 지구 온난화 지수(GWP)

- **이산화탄소**(CO_2): 1kg
- **메탄**(CH_4): 28~34kg
- **아산화질소**(N_2O): 298kg

메탄은 대기 중에서 약 12년간 지속되지만, 이산화탄소보다 약 28~34배 강력한 온실효과를 일으킨다. 메탄도 이산화탄소에 비해 매우 강하지만 아산화질소는 약 298배 더 큰 온난화 효과를 가져오며, 대기 중에 지속되는 기간은 약 109년으로 가장 길다. 동량의 온실가스를 비교해 볼 때, 아산화질소의 위험도가 압도적으로 높다.

특히 소, 양과 같은 반추동물(되새김질하는 가축)은 장내 소화 과정에서의 발효가 다량의 메탄가스를 방출하는데, 메탄가스는 이산화탄소보다 온실효과가 훨씬 강력하여 적은 배출량으로도 기후에 큰 영향을 미친다. 가축의 분뇨 관리 과정에서는 아산화질소가 배출되며, 가축의 사육과 유통, 사료작물의 재배와 유통에서도 이산화탄소와 아산화질소가 배출된다.

이 결과 소고기의 탄소발자국(개인, 조직, 행사 또는 제품과 서비스로 인해 직간접적으로 배출되는 온실가스를 'CO_2e'로 나타낸 것)은 다른 식품보다 압도적으로 높아 1kg당 약 20~60kg의 'CO_2e'을 배출한다. 이는 동일 중량 닭고기의 탄소발자국(약 2~5kg CO_2e)의 약 10배에 달한다.

<그래프 5>를 보면, 전체 온실가스 배출량 중에서 식품과 관련한 온실가스의 배출량이 전체의 26%를 차지하고 있으며, 거주가 가능한 전 세계 토지의 50%가 농업에 활용되고 있고, 전 세계 수자원의 70%를 농축수산업에서 사용하고 있는 것으로 보고되었다. 무엇보다 압도적인 숫자는 지구상의 포유류 중 약 94%, 조류 중 71%가 인류의 먹고 마시는 데 활용하는 '가축'이라는 점이다. 절대적인 비율로 봤을 때, 지구상에 있는 동물 대부분은 인간에 의해 식품으로 길러지고 소비되고 있는 것이다.

● 그래프 5 **식품과 농업의 환경 영향**

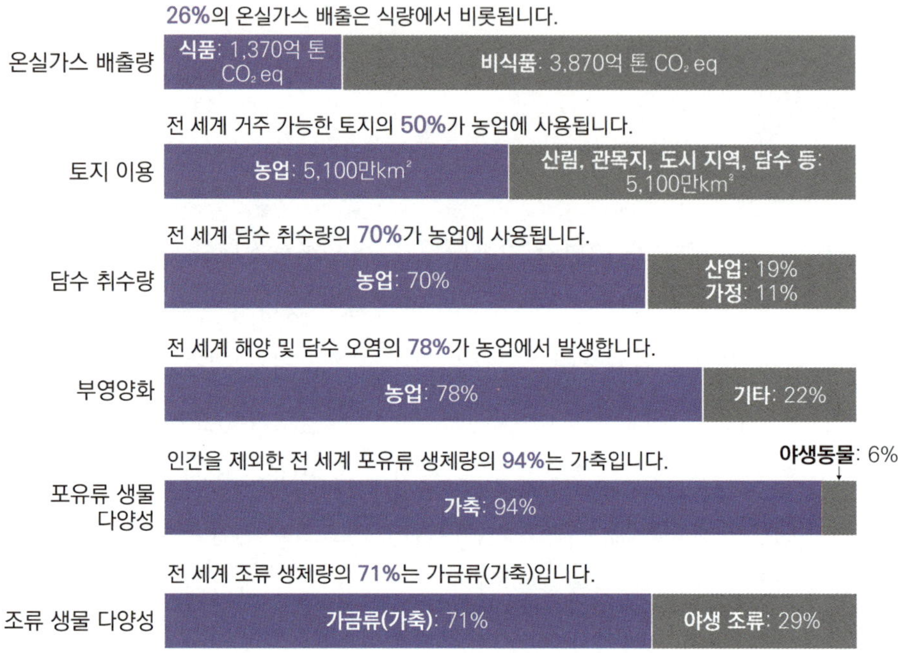

출처: Hannah Ritchie, Pablo Rosado, Max Roser(2022). ourworldindata.org/environmental-impacts-of-food.

● 그래프 6 **식품 1kg당 온실가스 배출량**

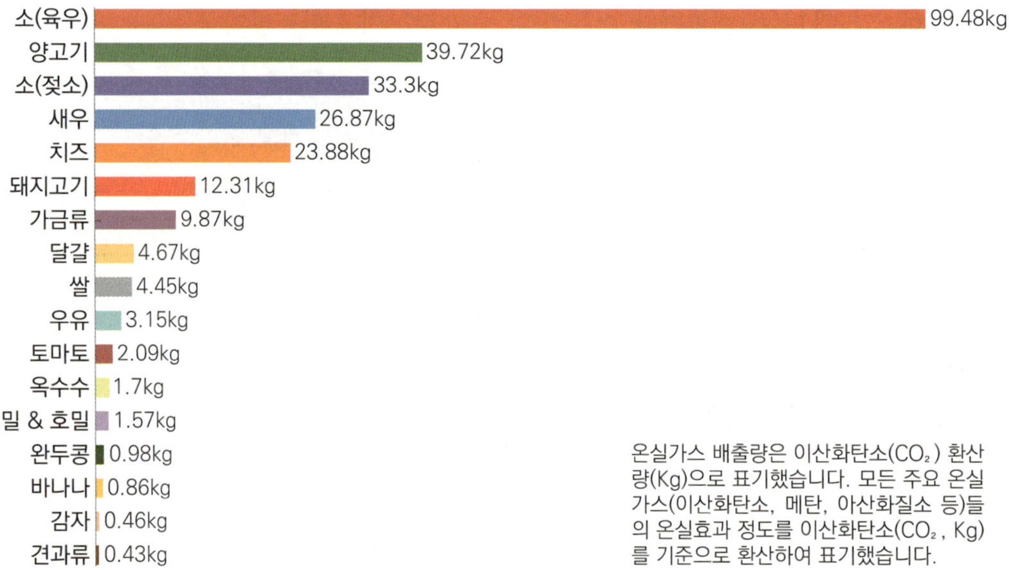

온실가스 배출량은 이산화탄소(CO_2) 환산량(Kg)으로 표기했습니다. 모든 주요 온실가스(이산화탄소, 메탄, 아산화질소 등)들의 온실효과 정도를 이산화탄소(CO_2, Kg)를 기준으로 환산하여 표기했습니다.

출처 Hannah Ritchie, Pablo Rosado, Max Roser(2022). OurWorldInData.org/environmental-impacts-of-food.

<그래프 6>을 보면, 육류와 치즈와 같은 동물성 식품은 단위 생산량당 온실가스 배출이 큰 반면, 콩, 곡물, 채소 등의 식물성 식품의 온실가스 배출은 비교적 작다. 소고기와 양고기의 탄소배출이 특히 크며, 돼지고기·닭고기 등도 대부분의 식물성 식품보다 온실가스 배출량이 압도적으로 높다.

축산업은 사료의 주재료인 곡물을 재배하고 공장식 축산 시설을 건설할 거대한 토지가 필요하다. 축산을 위한 토지는 산과 숲을 태우거나 벌목하여 마련하는데, 이는 세계 산림파괴의 주요한 원인 중 하나다. 그래프의 온실가스 배출량은 가축의 사육방식, 사료 재배, 토지이용과 산림파괴와 같은 여러 요인을 모두 포함하여 산출한 결과다.

● 그래프 7 **식량 생산을 위한 전 세계 토지 사용 현황**

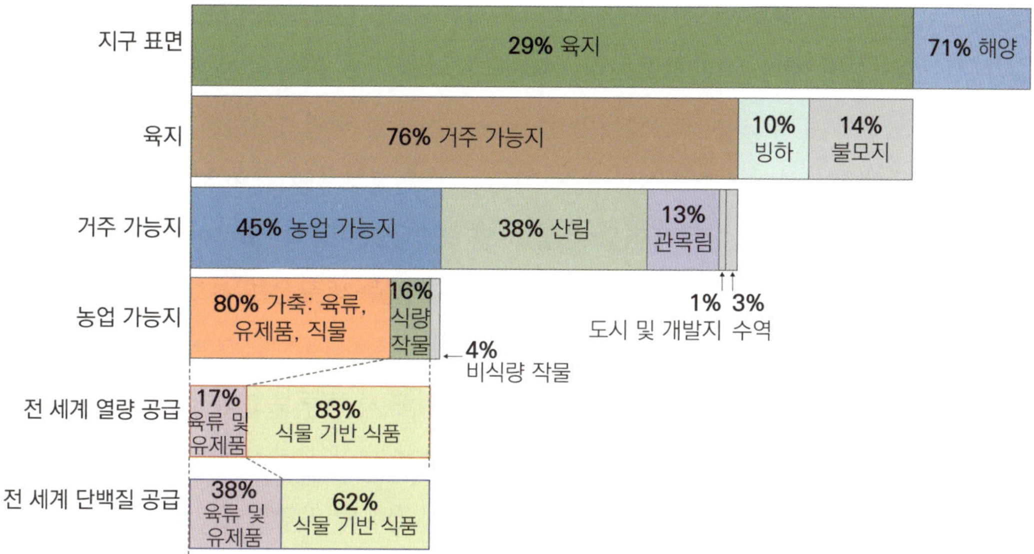

a. 해산물 생산을 위한 양식업용 '사료 작물 재배지'가 '4. 농업 가능지'의 '80% 가축: 육류, 유제품, 직물'에 포함됩니다.
b. '야생 어류 식품'을 위 그래프에 포함할 경우, '5. 전 세계 열량 공급'에서 '육류 및 유제품'은 18%로, '6. 전 세계 단백질 공급'에서 '육류 및 유제품'은 40%로 상향됩니다.

마지막으로 <그래프 7>을 보면, 전 세계 농업 가능지의 약 80%가 가축 방목지나 사료 경작지로 사용되고 있다. 하지만 이렇게 생산된 동물성 식품은 전 인류에게 필요한 에너지(열량, Calorie) 공급에 기여하는 비율 중, 약 17%에 불과하다. 이는 엄청난 양의 '곡물'이 '사료'로 재배되어 '가축'에게 공급되고, 이런 방식으로 길러진 가축을 소비하는 것이 얼마나 비효율적인가를 말해주고 있다.

가축 사료를 재배하기 위한 농경지 확보 때문에 어마어마한 면적의 숲이 파괴되고 있으며, 특히 남미 아마존의 열대우림은 소 사육을 위한 목초지 확보와 사료 작물 재배를 위해 상당 부분 파괴된 것으로 알려졌다. 현재 아마존 산림 손실의 약 80%는 소 사육과 직간접적으로 관련되어 있다는 연구가 있으며, 실제로 브라질 등지에서 벌어지는 열대우림 화재 상당수가 소 목장을 만들기 위한 방화 개간(화전)으로 밝혀졌다. 이렇게 숲을 불태워 방목지와 사료 곡물 농지를 확보하는 행위는 지구의 허파인 열대우림을 파괴하여 이산화탄소 흡수원을 제거하고, 엄청난 탄소를 대기 중에 방출함으로써 기후위기를 악화시킨다.

축산업은 또한 막대한 물 자원을 소비하고 오염시킨다. 소를 사육하여 쇠고기 1kg을 생산하는 데에는 물 1만 5천ℓ가량이 필요하다는 추산이 있으며, 이는 곡물이나 채소 생산에 비해 몇 배나 높은 수준이다. 가축에게 먹일 사료 작물을 재배하고 가축이 마실 물을 공급하는 데 드는 직간접적인 물 발자국은 이렇게 어마어마하다. 그뿐만 아니라 공장식 축산시설에서는 수십만 톤에 이르는 가축 분뇨 폐기물이 발생하는데, 이 분뇨는 인근 하천과 지하수로 흘러들어 질소·인 등의 양분 과잉으로 녹조와 적조 현상을 일으키고, 수질을 오염시킨다. 미국 환경청(EPA)은 농장 동물의 분뇨가 지표수와 지하수의 질소·인 오염의 주요 원인이라고 지적하며, 대형 축사 인근 지역의 지하수에서는 과잉 질산염으로 인한 식수 오염과 주민 건강 피해 사례가 보고되고 있다고 밝혔다. 분뇨와 화학비료의 남용은 토양에도 악영향을 끼쳐, 토양 산성화와 악화를 불러온다. 물과 토양의 오염은 인간을 포함한 생물권 전체의 건강에 악영향을 미친다.

정리하면, 현대 축산업의 팽창은 ① 막대한 온실가스 배출로 인한 기후변화 가속, ② 숲의 파괴와 토지 남용, ③ 수자원의 과다 소비와 오염, ④ 토양과 생태계 교란 등의 심각한 환경 문제를 야기하고 있다. 이러한 현상은 세계 여러 지역에서 많은 문제를 일으키고 있고, ⑤ 식량 생산을 위한 토지 부족과 ⑥ 생물 다양성 감소에 대한 우려 또한 커지고 있다.

4. 희생된 동물 복지

육류 소비를 값싸고 손쉽게 충족시키기 위해 발전한 공장식 축산은, 동물 복지 측면에서 심각한 윤리적 문제를 안고 있다. 공장식 축산의 '효율성 극대화' 축산방식은 닭·돼지·소와 같은 가축을 좁은 실내 공간에 밀집시켜, 생산에 요구되는 토지, 사료, 노동력, 시간과 같은 비용과 자원을 절약하는 것을 최우선으로 하는 형태로 발전해 왔다.

사육환경

이 과정에서 동물들은 하나의 생명으로서 특성과 존중을 철저히 무시당한 채 사육된다. 가령 일반적으로 미국이나 유럽의 공장식 농장에서는 산란계 닭 한 마리가 A4용지 한 장보다도 좁은 케이지에서 평생을 보내고, 모돈(어미 돼지)은 새끼를 낳는 기간 내내 몸을 돌릴 수도 없는 폭 60cm 남짓한 틀에 갇혀 지내고 새끼 돼지는 송곳니와 꼬리를 자른다. 송아지는 어미에게서 바로 분리되어 철제 우리에 사육하고, 고속 육성을 위해 성장호르몬을 투여하는 등 동물 학대에 가까운 관행도 비일비재하다.

동물들은 과밀한 사육 환경에서 스트레스와 질병에 상시 노출된다. 밀집 사육으로 인해 서로 공격하거나 다치는 일이 빈번해지자, 닭의 부리를 자르고 돼지의 이빨을 가는 등의 신체 훼손이 관행적으로 이루어진다. 폐쇄된 공간에서 수만 마리의 가축이 배출한 암모니아 가스에 항상 노출되어 호흡기 질환을 달고 산다. 또한, 식사와 배변 활동을 같은 장소에서 함으로써 위생 상태가 극도로 불량해져 각종 감염병에 걸리기 쉽다. 이런 취약한 환경에서 감염병에 대한 내성을 키우는 방법은 항생제 과다 사용이고, 성장 촉진을 위한 항생제까지 장기간 투여되면서 항생제 내성균의 출현과 확산이라는 위험과 가축 체내에 남아있는 항생제가 소비자에게 영향을 끼칠 수 있는 공중보건상의 위험까지 발생할 수 있다.

이런 모든 행위는 극단적 경제성 추구를 최우선으로 한 결과이며, 효율성의 최대화는 가축들의 고통을 최대한 무시하는 것을 바탕으로 하며, '가축' 이전에 '생명'이라면 받아야 할 최소한의 존중이나 윤리는 애초에 존재하지 않는 참혹한 '공장'에서 '도살'당한 후 '고기'라는 '제품'으로 '생산'된다.

흙을 파고 뒹굴며 뛰놀아야 할 돼지들은 철창으로 둘러쳐진 콘크리트 바닥 위에서 태어나 그곳에서 생을 마친다. 날개를 퍼덕이며 지붕 위를 날아다녀야 할 닭들도 좁은 케이지 안에서 알만 낳다가 도살된다. 이렇게 인위적이고 비정상적인 환경에서는 동물들이 극심한 스트레스와 고통을 겪고 정형 행동(의미 없는 행동을 반복하는 것)과 같은 증상을 보이며, 쉽게 질병에 걸린다. 예를 들어, 좁은 우리에 갇힌 돼지들은 꼬리를 물어뜯는 이상 행동을 보이기 쉬워 농가에서는 아예 돼지의 꼬리를 잘라버리고, 케이지 속 닭들은 꽉 끼인 상태에서 움직이지 못해 뼈가 약해지고 깃털이 빠진 채 피부 질환을 달고 산다. 도축장으로 이동하는 과정에서도 동물들은 과도한 밀집 상태로 트럭에 실려 장시간 이동하며 다치거나 목숨을 잃기도 한다.

생각해 볼 문제

데카르트의 동물기계론과 루스 해리슨의 『동물 기계』

데카르트(1596~1650)는 서양 철학사에서 굉장히 중요한 철학자로 '나는 생각한다. 고로 존재한다.'라는 말을 남겼습니다. 축산업 분야에서도 지대한 영향을 미친 바가 있으니, 이 분이 제시한 '동물기계론'이라는 이론 때문에 그렇습니다. 인간 이외의 동물은 본질적으로 복잡한 생물학적 자동기계, 신이 창조한 기계로서 인간과 같은 의미의 '이성', '영혼'과 '감정'이 결여되었다고 주장하고, 동물의 행동이 아무리 정교해 보일지라도, 이는 기계적인 원리와 작동으로 설명할 수 있다는 주장을 중심으로 합니다.

반려견도 가족으로 보고 최선을 다하는 요즘 우리들의 생각으로 보자면, 굉장히 낯선 개념입니다. 하지만, 그가 죽은 게 1650년 지금으로부터, 약 4백 년 전인 것을 감안하면, 그럴 수도 있다는 생각이 들기도 합니다. 우리는 2025년 아직도 사람과 사람이 평등하다는 생각을 전제로, 예로부터 이어져 온 차별을 지금까지도 없애나가고 있으니까요. 또, 미국의 노예제도 폐지도 지금으로부터 약 160년 전인 '1865년'에 된 것을 보면, 그전까지는 사회를 규정하는 '뼈대'인 '법'으로도 모든 '인간'이 '평등'하다는 인정을 못 했습니다. 그리고 이런 인간 사회에서 '인간'을 차별하지 않기로 한 '법'이 마련된 것도 불과 160여 년밖에 안 됐지요.

인간이 아닌 '동물'을 인간과 평등한 존재라 '규정'하고 모두가 이를 공감한다는 사회적 합의에는, 어쩌면 당연히 더 많은 시간과 노력이 필요한 것으로 보입니다. 그래도 지금은 그 어떤 '생명'이라도 일정 수준 이상의 존중을 받아야 한다는 주장과 관련 연구가 많습니다. 좋은 일이라고 봅니다. 동물이 아파하고, 죽어가는 모습을 보면 우리는 눈물짓습니다. 감정이 있고, 그 감정은 종을 넘어 전파되니까요. 그리고 이런 경험은 많은 사람이 한 번쯤은 겪어봤을 겁니다.

허나, 데카르트 시대에는 '과학'이라는 기술과 사고방식으로 자연을 해석하고 이해하는 '기계론적 철학'이 새로운 시각으로 각광 받았다고 해요. 식물이 뿌리에서 물을 받아들이고, 햇볕으로 광합성을 하고 그래서 자라나고 꽃피우는 것. 이런 원리들을 하나씩 알아가면서, 식물도 잘 작동하는 기계장치, 자연도 잘 맞아 돌아가는 시스템처럼 해석하기 시작한 것이죠. 그 연장선에서 '동물'도 이런 관점으로 분석하고 이해하고 인간을 제외하고는 '감정'과 '영혼', '이성'이 없는 '기계'로 규정한 결과가 '동물기계론'과 같은 이론으로 정리되어 나타난 것으로 보입니다. 물론 당시에도 '동물기계론'은 많은 논쟁을 낳았다고 해요. 하지만, 그가 정리한 '이론'이라는 '생각의 틀'이 현대사회에서 '가축'을 함께 살아가는 '생명'이 아닌, '생산'하고 '판매'하여 '이윤'을 얻어내는 '식품'으로 치부할 수 있도록 하는 '근거'를 제공한 것이라는 연구들도 있습니다. 17세기 이후 생체 해부 및 기타 동물 실험에 대한 철학적, 도덕적 정당성을 제공하는 데 널리 사용되었기 때문입니다. 그들이 행하는 실험에서 동물들이 보이는 '고통'이나 '괴로움'은 '반응'을 보이는 '기계'라고 간주하고, 이때 동물들이 내는 소리를 '소음'과 동일시하며, 이런 상황을 냉담하게 묘사했다고 합니다. 이는 생물학적 메커니즘을 이해하는 '해부'라는 방법의 적용에는 유용했을지 모르나, 동물의 의식을 관찰하고 이해, 해석하는 데는 방해요인으로서 작용했다고 합니다. 시대적 배경에서는 그럴 수 있었겠다고 이해하고 넘어가 보지만, 오늘날의 관점에서 볼 때는 그 한계가 뚜렷해 보입니다.

그래서일까요? 데카르트 사후 약 300년 후, 1964년 영국에서 『동물 기계』라는 책이 출판됩니다. 루스 해리슨이라는 저자가 공장식 축산에 대해 조사, 정리하여 대중에게 최초로 알린 중요한 책인데요. 이 책의 제목을 처음 접했을 때 "Animal Machine, 동물 기계"라는 것이 참 대조적으로 다가왔습니다.

이 책은 먼저, '가축'을 단순한 '소비자원'을 넘어 '동물', '생명'으로 인식하도록 했고, '경제적 효율성 극대화'라는 이름으로 가축들이 얼마나 참혹한 환경에서 고통스럽게 살고 있는지를 사람들에게 알리고 호소했습니다. 그 결과로 그 시대 사람들은 '공장식 축산'에 대해서 알게 되고, '생명 존중'과 '인간 존종', '동물'과 '가축'이 연결되어 있음을 돌아보게 됩니다.

300년이 지나면서 더 깊어진 세상에 대한 이해가, '공장식 축산'이라는 낡고 잔인한 사고방식의 결과를 비판하고, 『동물 기계』라는 책으로 구체화 되어 발현된 것이라는 생각을 해봅니다. 이 책은 데카르트의 '동물기계론'이 지닌 한계를 한참 초월하여 인간과 자연이 맺어야 하는 관계의 수준과 성격을 재정의했습니다. 『동물 기계』는 영국 사회에 큰 화재를 불러일으켰고, 이 폭발적 반향의 결과로 영국 정부는 '브람벨 위원회'라는 위원회를 조직해 '공장식 축산'과 '농장동물'의 복지 현황을 조사하게 했습니다. 어떻게 이리 '값싼 고기'가 이렇게나 '많이' 나올 수 있는가에 대한 '숨겨진 진실'을 소비자들에게 알리는 계기가 된 것이죠.

이 책의 중요한 역할은 '공장식 축산'이라는 개념을 대중에게 소개한 것입니다. '공장식 축산'이 무엇인지에 대해 객관적으로 조사하고 정리한 후, 구체적이고 명확한 현실을 파악한 충분한 정보를 소비자들에게 알려준 것이죠. 이런 시스템을 만들고 운영한 것은 공급자들의 책임이 크지만, 이제는 현 시스템의 문제점을 같이 고민하고 해결하도록 요구하고, 지금의 축산구조에서 무자비하게 생산된 '가축의 고기'를 '선택'하고 '지지'할 것인지에 대한 '의사표현'으로서의 소비, 소비자의 역할을 촉구했습니다.

『동물 기계』가 출판된 후 1년이 지나, 1965년에 영국 정부의 조사 결과가 담긴 '브람벨 보고서'

가 발표됩니다. 이 보고서는 동물 복지를 개념화하고, 영국 및 유럽 동물 복지 법규의 기초를 형성했다고 평가받는데요. 특히, '무의미하고', '악의적인' 고통을 방지하는 수준에 머물러있던 '동물 학대 방지법'에 '식품 생산의 효율성을 위하더라도 이에 따른 부정적 결과로부터 동물은 보호되어야 한다'는 내용을 포함하여, 중요한 인식의 변화를 일으키는 전환점이 되었다고 합니다.

위원회 초기의 권고 사항으로 동물이 최소한 '일어서고, 눕고, 몸을 돌리고, 스스로 단장하고, 사지를 쭉 뻗을 수 있는 자유.'를 가져야 한다는 것을 명시했습니다. 이 내용은 '브람벨의 5대 자유'라고 불리는데, 표로 정리하면 다음과 같습니다.

브람벨의 5대 자유

자유(Freedom)	내용(Provision)
1. 배고픔과 목마름으로부터의 자유	충분한 건강과 활력을 유지하기 위한 신선한 물과 먹이에 즉시 접근할 수 있도록 보장
2. 불편함으로부터의 자유	은신처와 편안한 휴식 공간을 포함한 적절한 환경 제공
3. 통증, 부상, 질병으로부터의 자유	예방 또는 신속한 진단과 치료를 통해 보장
4. 정상적인 행동을 표현할 자유	충분한 공간, 적절한 시설 제공, 동족과의 교제 가능
5. 두려움과 정신적 고통으로부터의 자유	정신적 고통을 피할 수 있는 조건과 처우를 보장

출처: Mellor, D. J. 외(2020)를 표로 정리

"브람벨의 5대 자유"는 지금으로부터 약 60년 전에 정의된 개념입니다. 하지만, 지금의 축산업은 오래된 윤리적 가치도 충분히 반영하고 있지 못한 듯합니다. 어쩌면 약 400년 전 데카르트의 '동물 기계론'에서 동물복지의 전환점을 마련한 루스 해리슨의 『동물 기계』가 출판되는 데까지 약 300년이 걸린 것을 보면, '동물 기계'가 출판된 지 약 60년밖에 되지 않은 오늘날의 현실은 당연한 것일지도 모르겠습니다.

동물기계론은 약 400년 전에 세상을 떠난 데카르트가 사람도 차별하고 사고팔던 시대에 자연을 이해하기 위한 하나의 이론으로 정리한 것이니, 넘어가겠습니다. 그러나, 사람이 모두 평등하고, 동식물과 자연도 지능과 감정이 있으며, 생각하고 고통을 느끼는 생명으로서, 인격체와 같은 수준으로 여기는 오늘날, 2025년에도 60여 년 전에 정리된 윤리적 원칙이 지켜지지 못하고 있는 현실이 안타깝기도 합니다.

전염병

지금까지 '공장식 축산'이 경제적 효율성을 중심으로 여러 가지 문제점을 낳고 있음을 알아보았다. 하지만, 대규모 밀집 사육으로 가축 전염병이 발생할 경우, 해당 가축들을 살처분, 처리, 관리하고 방역하는 방식을 보면, 과연 공장식 축산방식이 경제적 효율성이라도 있는지 의심하지 않을 수 없다.

일단 전염병이 발생하면, 사육하는 시설 내부와 일정 거리 안에 있는 사육시설에서 사육되고 있는 가축들을 모두 살처분한다. 이런 살처분 방식이 가장 일반적인 전염병 억제책인데, 주요 가축에게 발생하는 전염병으로는 소와 돼지는 구제역(FMD, Foot and Mouth Disease), 돼지는 아프리카돼지열병(ASF, African Swine Fever), 닭은 조류 인플루엔자(AI, Avian Influenza)가 있다.

이런 전염병은 얼마나 자주 발생하는가? 그리고 그때마다 살처분된 가축들의 숫자와 경제적 손실은 얼마나 되는가? 한번 알아보자.

○ 표 4 대한민국 구제역(FMD) 발생 (2000~2023년)

연도	발생 건수/ 농장 수	주요 발생 축종	주요 발생 지역	살처분 두수 (추정)	경제적 피해액 (추정)	비고
2000	15건	소, 돼지 등	3개도 6개 시 군	182 농가, 2,216두	3,006억원	444,000두/ 가축수매
2002	16건	돼지	전국	162 농가, 160,155두	1,434억원	142,000두/ 가축수매
2010(1월)	6건/55 농장	소, 돼지 등	포천	5,956두	298억 원	26,515두/ 가축수매
2010(4월)	11건/395 농장	소, 돼지 등	강화	49,874두	1,267억 원	45,158두/ 가축수매
2010~2011	다수/전국적	소, 돼지	전국	3,110,000두	돼지 2.2조 원 소 1.8조 원 (총 4조 원)	대유행, 전국 백신 접종 도입 계기
2023(5월)	11 농장	소, 염소	충북(청주, 증평)	11,571두	정보 부족 (살처분 보상금 등 발생)	신규 유입 추정

출처: 농업전망 2024, 한국농촌경제연구원(2024)

○ 표 5 대한민국 아프리카돼지열병(ASF) 발생 (2019년)

연도	사육돼지 발생 건수/농장 수	야생멧돼지 검출 건수	주요 발생 지역 (사육돼지)	살처분 두수 (사육돼지)	경제적 피해액 (추정)	비고
2019	14건 (9~10월)	다수	경기 북부, 강원 북부 등	약 40만 두 추정	수천억 원대	국내 첫 발생

출처: 세계 식량 및 농업, FAOUN(2023)

○ 표 6 대한민국 고병원성 조류인플루엔자(AI) 발생 (2003~2023년)

연도/절기	발생 건수/농장 수 (가금)	주요 발생 가금류	주요 발생 지역	살처분 수 (가금)	경제적 피해액/보상금 (추정)	비고
2003.12.10.~2004.3.20.	19건	닭, 오리 등	10개 시·군	392 농가 5,285천 수	1,531억 원	
2006.11.22.~2007.3.06.	7건	닭, 오리 등	5개 시·군	460 농가 2,800천 수	582억 원	
2008.4.1.~5.12.	33건	닭, 오리 등	19개 시·군	1,500 농가 1,020만 수	3,070억 원	
2016~2017	856 농장/183 농장	닭, 오리 등	전국적	3,430만 수 (+19만 수)	2,090억 원 (보상금 만)	사상 최대 피해 기록
2022~2023	75건/153 농장	닭, 오리 등	11개 시도	660만 9천 수	정보 부족	고위험군 6,373명 모니터링

출처: 서울대학교 사회발전연구소(2017)외 관련 자료들을 저자 취합, 정리함

2000년대 이후 국내에서 발생했던 주요 가축의 전염병 사례를 연도별로 발병 건수와 가축, 발생 지역, 그리고 살처분 수와 피해금액으로 정리했다. 특히 추정 금액을 보면 어마어마하다. 전염병이 발생하면 해당 농가와 인근 지역의 가축은 살처분하고, 발병으로 인해 가격이 폭락하거나 팔리지 않은 가축은 정부가 매수한다. 살처분과 매수를 위한 정부자금이 투입되는데, 이와 같은 절차를 진행하는 데 들어가는 행정비용 또한 그 규모가 막대하다. 2010년에 발생했던 구제역의 경우 2011년까지 전염병이 사라지지 않았고, 이로 인한 직간접적인 피해 추정액은 약 4조 원에 달한다. 표에 나와 있는 대로 '살처분'에도 비용이 들지만, 전염병이 발생한 인근 지역과 해당 육류의 가

격 변동 등에 대응하여 이뤄지는 '가축수매' 또한 때에 따라 더 큰 비용이 발생한다. 전염병이 발생했을 때 발생하는 절차와 비용은 다음 표와 같다.

○ 표 7 축종별 표준농가의 방역단계별 처리비용 (2011년 기준)

구분	단위	소	돼지	닭
환축 발생조사 및 진단비용	천 원/두	40	30	2
이동제한 통제초소 운영비용(위험지역)	천 원/1개소	13,580	13,580	13,580
이동제한 통제초소 운영비용(경계지역)	천 원/1개소	5,092	5,092	5,092
살처분 비용	천 원/두	52	20	0.028
매몰 비용	천 원/두	16	6	0.027
소독 비용(4회)	천 원/지역당	6,037	6,085	6,609
역학조사비 비용	천 원/발생 건수	9,882	9,882	9,882
살처분 보상금	천 원/두	3,624	317	4
살처분 매몰지역 환경오염 방지비용	천 원/매몰지	156,982	156,982	156,982
농가당 처리비용	천 원/농가	592,820	795,591	623,965
두당·수당 처리비용	천 원/두(수)	11,945	699	14

출처: 농업전망 2024, 한국농촌경제연구원(2024)

<표 7>에서는 전염병이 발생했을 때 요구되는 절차와 그에 따른 비용이 정리되어 있다. 단순히 보기만 해도 절차가 복잡하고 막대한 비용이 발생한다. 표에서 '두당·수당 처리비용'을 보면, 2011년 기준 소 한 마리에 11,945,000원, 돼지 한 마리에 699,000원, 닭 한 마리에 14,000원으로 되어있다. 과연 공장식 축산으로 생산한 육류는 저렴한 것이 맞을까?

상대적으로 낮아 보이는 육류 가격. 하지만, 이런 '저렴한 소비자가격'은 우리가 직접 내지만 않을 뿐, 세금을 바탕으로 정부자금을 투입해 유지하고 있는 것이며, 이런 간접비용을 감안했을 때에도 과연 진짜 저렴한 것인지 다양한 시각으로 바라볼 필요

가 있다.

현재 전 세계적으로 공장식 축산 시설에서 사육되는 동물의 수는 앞서 언급한 바와 같이 압도적 다수를 차지한다. 이러한 환경에서는 동물 복지가 실현되기도 어렵다. 동물 보호 단체와 전문가들은 현재의 공장식 축산이 지속 가능하지도, 윤리적이지도 않다고 주장한다.

축산기업들은 비용 절감과 생산량 증대에만 집중한 나머지, 동물 복지를 무시해왔으며, 소비자들 역시 값싼 고기 이면의 현실을 직시할 때가 된 것은 아닌가 싶다. 특히 최근 유럽연합(EU) 등 일부 지역에서는 산란계 케이지 사육이나 송아지의 비좁은 우리 사육 등을 금지하거나 동물복지인증 제품을 육성하는 등 개선 움직임이 나타나고 있지만, 전 세계적으로 볼 때 아직도 대부분의 축산 동물들의 사육환경은 열악하다고 할 수 있다.

동물도 고통과 감정을 느끼는 생명체라는 인식이 환기되고 확산되어야 한다. 산업화된 축산 시스템은 단백질을 값싸게 제공했을지 모르지만, 그 대가로 동물들에게 엄청난 고통을 전가해 왔다.

공장식 농장 환경에서 흔하게 발견되는 조기 사망

출처: Wikimedia Commons. Mercy For Animals Los Angeles, USA(동물자유연대_MFA, 미국, 로스앤젤레스, 2009)

캐나다 최대 규모의 돼지고기 생산업체에서 '안전하고 책임감 있는 방식'으로 사육되고 있다고 소개하고 있지만, 임신한 돼지와 새끼 돼지들은 잔혹한 학대와 끊임없는 감금, 그리고 비참한 삶을 견뎌내도록 강요받는다.

주요 가축의 평균수명은 각각 닭 10년, 돼지 15년, 소 20년으로 볼 수 있는데, 현재 공장식 축산에서 육류 생산을 위해 길러지는 가축의 평균수명은 닭 '5~7주', 소 '1년 6개월~2년', 돼지 '5~7개월'이다. '생명'이 아닌 '식품'으로서만 인정되는 소, 돼지, 닭의 삶은 '고기'로서의 가치가 최고에 달하는 순간 도살되고, 그저 '품질'과 '무게'로 그 '가치'가 환산되어 '가격'으로 표기된다.

동물 복지는 환경과 밀접하게 연결되어 있으며, 동물을 존중하는 축산으로의 전환은 인간 자신의 지속 가능한 미래를 위해서도 필요하다.

생각해 볼 문제

상상도

출처: AI 생성 이미지

살처분에 따라 오는 대표적인 부작용으로는 살처분 인력이 겪는 PTSD(Post Traumatic Stress Disorder, 외상 후 스트레스 장애) 문제가 있습니다. 전 세계적으로 보고되는 있는 부작용이며, 대량 살상을 해야 하는 사람들이 겪는 심리적 장애는 가축 전염병이 발생하는 규모만큼이나 거대합니다. 살처분에 직접 참여하는 사람들과 이런 과정을 관리 감독하는 공무원, 그리고 발생한 사체를 만지고 매장하는 사후처리 과정 모두 그 참혹한 현장의 광경과 냄새, 가축의 비명은 그야말로 '지옥이 있다면 이러지 않을까?'라는 생각이 들 정도입니다. 이런 과정에 참여한 인원들의 트라우마 실태를 파악한 보고서가 국내에서는 '국가인권위원회'를 통해서

2017년에 보고되었습니다. 또한, 여러 언론에서 살처분에 참여한 사람들을 인터뷰하고 작성된 다양한 기사들이 대규모 가축 전염병이 발생할 때마다 반복해서 뉴스로 보도되고 있습니다.

2001년 영국에서 발생했던 구제역 사태는 국가적 위기이자, 2차대전 이후 가장 큰 사회적 충격을 줬던 사건으로 기록되어 있습니다. 영국의 환경식품농무부(DEFRA, Department for Environment, Food and Rural Affairs)와 연구자들은 이와 관련된 조사, 분석 결과들을 발표했습니다. 이 당시 영국에서 약 650만~1천만 마리의 가축이 살처분되었습니다. 한 보고서에서는 소와 양의 머리에 뚫린 구멍에서 피가 쏟아져 나오는 것을 잊지 못하는 현장 직원의 이야기. 검게 타버린 소와 양, 그 시체 더미에서 피어나던 불길과 악취, 그리고 두 어린 소녀의 침묵을 보았다는 지역사회 간호사의 이야기가 쓰여 있습니다.

특히, 2025년에 보고된 '"With every big outbreak, we lose staff": The mental health impacts of depopulation on veterinarians(대규모 전염병이 발생할 때마다 우리는 동료를 잃는다: 집단 살처분이 수의사의 정신건강에 미치는 영향)'이라는 연구에서는 살처분에 참여한 사람들이 악몽, 음주 증가, 집중력 저하, 죄책감과 두려움과 같은 PTSD를 경험했다고 합니다. "저는 살처분 업무로 인해 PTSD를 진단받았습니다. 하지만, 살처분을 시작하기 전에 그것을 보지 않고, 냄새 맡지 않고, 소리도 듣지 않도록 준비하는 것은 불가능합니다." 해당 연구에 실린 한 살처분 참가자의 고백입니다. 살처분에 참여한다는 것은 끔찍한 광경과 악취, 고통에 찬 울음소리를 피할 수 없다는 듯 말이죠.

동물들을 살처분하는 과정에서 사람들은 '고통, 비탄, 공포'를 느꼈으며, 이런 경험은 지속적으로 '재외상화'를 불러일으켰다고 합니다.

살처분에 직간접적으로 참여한 사람들은 감정 노동, 도덕적 고뇌를 겪는데, 한국에서 2000년대 초기에 이루어졌던 살처분은 제대로 된 지침도 없이 '체계 없는' 상태에서 진행되었다고 하니, 당시 현장의 상황은 혼돈 그 자체였을 것입니다. 한 작업자의 인터뷰에서는 도망다니는 돼지를 중장비로 잡아 살처분한 후 매장을 시킨 경험, 생매장했으나, 땅속에서 탈출한 돼지를 죽여서 다시 땅속에 매장한 경험, 비가 온 뒤 매장되었던 돼지들의 흔적이 땅 위로 드러난 경험 등 끔찍한 이야기들이 많았습니다. 당연히 이런 경험을 하고 또 이런 현장에 재투입되는 현장 인원들은 무서운 심리적 장애를 겪었습니다.

가축 전염병으로 인한 살처분 및 방역 인원들

출처: JSDF

'국가인권위원회의 보고서'에 정리된 살처분 인력들의 인터뷰 내용을 보자면, "죽은 동물들이 산처럼 쌓여있는 모습", "돼지 눈이랑 마주쳤는데, 살려달라고 하는 것 같았어요.", "포클레인 소리만 들어도 그때 기억이 난다.", "피 냄새, 사체 썩는 냄새가 잊히지 않는다.", "동물의 따뜻했던 체온, 발버둥 치던 느낌이 생생하다."라고 기록되어 있습니다. 한 수의사는 "수의사로서 동물을 살려야 하는데 죽여야 하는 상황이 너무 힘들었다.", "아이들이 '아빠는 왜 동물을 죽여?' 라고 물을 때 할 말이 없었다."라는 경험을 고백하기도 했죠.

이후 'CO_2를 이용한 질식사 방법'을 도입하여 사람이 가축을 직접 도살할 필요는 없어졌지만, CO_2 처리 후에도 숨 가빠하는 사체들과 그 사체들을 손으로 만졌을 때의 촉감과 현장의 악취 등은 지울 수 없는 외상으로 남는다고 합니다.

최근 한국에서는 전문 업체를 통해 살처분이 이루어지고 있지만, 동원되는 인력의 관리, 처리 작업 후 인수감염의 가능성을 점검해야 하는 데 따르는 어려움. 고강도 노동으로 인한 인력확보의 어려움 때문에 외국인 노동자가 동원되는 경우에도 전염병의 전염 및 전파 실태를 파악하는 데 많은 문제점을 안고 있습니다.

살처분 관련 인력들의 건강과 정신을 관리하는 수준이 개선되고는 있습니다. 하지만, 공장식 축산과 이를 통해 공급된 값싸 '보이는' 고기를 지금과 같이 소비하는 것이 우리에게 유익한 것인지 다시 한번 생각해 볼 때가 된 것 같습니다.

5. 인류의 건강과 기후에 미치는 영향

육류 특히 붉은 고기와 가공육의 과도한 섭취는 여러 건강 위험과 연관된 것으로 밝혀졌다. 세계보건기구(WHO) 산하 국제암연구소(IARC)는 2015년 '가공육'을 1군 발암물질(Group 1, 사람에게 발암 확실)로, 그리고 '붉은 육류'를 2A군 발암물질(발암 추정)로 각각 분류했다. 이는 소시지, 햄, 베이컨 같은 가공육의 섭취가 충분한 인체 연구 근거를 통해 대장암 등의 발생과 인과관계가 확인되었다는 뜻이다. 실제로 하루에 가공육을 50g씩 꾸준히 먹을 경우 대장암 위험이 약 18% 증가하는 것으로 보고되었고 붉은 고기도 과잉 섭취 시 대장암 위험을 높이는 것으로 추정된다. 조리 과정에서 생성되는 다환방향족탄화수소(PAH)나 헤테로사이클아민(HCA) 같은 발암물질, 그리고 가공육에 함유된 아질산염 등 첨가물이 암 발생 위험을 증가시키는 것으로 해석된다.

육류 위주의 식단은 암뿐 아니라 심혈관계 질환, 당뇨병, 비만 등 만성질환의 위험인자로 지목된다. 2021년 옥스퍼드대 연구진의 대규모 메타분석에 따르면, 가공육을 하루 50g 늘려 먹을 때마다 관상동맥심장병 위험이 18% 높아졌고 붉은 고기(비가공육)를 50g 추가 섭취했을 때는 위험이 9% 증가하는 것으로 나타났다. 반면 생선이나 가금류는 이러한 연관성이 뚜렷하지 않았다. 연구진은 붉은 고기의 높은 포화지방과 콜레스테롤, 가공육의 과다한 나트륨 섭취가 혈중 LDL콜레스테롤 상승과 고혈압으로 이어져 심장병 위험을 키우는 한 요인이라고 설명했다. 또한 하버드대 보건대학원의 2023년 추적 연구에서는, 붉은 고기를 많이 먹는 집단이 적게 먹는 집단보다 제2형 당뇨병 발생 위험이 62% 높았고, 가공육 1인분을 추가로 먹을 때마다 당뇨 위험이 46% 증가한다는 결과가 나왔다.

이는 붉은 육류 섭취와 인슐린 저항성 증가 사이의 연관성을 시사하며, 실제로 육류 중심 식단이 혈중 포화지방을 높이고 만성염증을 유발하여 당 대사에 부정적 영향을 줄 수 있는 것으로 보인다.

나아가 육류 과다섭취는 전체 사망률 증가와도 관련이 있다. 대규모 역학 연구들을 종합해보면 붉은 고기와 특히 가공육의 높은 섭취량은 심장병, 뇌졸중, 제2형 당뇨, 여러 암종으로 인한 사망 위험을 높이는 경향을 보인다. 하버드대 교수 등 영양학자들은 다수의 코호트 연구를 검토한 끝에 "적색육과 가공육의 높은 섭취가 심혈관질환, 암, 당뇨 및 조기 사망 위험과 명확히 연결된다."라고 결론짓고, 건강을 위해 붉은 육류는 적당히 제한할 것을 권고했다. 특히 가공육은 소금과 방부제 등 첨가물이 많아 같은 양의 비가공육보다도 건강 위험이 더 큰 것으로 나타나 가능한 한 피하는 것이 좋다.

물론 육류가 영양 공급원으로서 장점도 있다. 고기는 양질의 단백질과 철, 아연, 비타민B12 등의 미량영양소를 함유하고 있어 인류 발달에 기여해 왔다. 적당한 육류 섭취는 성장기나 노년층의 영양 보충에 이바지할 수 있다. 그러나 현대인들은 필요한 양보다 과도한 육류를 섭취하는 경향이 커졌고, 신체 활동량은 줄어들었기 때문에 오히려 건강에 해가 되는 측면이 커진 것으로 보인다. 고기를 많이 먹는 식습관을 가진 사람일수록 심혈관 및 대사질환 위험인자가 악화하는 경향이 뚜렷하며, 채소와 과일을 적게 먹고 육류 위주로 식단을 꾸릴수록 식이섬유 섭취 부족과 비타민 결핍, 장내 미생물 불균형 등의 문제가 생길 수 있다.

결국 육류 소비의 건강 영향은 "많이 먹느냐, 적당히 먹느냐"의 차이로 해석할 수 있다. 고기를 중심으로 식사하는 서구식 식단은 여러 면에서 건강상 바람직하지 못하며, WHO 등 국제기구와 전문가들은 붉은 고기의 섭취를 주 1~2회 이내로 줄이고, 식물성 식품 위주로 식단을 구성할 것을 권고하고 있다. "고기는 주연이 아닌 반찬으로 생각하라.", "가공육은 가능한 한 먹지 말라."는 의식이 필요한 시대 아닐까? 무조건 육류 금식까지는 아니더라도, 과다한 육류 위주의 식습관을 개선하는 것이 우리가 만들어 가야 할 변화는 아닌지 생각해 본다.

생각해 볼 문제

우리는 안전한가?

지금까지 우리는 육식을 위한 가축 사육, 이를 경제적으로 극대화한 방식인 '공장식 축산'으로 인해 발생하는 다양한 문제점을 살펴보았습니다. 하도 복잡하고 많은 문제점이 다양하게 발생하기 때문에, 먼지, 오늘날의 축산업으로 발전하기까지의 흐름을 시간 순서에 따라, 주요 사건들을 바탕으로 정리했습니다.

오늘날의 축산업 규모는 어느 정도인지, 육류는 식량자원으로서 어느 정도의 효율성과 가치를 지니는지 알아보았고, 현재와 같은 규모의 육류 생산을 가능하게 해준 '집중 밀집형 축산시설(CAFO)', 혹은 '공장식 축산(Factory Farming)' 방법이 무엇인지 그 역사를 돌아보았습니다. 마지막으로 마음껏 육류를 향유 할 수 있게 해준 오늘날의 축산업에서 발생하는 환경오염과 다양한 문제점들을 정리해 보았는데요.

이 모든 것들을 찾아보고 정리하고 있자니, 언젠가 고속도로 위 트럭에서 외부에 노출된 채로 빼곡히 실린 돼지들이 앉지도 못하고 서서, 어디론가 실려 가는 모습이 생각났습니다.

내부가 노출된 트럭을 통해 고속도로로 운송 중인 소와 돼지

그때는 그저 눈앞의 광경이 낯설다는 생각만으로 사진을 찍어야겠다 생각했는데, 불편한 가운데 몸을 가누지 못하고, 차의 방향에 따라 이리저리 쏠려 중심도 잡지 못하는 돼지들의 모습이 꽤 충격적이었습니다.

이 사진을 보고 있자니, 이 위태로운 돼지들의 모습이 왠지, 고기를 많이 먹을 수 있다면, 혹은 고기를 많이 먹기 위해서 너무나 많은 것들을 희생하고 낭비하고 있는 오늘날의 우리가 떠올랐습니다.

다가오는 위기는 알아채지 못한 채, 돌이킬 수 없는 기후 위기를 가속화하는 육식을 더 많이 더 싸게 소비할 수만 있다면 괜찮다는 듯한 오늘날의 우리. 우리는 지금은 큰 문제가 없으니 저 소와 돼지들처럼 그냥 가만히 어디론가 향해 가도 괜찮은 걸까요?

6. 윤리적 소비와 지속 가능한 식단: 한식

과도한 육식 소비와 이를 위한 공장식 축산의 확산은 환경파괴와 동물 학대, 그리고 인간의 건강 문제까지 야기했다. 최근에는 이러한 인식이 확산하면서 '윤리적 소비', 즉 소비 행위에 윤리적 가치를 고려하는 사람들이 늘어나고 있다. 육식에서 윤리적 소비란 건강과 동물복지, 환경보호 등의 가치를 중심에 둔 선택과 식문화를 뜻하며, 육류 소비와 관련해서는 가능한 한 고기를 덜 먹거나 먹더라도 동물복지가 충분히 고려된 고기를 선택하는 방향으로 나타난다.

예컨대 좁은 우리에서 스트레스를 받지 않고 자란 동물복지 인증 축산물이나 항생제를 남용하지 않은 무항생제 축산물, 방목하여 키운 소고기 등을 찾는 것도 하나의 실천 방법이라 할 수 있다. 비록 이런 제품들은 더 높은 금액을 지불해야 할 수도 있지만, 단순히 더 높은 품질의 식재료를 소비하는 것을 넘어, '나는 좀 더 안전하고 건강하게 생산된 식재료를 원해.'라는 의견을 식품시장에 직접적으로 전달하는 수단이기도 하다.

특히 채식주의까지는 아니지만, 육류 소비를 줄이려는 유연한 실천으로서 플렉시테리언(flexitarian) 식단이 있다. 플렉시테리언은 flexible(유연한) + vegetarian(채식주의자)의 합성어로, 평소에는 채식 위주로 식사하되 가끔 유연하게 육류를 섭취하는 식생활을 말한다. 완전한 채식주의(비건)가 부담스럽거나 현실적으로 어렵다고 느끼는 이들이 주기적으로 '고기 없는 날'을 정해 채식만 하는 날을 정하거나, 하루 중 한 끼는 채식으로 먹는 등의 방식으로 육류 섭취를 줄이는 등의 노력을 한다.

이러한 '부분 채식 실천'은 건강 개선과 환경 보호에 상당한 효과가 있다. 연구에 따르면 채식주의자가 아니더라도 육류 소비를 절반 수준으로 줄이면 식단으로 인한 탄소발자국을 크게 감축할 수 있고, 심장병이나 대사질환 위험도 유의미하게 낮출 수 있다. 실제로 '고기 없는 월요일(Meatless Monday)' 운동이나 회사 급식에서 일주일에 한 번 채식 메뉴를 제공하는 움직임이 일어나고 있는데, 이러한 소소한 노력이 모이고 모여 지구 환경에 긍정적이고 커다란 영향을 줄 수 있다.

또한 지속 가능한 식단의 개념도 주목받고 있다. 2019년 발표된 'EAT-랜싯 위원회 보고서'는 인류와 지구의 건강을 동시에 충족시키는 '행성 건강 식단(PHD, Planetary Health Diet)'을 제안했다. 이 권고안에 따르면 전 인류가 건강을 유지하면서도 환경을 보전하려면, 식단에서 채소와 과일을 절반으로 늘리고 통곡물, 콩, 견과류 등의 식물성 식품을 주된 칼로리원으로 삼는 식물성 위주 식단으로 전환해야 한다.

붉은 고기와 설탕의 섭취는 크게 줄이고, 동물성 단백질은 약간의 유제품과 주 1회 정도의 육류 섭취로 제한하는 것이 핵심인데. 전체의 절반은 여러 채소와 과일, 나머지 절반도 곡물과 식물성 단백질(콩 등)이 주를 이루며 동물성 단백질과 유제품은 작은 비중으로 섭취하도록 권고하고 있다. 개개인의 이런 실천만으로도 인류 전체의 영양 균형을 맞추고, 환경부담을 경감시키는 변화가 가능하다.

○ 표 8 EAT-랜싯 지구 건강 식단: 식품군별 권장 일일 섭취량 (2,500kcal/일 기준)

식품군	권장 섭취량 (g/일)	대략적 열량 기여도 (kcal/일)
통곡물	232	811
감자/전분질 채소	50	39
채소	300	78
과일	200	126
유제품	250	153
단백질 공급원		
소고기/양고기	7	17
돼지고기	7	25
닭고기/가금육	29	62
달걀	13	19
생선	28	40
콩류(건조)	75	284
견과류	50	291
첨가 지방		
불포화유	40	354
포화유(선택)	5	40
첨가당(모든 감미료)	31	120
총계(근사치)		**약 2500**

주: 열량 기여도는 EAT-Lancet 보고서 및 관련 자료를 참고하여 작성

행성 건강 식단은 전 지구적 식생활 전환의 가이드라인으로서, 현재 육식 위주 식생활을 크게 개선하지 않으면 2050년까지 100억 인구의 식량을 감당할 수 없다는 경고에서 출발했다. 실제로 전 세계적으로 볼 때 붉은 고기 소비량은 권장량의 3배 이상이며, 곡물·채소·콩류 소비량은 권장량보다 한참 모자란 실정이다. 특히 북미 등 선진국의 육류 소비 수준은 지속 가능 기준치를 한참 넘어서는 만큼 상당한 감축이 필요하고, 동아시아 역시 최근 육류 소비가 급증하여 지속 가능 수준을 초과해 채소와 통곡

물 비중을 늘려야 한다.

지속 가능한 식단이란 결국 인체 건강을 해치지 않으면서도 생산과 소비 과정에서 환경을 과도하게 훼손하지 않는 식단을 의미하며, 세계보건기구(WHO)와 FAO도 이러한 방향의 식생활 전환을 장려하고 있다.

우리 한국인들에게 이런 변화는 그렇게 큰 것이 아니고, 아주 적은 노력만으로도 위와 같은 권장식단을 충분히 실천할 수 있다고 생각한다. 물론 오늘날 우리의 식습관이 매우 서구화되고 육류를 많이 소비하는 패턴으로 바뀌었으나, 우리나라가 오랫동안 해왔던 전통적인 한국인의 식사 문화는 오늘날 권장되는 행성 건강 식단과 매우 유사하기 때문이다. 곡물 중심의 주식을 다양한 동식물성 반찬에 곁들여 먹는 한국인의 식문화는 자랑할 만한 우리의 전통이자 알릴 만한 문화유산임이 이런 최신의 연구 결과에서 제시하는 구성과 닮아있는 것은 높은 실현 가능성을 넘어 한편으론 뿌듯하기까지 하다.

7. 그래서 우리는?

개인이 실천할 수 있는 일은 간단히 말하자면 꾸준히 채소 소비를 늘리고 육류 소비를 줄여가는 것으로 시작할 수 있습니다. 꼭 완전한 채식주의자가 되지 않더라도, 앞서 언급한 플렉시테리언처럼 한 달에 하루, 이틀이라도 채식 위주로 식사하거나 육류가 주인공이 아니라 곁들이는 식단을 시도해보는 것은 좋은 시작입니다.

또한, 대체 단백질에 대한 관심도 높아지고 있는데, 두부, 버섯 등 전통적인 식물성 단백질 식품은 물론, 최근에는 식물성 고기(예: 콩으로 만든 소시지, 패티)나 배양육(실험실에서 배양한 고기)처럼 기술혁신을 통한 새로운 단백질원이 등장하여 육류 수요를 일부 대체하기 시작했습니다. 이런 대체 식품들은 고기와 맛과 식감이 유사하고 탄소발자국이 낮고 공장식 축산의 여러 문제점을 회피할 수 있는 대안으로 고려되고 있어요. 이미 국내의 많은 회사가 관련 제품을 연구하고 있거나 이미 판매하고 있으니 한번 구매해 보시는 건 어떨까요? 맛집을 찾아가 설레는 마음으로 인기 있는 음식을 먹는 것처럼, 새로운 형태의 식재료, 대체육을 경험해 보는 것도 색다른 즐거움이 될 수 있을 겁니다.

앞서 말씀드렸던, '윤리적 소비'를 통해, 우리는 매일 무엇을 먹을지 선택하는 것으로 세상에 메시지를 보낼 수 있습니다. 우리의 식탁에서 육류의 비중을 줄이고 지속 가능한 식재료를 선택하는 것은 환경을 보호하고 동물들의 희생을 줄이며, 내 건강까지 위하겠다는 작은 실천이자, 내가 가지고 있는 삶에 대한 자세, 태도를 표현하는 방식도 될 수 있죠. 우리 중 나 한 사람의 식생활, 혹은 여러 사람이 함께, 매일 한 끼의 식사만 채식 위주로 바꿔도 수많은 가축을 덜 기르고 덜 죽일 수 있을 겁니다.

제가 개인적으로 존경하는 과학자 '이정모 박사님'의 말씀이 있습니다. "소고기는 누가 사줄 때만 먹고, 고기는 적게 드세요. 정말 고기를 드시고 싶을 때는 닭고기를 드세요."라고 기억하는데요. '될 수 있으면 육류를 적게 먹고, 혹시 먹게 되면 사육에 환경오염이 적은 닭고기를 드세요.'라는 메시지를 재미있게 하신 것으로 이해했고, 저 재치 있는 표현과 문장으로, 전하고자 하시는 바가 교조적이거나 현학적이지 않으면서, 상대방의 입장과 기분까지 깊게 고려한 것 같아 매우 공감이 되었고 기억에 남아있습니다.

아마, 이정모 박사님 말씀만큼만 실천하더라도 육류 소비로 생겨나는 환경 부담을 크게 줄일 수 있는 시작, 마중물 역할이 될 듯합니다.

● **그래프 8 식단을 바꾸면 줄일 수 있는 연간 탄소배출량**

- 다양한 식단의 전 세계적 채택을 통한 온실가스 감축 잠재력을 나타냅니다.
- 붉은 그래프 가운데의 검은 선(오차 막대)은 여러 연구 결과의 분포를 나타냅니다.

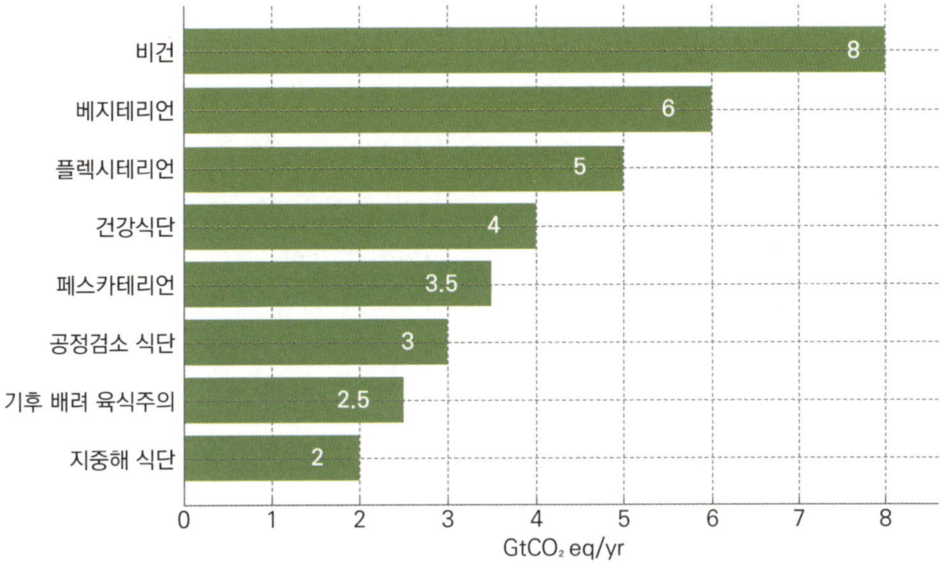

1. "GtCO₂ eq/yr"은 연간 이산화탄소 환산 기가톤(Gigatonnes of CO_2 -equivalent per year)을 뜻합니다. '1톤'은 '1,000kg', '1기가톤'은 '10억 톤'을 의미합니다.
   - 즉, 매년 지구 전체에서 줄일 수 있는 온실가스의 양을 의미하며, 모든 주요 온실가스(이산화탄소, 메탄, 아산화질소 등)를 이산화탄소(CO_2)기준으로 환산한 값입니다.
2. - 식단별 설명
   1. Vegan(비건): 완전한 식물 기반 식단. 동물성 식품(고기, 생선, 유제품, 달걀 등) 일절 소비하지 않음
   2. Vegetarian(베지테리언): 육류(붉은 고기, 가금류, 생선)는 제외하고, 유제품·달걀 등 일부 동물성 식품은 허용
   3. Flexitarian(플렉시테리언): 채식 위주로 식사하되, 평소보다 적은 양의 고기와 동물성 식품을 섭취하는 유연한 식단
   4. Healthy diet(건강식단): WHO 등에서 권장하는 건강한 식단. (과도한 육류·설탕·가공식품 제한, 곡류·채소·과일 중심)
   5. Pescatarian(페스카테리언): 육류는 제외하되, 생선과 해산물, 유제품, 달걀은 섭취
   6. Fair and frugal(공정검소 식단): 저렴하고 환경친화적인 소박한 식단(채소·곡류 위주, 고기 최소화)
   7. Climate carnivore(기후 배려 육식주의): 기후 영향이 낮은 동물성 식품(예: 닭고기, 달걀 등)만을 선택하는 육류 식단
   8. Mediterranean(지중해 식단): 지중해식 식단. 올리브오일, 곡물, 콩류, 채소, 해산물 등 중심, 육류 적게

출처: IPCC 보고서(2018)를 바탕으로 재작성

우리는 흡연자가 금연을 결심하면 응원해주고, 금연의 허전함을 달래줄 군것질거리를 선물해주기도 합니다. 또, 체중감소를 위해 다이어트를 하거나 운동을 한다고 하면 어떤 식단을 실천하는지, 어떤 운동을 하는지 긍정적 관심을 보이기도 합니다. 그

럼에도 불구하고, 담배를 끊거나 다이어트를 하는 것도 쉽지 않은 세상이죠. 담배를 끊는 것도 어려운데, 이 맛있는 '고기'를 끊는 것은 정말 불가능한 '난제'로 보이기까지 합니다.

채식도 금연이나 다이어트같이 건강을 위한 실천으로 시작되는 경우가 많습니다. 엄격한 금욕주의자가 되겠다는 선언은 더더욱 아니죠. '스님' 같은 종교인이 되겠다는 결단과는 전혀 다릅니다. 하지만 채식을 한다고 하면, 낯선 시선으로 그 사람을 바라보는 경우가 종종 있습니다.

아마 육식, 고기가 갖는 다양한 사회적 의미, 가치 때문인 듯도 합니다. 우리는 기쁜 일이 있을 때 축하하면서 맛있는 고기를 나눠 먹기도 하고, 조상님께 올리는 귀한 음식으로 고기를 마련합니다. 또한, 화로에 둘러앉아 숯불고기를 굽고, 술 한잔 기울이며 피로를 달래고 위안을 받아 왔습니다.

또, 동네마다 자리잡고 있는 수많은 고깃집과 치킨집, 정육점과 마트의 사장님과 그 가족들은 육류 소비를 바탕으로 한 업계에 다양한 형태로 종사하고 계십니다. 인류는 오랫동안 다양한 욕구와 필요에 따라 여러 가지 방식으로 육식과 관계를 맺어왔고, 우리들의 삶에 한 부분이었습니다. 따라서, 고기는 한순간에 끊어내고, 그냥 없앨 수 있는 것은 아닐 것입니다. 오늘날의 축산업이 불러일으키는 문제점들을 알게 되었다고 해서, 무턱대고 '고기는 나빠'라고 단정지어 말할 수는 없습니다.

하지만 우리는 아마 인류역사상 이런 일이 가능한 최초의 순간에 서 있는 듯합니다. 지금과 같이 많은 사람이 전에 없이 엄청난 육식을 하는 시대, 따라서 우리는 육식 소비의 지속적인 증가에서 비롯된 처음 만나는 문제들에 대해 끊임없이 고민해 보아야 합니다. 1964년, 약 60년도 전에 이미 영국의 작가 '루스 해리슨'은 『동물 기계』라는 책을 통해 이와 관련한 문제점을 지적하고 영국 사회에 경종을 울렸습니다. 하지만 2025년, 지금까지도 그 당시에 제기됐던 문제점들은 해결되기는커녕 전 세계로 확대되고 더욱 위험한 결과를 낳고 있습니다.

사람들은 '지구의 환경'을 해친다기보다는 '지구상의 환경'에 큰 변화를 일으켜 '오늘날과 같은 규모의 인류'가 지구상에서 살아갈 수 없는 '위기'를 경고합니다. 이런 비관적인 전망이 현실이 된다면, 위험해지는 것은 '지구'가 아니라, 우리 '인류'가 될 것입니다. 그리고 '인류'는 한때 지구상에서 번성했지만, 지금은 사라져 버린 '공룡'처럼, 그

흔적만 찾아볼 수 있는, '지구가 추억하는 존재'로 기록되지 않을까요?

"이렇게나 오랫동안 진행된 복잡한 문제에 대해서 내가 뭘 할 수 있겠어…"라는 절망 섞인 푸념부터 터져 나오기도 합니다. 그러나, '내가 이것을 해결한다!'가 아니라, '그래서 내가 무얼 해볼까?'라는 작은 질문부터 시작한다면, 그렇게 부담되고 거창한 일은 아닐 거라는 말씀을 건네고 싶습니다.

한 명의 '소비자'로서 현대사회에서 우리가 행한 '노동'으로 벌어들인 '소득'으로 주어진 '소비'의 '권리'를 어떻게 사용해야 하는지 생각해보고, 우리가 먹는 음식들이 어떻게 만들어지고, 어떻게 전달되어, 얼마만큼 소비되고 어떻게 버려지는지를 확인하고, 옳다고 생각하는 '소비'부터 시작하면 어떨까요?

이런 소비를 실천해보면, 무엇이 어렵거나 불가능한지, 이를 위한 합당한 질문을 던지고 개선을 요청하면서 내 '소비'의 '권리'를 지속적으로 넓혀 가는 것 정도는 어렵지 않을 듯합니다. 이런 실천은 비단 우리의 삶뿐만 아니라, 우리들의 부모 형제, 아들과 딸, 그리고 우리와 연결된 모든 동식물과 환경에 긍정적인 결과를 가져올 것입니다.

오늘 내가 먹는 한 끼 식사가 지닌 의미를 곱씹어 보고, 나에게 더 나은 선택은 무엇일지 고민하고 실천해보는 건 어떨까요? 특히, 다양한 식재료를 균형 있게 골고루 먹는 식문화를 이어온 한국인들은, 조금만 노력을 기울여도 커다랗고 긍정적 결실을 만들어 낼 수 있을 겁니다.

지금 각자의 자리에서 나 자신을 위해, 그리고 세상까지 위할 수 있는 소비는 어떤 것인지 돌아보는 기회를 가져 보시길, 그래서 최선의 소비를 할 수 있게 되시길 바라봅니다.^^

텃밭 동아리 도담도담 (좌) 귀련이 현준이 주환이, (우) 지우, 동현이, 태경이, 승희

2015년쯤이었습니다. 제가 강의 중인 대학교에서 '텃밭 동아리'를 다른 교수님들과 함께 만들게 되었습니다. 동아리 이름은 '도담도담'이라고 학생들이 정했습니다.

저는 학생들과는 일반적인 텃밭 동아리와는 다른 일을 한 가지 해보려 했습니다. '닭'을 병아리 때부터 직접 키워서 잡아 먹는 활동을 해보자고 제안했지요.

제가 재미있게 보기도 했고, 인상 깊은 배움을 얻었던 『P짱은 내 친구』라는 영화가 있습니다. 초등학교에서 초등학생들과 같이 아기 돼지를 함께 길러서, 직접 잡아서 '고기'를 만드는 과정을 실제로 겪어보는 체험과정을 그린 영화인데요. 처음 이 이야기를 접했을 때는 '이런 엽기적인 생각이!!'라고 놀랐었지만, 이 영화가 실화를 바탕으로 했고, 우리가 '고기'를 먹는다는 것이 사실은 함께 생활했던 '가축'이 목숨을 잃고, 그 고기를 취하는 일이었고, '육식'이라는 것이 숨이 붙어있던 '생명'의 삶을 취하는 무거운 일인지 직접 체험할 수 있는 대담한 방법이라고 공감했기 때문입니다.

먼저 텃밭 옆에 닭장을 만들었습니다. 학교 주변에서 사용하지 않는 목재들을 주워서 모았고, 학생들과 톱질하고 못질해서 닭장을 만들었지요. 이제 학생들과 병아리를 사서 넣고 고양이나 들짐승의 습격을 막기 위해 보초를 함께 서면서 '큰 닭'으로 키워보고, 그 과정에서 직접 닭이 낳은 '달걀'의 온기도 느껴보고 그 달걀을 먹기도 하면서 약 한 학기에서 일 년이 지난 후에는 직접 닭을 잡아서 발골하고 조리까지 해서 먹는 과정을 시작한 준비를 마쳤습니다.

하지만 갑자기 커다란 문제점이 발견되었습니다. 저희 대학 인근에는 엄청나게 커다란 '계사'가 있었는데, 어떤 날은 학교 전체에 그 계사의 냄새가 퍼져 학생들이 불편함을 이야기하기도 했던 그곳이었습니다. 그런데 그 계사가 악취만 풍기는 것이 아니었어요.

저희가 교내에서 닭을 기르는 동안 혹시라도 저희 닭이 전염병에 걸리게 되면, 그 대형 계사에서 사육하는 모든 닭을 살처분해야 할 수도 있다는 이야기를 들은 것입니다. 그런 점까지 예상하지 못한 저의 불찰이었죠. 여러 학생과 함께 닭장을 만들어 놓은 상황에서 너무 마음이 아팠습니다. 닭장을 직접 부숴야 하는 상황이 정말 슬펐지만, 닭장을 만드는 데 공을 많이 들인 '주환'이라는 학생이 여러 친구와 자신이 직접 만든 닭장을 직접 부쉈습니다.

오늘날에는 닭을 기른다는 것은 그 자체가 참 쉽지 않은 일이 된 것 같습니다. 그리고 그만큼 '가축'은 우리의 삶에서 멀어지고, 단순한 '고기'로 인식될 수밖에 없는 '구조'가 만들어진 건 아닌가 돌아보는 계기가 되었지요.

텃밭 동아리 운영에 누구보다 열심이셨던 서정랑 교수님

텃밭 작물의 표지를 만드는 학생들

우리가 재배하고 나누었던 채소들

닭장은 없어졌지만, 저희 동아리는 텃밭을 열심히 가꿔서 상추, 고추, 방울토마토를 재배해 나누어 먹는 소중한 경험을 함께했습니다. 지금은 추억이 되었지만, '인간'과 '가축'이 멀어질 수밖에 없는 현실이 다시금 떠올라 안타깝습니다.

8. 식습관 변화를 위한 구매 가이드

식습관만 바꾸면 된다고 하지만, 영구적인 식습관의 변화라는 게 금연이나 다이어트보다 어려우면 어려웠지, 쉽지 않습니다. 일단은 조금 더 나은 환경에서 길러진 육류를 소비하고자 하는 결심이 생겼을 때 참고할 만한 국가인증제도를 소개합니다.

○ 표 9 **축산물 관련 정부기관 인증제도**

인증 명칭 (국문/영문)	핵심 원칙/초점	주요 혜택	식별 방법 (대표 마크/표시)
동물복지 축산농장 인증 (Animal Welfare Farm Certification)	동물의 5대 자유 보장, 스트레스 최소화, 생리·행동적 욕구 충족, 인도적 관리	높은 수준의 동물 복지, 윤리적 생산	동물복지 (ANIMAL WELFARE) 농림축산식품부
유기축산물 인증 (Organic Livestock Product Certification)	100% 유기사료 급여, GMO 금지, 항생제·호르몬제 사용 엄격 제한, 환경 친화적 사육	합성 화학물질 잔류 위험 감소, 생태계 보전 기여, 동물복지 요소 포함	유기축산물 (ORGANIC) 농림축산식품부
무항생제 축산물 인증 (Antibiotic-Free Livestock Product Certification)	항생제·합성항균제·호르몬제 무첨가 사료 급여, 원칙적 동물용 의약품 사용 금지	항생제 내성 우려 감소, 축산물 안전성 제고	무항생제 (NON ANTIBIOTIC) 농림축산식품부
저탄소 축산물 인증 (Low-Carbon Livestock Product Certification)	온실가스 감축 기술 적용, 평균 배출량 대비 10% 이상 감축, 기존 친환경/안전 인증 필수	기후변화 완화 기여, 환경 부담 저감	저탄소 (LOW CARBON) 농림축산식품부

식품 관련한 다양한 인증제도들이 있지만, 이를 식별하기는 생각보다 쉽지 않습니다. 축산업에서 생산된 식재료를 구입할 때 위에서 소개한 인증을 확인하는 요령은 다음 표를 참고하세요.

○ 표 10 축산품별 인증마크의 의미와 확인 요령

제품 유형	주요 식별 표시 (예시)	주요 의미
달걀	껍데기에 난각번호 '1' 또는 '2' 표시, 포장지에 동물복지 인증마크, 유기축산물 인증마크	- 난각번호 '1': 자유방목(방사) 사육 암탉 - 난각번호 '2': 케이지 없는 실내 평사 사육 암탉 - 동물복지 인증마크: 동물복지 기준 충족 - 유기축산물 인증마크: 유기농 사료 급여, GMO 불포함, 환경친화적 생산
닭고기	포장지에 동물복지 인증마크, 유기축산물 인증마크, 무항생제 인증마크, 저탄소 축산물 인증마크	- 동물복지 인증: 높은 동물복지 기준 - 유기축산물 인증: 유기농 사료, 환경친화적 생산 - 무항생제 인증: 일상적 항생제 미사용 - 저탄소 축산물 인증: 온실가스 배출 저감
돼지고기	포장지에 동물복지 인증마크, 유기축산물 인증마크, 무항생제 인증마크, 저탄소 축산물 인증마크	상동
소고기	포장지에 동물복지 인증마크, 유기축산물 인증마크, 무항생제 인증마크, 저탄소 축산물 인증마크	상동
유제품	포장지에 유기축산물 인증마크(해당 시) 동물복지 인증마크	- 유기축산물 인증: 유기농 사료, 환경친화적 생산 - 동물복지 인증: 높은 동물복지 기준(젖소 농장 대상)
가공 축산물	원료육이 해당 인증(유기, 동물 복지 등)을 받았음을 명시하고 관련 인증 마크 사용	- 원료육의 생산 방식이 해당 인증 기준을 따름

소비자 주의점

달걀의 경우, 난각번호(식품의약품안전처 소관)와 동물복지 농장인증(농림축산식품부/농림축산검역본부 소관)이라는 이원적 정보 시스템이 존재합니다. 난각번호 '1' 또는 '2'는 닭의 사육 환경(방사 또는 평사)을 나타내는 유용한 지표이지만, 농장 전체의 동물복지 수준을 포괄적으로 평가하는 동물복지 축산농장 인증과는 기준과 범위에서 차이가 있을 수 있습니다. 따라서, 소비자는 이 두 가지 정보를 함께 고려하는 것이 바람직하며, 보다 확실한 동물복지 보증을 위해서는 공식 인증마크를 확인하는 것이 중요합니다. 난각번호만으로는 농장의 실제 복지 수준을 완전히 신뢰하기 어려울 수 있으며, 서류만으로 난각번호 '1'이 부여되는 경우도 있다하니, 공식 인증 확인이 중요합니다.

정부에서 운영하는 온라인 인증 정보 검색 시스템(enviagro.go.kr, animal.go.kr)은 투명성을 높이는 강력한 도구이지만, 소비자들이 이러한 시스템들을 적극적으로 활용하는 데는 어려움이 있지요.

더불어, 공식 인증마크 외에도 다양한 "친환경" 주장이나 민간/해외 인증 마크가 혼재하는 시장 상황은 소비자에게 혼란스럽기도 합니다. '한국소비자원 보고서'에 따르면, 다양한 환경성 용어와 마크 사용 실태를 지적하며, 일부 폐지된 인증이 사용되거나 법적 근거가 약한 자율 마크가 활용되기도 한다고 해요. 따라서 소비자는 모호한 광고 문구나 자체적인 "에코" 라벨보다는 정부가 공인한 공식 인증마크를 우선으로 신뢰하고, 필요한 경우 검증 시스템을 통해 확인하는 요령이 필요합니다. 허위·과장 광고에 대한 법적 규제가 잘 작동하고 제도가 지속적으로 개선되기를 요구하는 한편, 무엇보다 소비자가 직접 품을 들여 확인하고 선택하는 것이 가장 중요합니다. 좀 귀찮고 공부도 해야 하지만, 우리 모두 다 함께 현명한 소비자가 되어 보시죠.^^

생각해 볼 문제

함께 보면 좋은 작품들

1. 책: 동물기계, 루스 해리슨
2. 책: 음식혁명, 존 로빈스
3. 책: 왜 비건인가?, 마이클 싱어
4. 책: 아무튼 비건, 김한민
5. 영화: P짱은 내 친구
   '닭을 직접 길러 먹어보자.'라는 아이디어로 우리 대학생들과 동아리를 만들어 볼 수 있게 해준 고마운 작품인데요, 영화 자체로도 유쾌하게 보면서 교훈도 얻고, 색다른 생각을 해볼 수 있는 좋은 영화, 추천합니다.
6. 다큐멘터리: Food Inc.

출처: 네이버 영화, 'P짱은 내 친구' 포스터

인류는 오랜 세월 바다에서 먹거리를 얻어왔으며, 수산물은 오늘날 전 세계 식생활에서도 필수적인 역할을 합니다.

2장

수산업

들어가기 전에

수산물이 그렇게 중요해?

인류는 오랜 세월 바다에서 먹거리를 얻어왔으며, 수산물은 오늘날 전 세계 식생활에서도 필수적인 역할을 합니다. 2020년 기준 전 세계 어업과 양식 생산량은 2억 1천4백만 톤에 달해 사상 최고치를 기록했습니다. 수산물은 약 30억 명 이상에게 주요 단백질과 영양소를 공급하고 있는데요, 단백질과 오메가-3 지방산, 비타민 D와 B12, 요오드, 철분 등의 영양소를 함유하고 있어 두뇌 발달과 면역 기능, 심혈관 건강 등에 이롭습니다. 전 세계 사람들은 이런 영양소들을 주로 동물성 단백질 식품을 통해서 얻고 있으며, 수산물은 그중 약 17%를 차지하고 있습니다. 일부 아시아·아프리카 연안 국가에서는 수산물의 동물성 단백질 공급 비중이 절반을 넘게 차지할 정도로 전세계 식탁의 중요한 자원이자 식품입니다.

명태를 사랑한 팔도강산

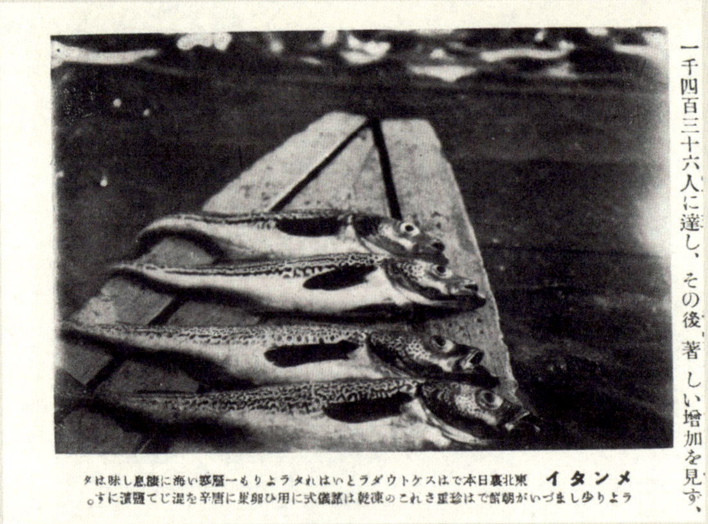

명태(1930)

출처: 서울역사박물관

옛 조어법으로 명태를 잡는 어부들(1930)

출처: 서울역사박물관

이렇게 유익한 수산물 중에서 우리나라 사람들이 대표적으로 즐겼던 것은 무엇일까요? 저는 '명태'가 가장 먼저 떠오릅니다. 한류성 어류인 명태는 주로 함경도지방 북동해에서 어획됐어요. 명태는 사실은 '대구과(Gadidae 혹은 Cod Family)'에 속하는 어류예요. 한데 우리는 '어떤' 대구라고 부르지 않고 '명태'라는 이름을 따로 지어줬습니다. 영어로 대구과의 대구는 'Cod', 대구과의 다른 어류 중 하나로 'Pollack(Pollock)'이 있고 그중에서도, 명태는 영어로 'Alaska Pollack'이라 부르는 'Pollack'의 한 종류, 풀어서 말하자면, '알래스카 지역 대구의 한 종류'라 볼 수 있죠. 아무리 생각해 봐도 우리 밥상 수산물의 주인공, 주요 어종을 부르는 명칭으로는 좀 부족한 느낌입니다. 그래서 우리는 애정하는 '명태'를 위해 따로 이름을 지어줬고, 명태를 '대구의 한 종류'라 부르지 않습니다. 보통 가장 많이 수확되고 소비되는 식재료들은 독자적인 이름을 가지고 있는 경우가 대부분입니다. 이에 더하여, 명태는 그 가공 방법과 특징에 따라서 달리 부르는 수많은 이름을 가지고 있어요. 그만큼 명태는 우리에게 중요한 식재료였던 것 아닐까? 생각해 봅니다.

수백 년 동안 '함께했던' 인연

명태의 새끼는 '노가리', 신선한 날것은 '생태', 반쯤 말린 것은 '코다리', 해풍으로 완전히 말린 것은 '북어', 내륙의 육풍으로 얼렸다 녹이기를 반복하며 노랗게 말린 것은 '황태', 얼린 것은 '동태'라고 부릅니다. 심지어 잘못된 것을 부르는 이름도 있어요. 황태를 만들려다 갑자기 따뜻해진 기후 때문에 검게 마르면 '먹태', 갑자기 추워져 하얗게 마르면 '백태'라 부르고 이것들도 소비하죠. 명태는 특히 그 알과 창자를 귀하게 여기는데, 알로는 명란젓을 만들고, 창자로는 창난젓을 만듭니다.

황태덕장에서 명태를 동건하는 모습(1930)

출처: 서울역사박물관

우리는 명태를 성어기인 겨울에 모두 잡아들인 후 얼리고, 말리고, 절여서 일년 내내 밥상에 올렸습니다. 단순한 식재료를 넘어 모든 관혼상제에 빠뜨리지 않는 필수제로 애용했지요. 아마 명태가 이렇게 많은 사랑을 받은 이유는 그만큼 많이 잡히고 흔했던 탓도 있을 겁니다. 한때 우리나라 총어획량의 약 16%를 차지했던 어획량 1등 어종이 명태니까요. '승정원일기' 효종 3년(1652년)의 기록을 보면 강원도에서 진상하는 대구 어란에 명란(명태의 알)이 섞여 있어 문제가 되었다고 합니다. 아마 임금님께 올리는 '귀한 대구의 알'에 '평범한 명란'이 섞여 든 것이 작지 않은 사건이었기 때문에 기록된 것이겠지요. 조선 중기부터 이미 명태라는 이름이 널리 사용되었고, 많이 잡히기도 하여 그렇게 값지거나 귀한 것은 아니었나 봅니다.

어획한 명태를 쌓아놓은 모습(1924, 함경북도 청진항)

출처: 서울역사박물관

어획한 명태를 정리하는 모습(1930)

출처: 서울역사박물관

하지만 명태는 지금 어디에….

시간이 흘러 조선의 후기, 일제강점기에는 명태어업을 하는 일본인들에게만 '저인망 어업(혹은 '저예망 어업', Bottom Trawling)'이라는 방식이 편중되게 허용됩니다. 이는 바다의 바닥을 긁어내 듯이 어업을 하는 방식으로 '남획(Over catching)'과 '혼획(Bycatching)'을 일으키는 문제점이 있습니다. 남획은 과도한 어업으로 어장을 파괴하는 것이고, 혼획은 명태와 같은 '목표 어종'을 잡는 과정에서, 거북이나 고래와 같이 보호해야 할 '비표적 어종'들을 잡아 해양 생태계에 피해를 주는 것을 뜻합니다.

저인망 어업(Bottom Trawling)

AI 생성 이미지

그럼에도 일본인에게 저인망 어업이 허용됐던 것은, 그들이 더 많은 어획량을 거두도록 한 특혜였던 것으로 보입니다. 인간이 어업으로 바다를 파괴한다고 이야기할 때, 그 피해 규모를 가장 크게 만드는 어업방식으로 '저인망 어업'이 주로 거론될 정도니까요. 이런 까닭인지, 일제강점기였던 1940년, 27만M/T(Metric Ton)이라는 당시 최고의 어획량을 기록하기도 했습니다.

원산 저예망선(底曳網船, 저인망 어선)으로 잡아 올린 명태들을 선별하는 모습(1938)

출처: 서울역사박물관

일제강점기의 저인망 어업을 지나, 1950년 6.25 전쟁으로 남북이 나뉘고, 1977년부터 미국과 소련이 우리나라의 경제수역을 200해리(Nautical Mile, 약 1.852km)로 제한하는 조치까지 더해지면서 어장의 파괴와 물리적 면적의 축소가 일어나 한반도에서의 명태 어획량이 감소하게 됩니다.

그리고 명태가 우리나라에서 사라진 마지막 이유는 기후변화 때문에 바다의 기온이 올라가, 한류성 어류인 명태가 더 이상 살 수 없게 된 탓에 북쪽 바다로 떠날 수밖에 없었던 것이라고 합니다. 한때 가장 많이 잡혔던 국민 생선 '명태'는 이제 우리나라 해안에서 거의 완전하게 사라졌습니다.

오늘날 국내에서 소비되는 거의 모든 명태는 '러시아산'입니다. 우리 밥상의 희로애락을 함께했던 상징적인 생선, 명태는 뜨거워진 바다를 피해서 먼 나라로 이동했고, 이제는 결국 우리 이웃에서는 찾아볼 수 없게 되었습니다.

바른 수산물을 착하게 소비하려면

왜 이렇게 된 걸까…. 생각해 봅니다. 본서에서 이야기하는 '바른 먹거리'란 단순히 영양학적 우수함을 넘어, 동시에 안전하고 건강하며 정당하게 생산된 식품을 의미하죠. 이러한 관점에서 명태와 수산업을 떠올리며, 바다에서 오는 먹거리가 우리 건강에 이로운 동시에 지속 가능하게 생산되고 있는지, 그리고 그 과정에서 환경 파괴나 생명윤리 문제는 없는지를 알아보고 싶었습니다.

오늘날의 수산업은 남획(Overcatching)과 혼획(Bycatching), 해양 서식지 훼손 등 심각한 문제들을 낳고 있으며, 양식업(Aquaculture Industry)의 급성장은 새로운 대안으로 제시되기도 하지만, 환경오염 · 자원 낭비 같은 한계가 있기도 합니다. 또한 많은 수산물도 고통을 느끼는 존재라는 과학적 증거가 지속적으로 보고됨에 따라, 일부 수산물의 도살 방식에 대한 윤리적 측면에서의 논의도 많아지고 있습니다. 이런 가운데 환경과 생태계, 윤리를 고려한 착한 소비는 어떻게 할 수 있는지도 참 궁금합니다.

본 장에서는 인류 역사를 통해 수산물이 가지고 있는 여러 의미와 특성을 살펴보고, 우리가 그동안 수산물을 소비하고, 활용해 온 방법들을 정리해 보고자 합니다. 그리고 오늘날의 수산업이 직면한 문제점들과 그 해결책으로 거론되는 '양식업' 관련 기술들에 대한 장단점을 알아보겠습니다. 마지막으로 '지속 가능한 소비는 무엇일까?' 수산물의 고통과 도살, 윤리적 문제까지 한번 같이 고민해 보시죠.

수산업 관련 용어 정리

1. **어업(Fisheries)**: 어류, 조개, 김, 미역 따위를 잡거나 기르는 산업
2. **수산업(Fisheries and Aquaculture Industry/Fisheries Sector)**: 어업과 양식업, 수산물 가공과 유통, 판매 전체를 포괄하는 산업
3. **수산물(Fisheries Products/Aquatic Products)**: 물에서 얻는 모든 자원을 의미하며 식용 자원뿐만 아니라 비식용 자원을 포함, 바다를 뜻하는 해양 이외의 민물(담수)에서 얻는 모든 수자원을 통칭함. 인간이 채취-어획-양식하여 식품-상품으로 이용하는 대상(무생물과 생물) 전체를 뜻함
4. **수산 동물(Aquatic Animal)**: 생물학적 의미로 살아있는 물속 동물 전체
5. **해산물(Seafood)**: 바다(해양)에서 얻는 식용/먹거리 자원을 뜻하며, 민물(담수)생물과 무생물, 식용이 아닌 것들은 포함하지 않음
6. **어류(Fishes)**: 학문적 용어로 물속에 사는 전반적인 척추동물을 뜻함

7. **물고기**: (살아있는) 어류를 부르는 순우리말(고유어), 일상적인 표현으로 상어와 가오리를 포함하여 물속에 사는 척추동물 전반을 뜻함. 때때로 돌고래나 고래 같은 '해양 포유류'도 '물고기'라고 부르는 경우가 있어, 어류를 넘어 비슷한 모습의 해양생물 전체를 뜻하기도 함
8. **생선(Fish)**: 물고기 중에서 식용으로 쓰이는 것. 보통 잡아서 죽인 상태 또는 손질한 물고기. 말리거나 절이지 아니한 물에서 잡아낸 그대로의 어류
9. **갑각류(Crustaceans)**: 새우, 게, 랍스터 등
10. **연체동물(Mollusks)**: 조개, 오징어, 문어 등
11. **해양 무척추동물(Marine Invertebrates)**: 극피동물(성게, 해삼), 자포동물(해파리 등)
12. **해조류(Marine Plants)**: 홍조류(김, 우뭇가사리), 갈조류(미역, 다시마), 녹조류(파래, 매생이)
13. **어패류(Fish and Shellfish)**: 어류와 조개류

1. 수산물의 영양학적 특성과 문화

영양

수산물은 영양학적으로 우수한 식품이다. 생선을 포함한 해산물은 육류에 비해 포화지방이 적은 단백질 식품이며, 특히 등푸른생선에는 심장 건강에 좋은 오메가-3 지방산(EPA와 DHA)이 풍부하다. 오메가-3 지방산은 뇌 발달과 인지 기능 향상에 필수적이며 혈중 중성지방을 낮추고 염증을 완화하여 심혈관계 질환 위험을 줄이는 효과가 있다. 생선은 또한 지용성 비타민인 비타민 D와 수용성 비타민 B2, B12의 훌륭한 공급원이고, 칼슘과 셀레늄, 아연 등의 무기질도 풍부하다. 특히 해조류와 어패류는 충분한 요오드를 제공하여 갑상샘 기능 및 신경 발달에 기여한다. 생선은 미량영양소, 필수 지방산, 동물성 단백질이 풍부하여 어린이의 성장발육을 돕고 산모 건강에 유익하며, 면역체계를 강화하고, 심혈관계 사망을 줄일 수 있다. 요컨대, 해산물은 인체에 필요한 양질의 영양소를 다량 함유한 가치가 높은 중요 식품군이다.

문화

문화적 측면에서 수산물은 세계 여러 지역의 식생활과 전통에 깊이 뿌리내리고 있다. 인류는 선사시대부터 고기잡이를 통해 어패류를 식량으로 이용해 왔으며, 연안에 거주하는 공동체의 식문화는 물고기와 해조류를 중심으로 하는 경우가 많다. 예를 들어 지중해 연안과 북유럽에서는 생선을 소금에 절여 건조하는 법을 개발하여 저장성과 운송성을 높였고, 이는 대서양 대구(cod) 염건품인 스페인, 포르투갈의 바칼라우(Bacalao or Bacalhau)나 노르웨이의 클립피시(Clipfish)와 같은 형태로 중세 이후 국제 무역상품이 될 정도로 가치를 인정받았다.

한국과 일본, 중국 등 동아시아에서는 생선을 소금에 절여 발효한 젓갈이나 어장(魚醬, fish sauce)을 전통 조미료로 사용해 왔으며, 이는 단백질과 풍미를 보존하는 지혜였다. 일본의 스시나 사시미 문화, 한국의 회와 젓갈 문화 등은 신선한 해산물을 즐기는 식문화의 일례이며, 지중해 연안의 페스카토레(Pescatore)나 부야베스(Bouillabaisse)

같은 해산물 요리, 동남아의 '생선 커리' 등도 지역의 풍부한 수산물을 이용한 전통 음식들이다.

AI 생성 이미지

이러한 예시들은 수산물이 각 지역의 요리 문화와 사회경제에 얼마나 깊숙이 스며들어 있는지를 보여준다. 현대에도 세계 여러 지역에서 어업은 생계와 문화의 바탕을 이루며, 수산물 축제나 풍어제 같은 전통은 해당 지역 삶의 일부가 되어 왔다. 이처럼 바다의 다양한 자원들, 수산물은 영양적 가치뿐 아니라 문화적 의미까지 지닌 자원으로서 인류의 전통과 식문화의 한 줄기를 이루고 있다.

2. 수산물 보존 방법

1) 소금으로 보존하기

수산물은 잡은 직후부터 부패가 빠르게 진행되기 때문에, 냉장-냉동시설이 발명되기 전까지 인류는 다양한 보존 기술을 활용해 왔다. 가장 오래되고 보편적인 방법은 건조와 염장이다. 수산물을 햇볕과 바람에 말리거나 소금에 절이는 방식은 고대부터 널리 사용되었고, 이를 통해 어획물을 장기간 저장하거나 원거리로 운송하는 것이 가능해졌다. 소금 절임은 생선 살점의 수분을 빼내고 삼투압 효과로 미생물 증식을 억제하여 부패를 지연시키는데, 로마 시대에는 대형 소금 통에 생선과 소금을 층층이 쌓아 발효·숙성시키는 기법으로 가룸(Garum)이라는 어장(Fermented Fish Sauce)을 만들기도 했다.

중세 유럽에서는 대구나 청어 같은 생선을 염장 건조한 후 뒤 물에 불려 요리하는 문화가 정착했다. UN 산하의 FAO(Food and Agriculture Organization, 유엔 식량농업기구)는 소금에 절인 생선은 냉장이 필요 없고 오래 보관할 수 있으며, 물에 담가 염분을 빼고 조리해 먹기 좋다고 소개한다. 아직 냉장, 냉동 기술이 보급되지 못한 지역에서는 수산물 보존에 염장과 건조를 여전히 많이 활용하고 있다.

염건법은 냉동 기술이 등장하기 전까지 인류가 터득한 가장 효과적인 수산물 보존법이었다. 하지만 이런 염건법은 아주 큰 단점이 있는데, 맛과 식감이 변한다는 것이다. '자반 고등어'라 하면, 고등어의 기름진 맛에 간을 더해 감칠맛이 더해진다고 이야기하지만, 소금에 절인 생선은 그 온전한 담백함과 부드러운 식감을 잃어버릴 수밖에 없기 때문이다.

더불어 건조로 수분이 날아간 생선은 그 단단하고 퍽퍽해지는 변질을 피할 수 없으므로, 생선의 신선함을 그대로 누릴 수 있는 혜택은 강가나 바닷가 마을 사람들이나 물가에서 일하는 어부들만의 것이었으리라.

2) 통조림에 담아서 보존하기

제2차 세계대전 당시 포스터 (1945)

출처: 미국 농무부(1945)

통조림 기술의 탄생: 아페르의 유리병

현대적 식품 보존 기술은 군사적 수요에서 비롯되었다. 1795년 프랑스 나폴레옹 정부는 군대의 식량 보존 방법 개선을 위한 기술개발을 공모해 상금을 걸었다. 이후, 1810년 식품을 가열 살균 후 유리병에 밀봉하는 방법이 개발되었고 이 방식은 생선 보존에도 적용되어 '통조림' 생선의 초기 형태였다고 볼 수 있다.

(The Book For All Households: Or, The Art of Preserving Animal and Vegetable Substances For Many Years (1920) Nicolas Appert and Katherine Golden Bitting, p. 5)

유리병 밀봉 방법 개발자 니콜라 아페르(Nicolas Appert)

출처: 미국 국립농업도서관

뒤랑의 양철통

피터 뒤랑이 만든 양철통

출처: 미국 국립농업도서관

유리병에 밀봉하는 방법의 약점인 용기 파손의 위험에서 자유로운 내구성이 강한 용기로의 전환은 1810년 영국 상인 피터 뒤랑(Peter Durand)이 특허를 등록하면서 이루어졌다. 이때를 시작으로 통조림은 영국 육군과 해군에 납품했다.

파스퇴르의 백조목 실험

루이 파스퇴르와 백조목 플라스크

AI 생성 이미지

가열 살균으로 음식을 유리병과 양철 깡통에 보관하는 방법이 개발되고 사용되었지만, 기술개발 초기에는 그것이 가능한 이유를 정확히 알지 못했다. 이후 파스퇴르가 연구를 통해 과학적 원리(미생물 불활성화)를 밝혔다.

'백조목 플라스크 실험'으로 잘 알려진 이 연구는, 1861년 루이 파스퇴르가 '적절한 환경과 조건이 주어지면 무생물로부터 생명이 저절로 발생할 수 있는가?'라는 자연발생설의 주장을 검증하기 위해 설계한 것이다. 유기물질이 담긴 액체를 플라스크에 담고, 플라스크의 목을 가열하여 구불구불하고 긴 형태로 만들었고, 내부의 액체를 끓여 플라스크 내부의 액체와 공기를 모두 멸균했다. 이후, 외부의 먼지나 미생물들은 플라스크의 굴곡을 넘어 내부에 들어가지 못했고, 내부의 액체는 오랫동안 변질되지 않았다. 하지만, 플라스크의 목을 부러트리거나 플라스크를 기울여 외부의 먼지나 불순물이 내부에 들어갈 경우, 이 액체는 짧은 시간 만에 부패하며 미생물이 증식한다는 사실을 확인했다.

파스퇴르의 결론은 대기 중의 먼지나 불순물들이 생명의 '배아' 역할을 하며, 이들이 부패 현상의 원인이고, 생명은 저절로 발생하는 것이 아니라 기존에 존재하는 미생물과 같은 생명체들로부터 시작된다는 사실을 밝혀냈다.

저장 음식이 필요한 곳?

미생물에 대한 이해를 바탕으로 열처리와 살균, 밀봉 기술이 개발됨에 따라 프랑스에서 영국, 영국에서 세계 곳곳으로 퍼져나갔다. 이후 작업자의 건강을 위협하는 납땜을 대신할 수 있는 '이중 권체(Double Seam)' 방식으로 밀폐 용기를 만드는 '위생 캔(Sanitary Can)까지 개발되며, 20세기 초반까지 널리 활용되었다.

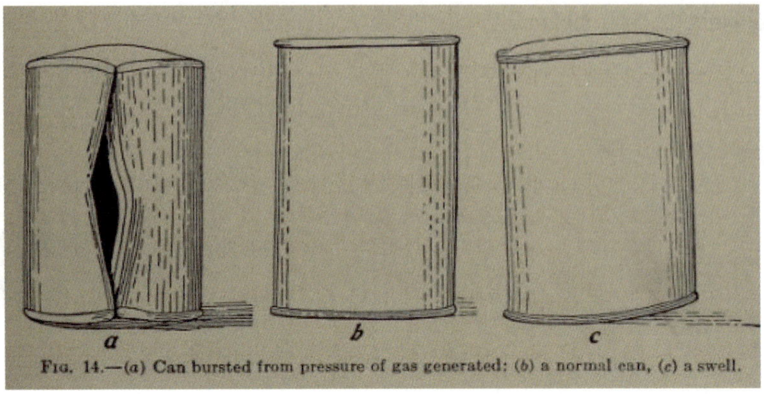

통조림의 외관으로 음식물의 상태를 확인하는 방법(1918)

출처: 미국 농무부

통조림 기술은 1914년 제1차 세계대전부터, 1939년 제2차 세계대전까지 군 식량을 생산 보급하는 주요 수단 중 하나로 활용되었다. 제1차, 2차 세계대전 당시에는 빅토리 가든(Victory Garden, 승리정원) 운동이 있었다. 전쟁 중 시민들이 자발적으로 마당이나 공공장소에 채소밭을 가꾼 캠페인이었는데, 전쟁에 직접 참여하지는 못하지만, 본국에 있는 민간인들이 전쟁에 이바지할 수 있는 매우 중요한 지원책의 하나였다.

식량을 자급자족하고, 절약된 상업적 농산물들을 통조림 등으로 가공해 군수 물자로 만들어 전쟁 식량으로 공급했으며, 전쟁 중에 식량 물가를 안정화하는 데에도 많은 도움이 되었다.

World War I Begin (1914)

World War II Begin(1939)

출처: 미국 국립농업도서관

제1차 세계대전 때 '전시 정원(War Garden)'이라는 이름으로 미국에서 시작되었던 이 캠페인은 제2차 세계대전 때는 '승리 정원(Victory Garden)'이라는 이름으로 미국을 넘어 영국, 캐나다, 호주 등 연합국 전반으로 확산했다. 이때 수많은 음식을 가정에서 저장하고 전쟁터로 보내는 데 병입방법이 중요한 역할을 했다.

미국 농무부에서 캔의 역사를 시간순으로 정리한 자료를 보면, 다양한 병입 식품과 사람의 모습을 그려놓은 '전시 정원', '당신이 할 수 있는 모든 것을 병입하라', '저장하라'와 같은 여러 포스터가 있는데, 이를 통해 당시의 주된 식품 저장 방법이 통조림이었음을 짐작할 수 있다.

우리나라의 통조림

어민을 위한 수산 기술지도(1968)

출처: 국립수산진흥원(현 국립수산과학원)

우리나라에서는 19세기 말에 통조림 기술이 도입된 것으로 보인다. 통조림 산업은 1930년대 중일전쟁과 태평양전쟁으로 인한 군수용 저장식품 수요 증가로 본격적으로 발전했으며, 일제강점기에 '정어리'를 통조림으로 가공한 기록이 있다.

1968년 국립수산진흥원(현 국립수산과학원의 전신)이 발간한 『수산 기술지도』라는 출판물에는 '수산물 통조림'에 관한 상세한 내용이 포함되어 있으며, 역사, 제조 원리, 원료(꽁치, 고등어, 정어리, 연어, 참치, 게, 굴 등), 용기(양철판, TFS강판), 가공 단계(조리, 염장, 충전, 탈기, 밀봉, 살균, 냉각), 검사, 변질 등에 관해 기술하고 있다.

3) 신선하게 냉동으로 보존하기

어떻게 당신의 냉장고를 고르고 사용하는가(1956)

출처: 미국 농무부(1956)

전 인류에게 수산물의 신선한 맛과 질감을 온전히 전할 수 있었던 혁명은 교통과 냉장, 냉동 기술의 개발이다. 특히 냉장과 냉동 기술의 개발이 핵심적이었는데, 제철이 있는 먹거리인 해산물을 최적의 시기에 잡아서 그 상태를 유지한 채로 유통할 수 있게 보관기간을 혁신적으로 늘려주었기 때문이다.

19세기 후반 인공 제빙과 냉장고가 발명되면서 선박과 항만에 얼음을 채워 생선을 신선한 상태로 보관·운송하기 시작했다. 그러나 초기의 냉동 기술은 충분히 빠르지 않아, 천천히 얼린 생선은 세포 조직에 큰 얼음결정이 형성되면서 해동 후 식감과 풍미가 떨어지는 문제가 있었다. 이러한 품질 저하 때문에 20세기 초까지 냉동 생선은 소비자에게 큰 호응을 얻지 못했다.

이 한계를 극복한 사람이 미국의 클라렌스 버즈아이(Clarence Birdseye)다. 그는 1910년대 캐나다 래브라도에서 인디언들이 영하의 찬 공기 속에 갓 잡은 물고기를 즉시 얼리는 모습을 관찰했고, 그렇게 급속 냉동된 생선은 나중에 요리해도 신선한 맛이 살아있다는 사실에 주목했다. 귀국한 버즈아이는 1920년대에 상업용 급속 냉동법을 개발하여 현대 냉동식품 산업의 토대를 마련했다.

급속 냉동 기술은 생선뿐 아니라 육류·채소 등 식품 전반의 유통에 변혁을 일으켰다. 버즈아이는 1923년 뉴욕에 General Seafoods라는 냉동 생선 회사를 창업하고, 1930년대에 이르러서는 자동 해동 방지 포장과 냉동 트럭을 도입하며 사업을 확장했고, 1940년대 냉장고의 가정 보급을 촉진함으로써 냉동식품 시장을 열었다.

이후 냉동 기술은 지속적으로 개선되어 오늘날에는 선상에서 잡은 어류를 곧바로 영하 -30℃ 이하로 급속 동결하는 선상 초저온 냉동까지 발전했다. 다양한 수산물을 원거리로 수송할 수 있게 되었고, 글로벌 수산물 교역량은 크게 증가했다.

냉동 및 냉장 유통망은 수산물의 상업적 가치를 극대화하고 있다. 전통적인 염장·건조 기술과 현대의 냉동·냉장 기술은 모두 수산물을 안전하게 보존하여 음식물 쓰레기를 줄이고 식량 안보에 기여했다고 볼 수 있다. 다만 냉동 유통은 막대한 전기에너지와 시설 투자가 필요하므로, 저개발 지역에서는 여전히 염건법이 중요한 역할을 하고 있다. 요컨대, 식품 보존 기술의 진화는 인류가 자연으로부터 얻은 먹거리를 버리는 것 없이 최대한 활용하려는 노력의 역사이자, 수산물의 소비가 비약적으로 늘어나는 데 중요한 역할을 했다.

3. 전통 어업을 넘어 수산업으로

저장 유통 기술의 획기적인 발달로, 우리는 더 이상 먹을 만큼의 수산물만 잡지 않는다. 다시 말해 많이 잡았기 때문에 염장하거나 건조하여 해산물 본연의 맛을 유지한 채, 그리고 저장하지 못해서 버릴 걱정 없이, 멈춤 없이 잡아서 냉동-가공한 후 전 세계 어디로든 유통해 판매할 수 있게 되었다. 이런 기술개발은 오늘날의 수산업을 전통적인 어업과 크게 다른 모습으로 변화시켰다.

1) 수산업의 문제점 남획·혼획·폐기·멸종

현대의 수산업(Fishing Industry), 혹은 상업 어업(Commercial Fisheries)은 과거 어느 시대보다도 효율적인 어획 기술과 대형 선단을 바탕으로 막대한 양의 수산물을 공급하고 있다. 하지만, 이러한 어획의 이면에는 지속 가능성의 위기가 존재한다. FAO의 통계에 따르면 전 세계에서 생물학적으로 지속 가능하게 어획되고 있는 어족자원의 비율은 1970년대 90% 수준에서 점진적으로 감소하여, 2019년에는 64.6%까지 떨어진 것으로 나타났다. 이는 달리 말하면, 평가된 어류 자원의 약 35%가 남획(overfishing) 상태에 있으며 멸종에 가까워지고 있다는 의미이다. 아래 그래프는 1974년부터 2021년까지 전 세계 수산자원의 상태 변화를 보여주는데, 파란색 영역(지속 가능 수준)은 줄어드는 반면 빨간색 영역(남획된 자원)은 꾸준히 늘어나 2010년대 이후로는 대략 1/3 수준을 차지하고 있음을 알 수 있다.

남획

● 그래프 1 **세계 어류 자원(World's Fish Stocks) 현황**

어류 자원은 개체군이 감당할 수 있는 정도(양과 속도)보다 더 많이 포획되고 과도하게 착취되며, '최대 지속 가능 어획량(MSY: Maximum Sustainable Yield)에 위협을 가하고 있다.

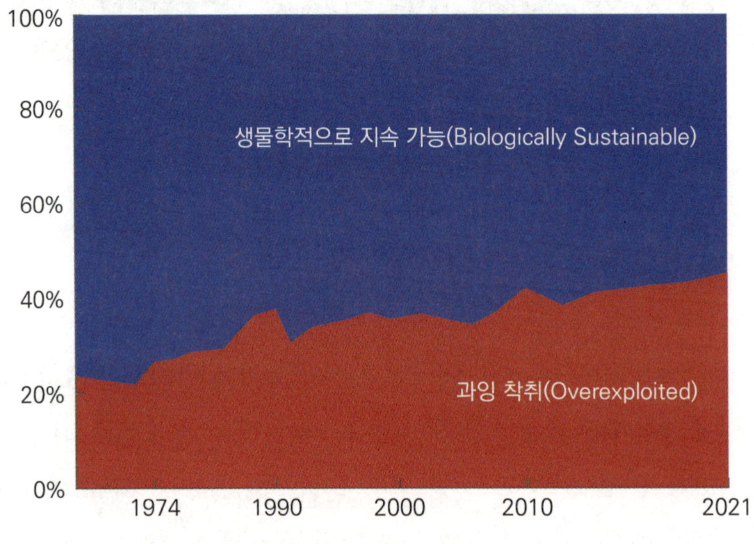

주: 여기에는 평가된 어류 자원 데이터만 포함됩니다. 아프리카, 아시아, 남아메리카의 많은 어류 자원은 아직 평가되지 않았습니다.

1. '어류 자원'은 위치, 성장 및 사망률과 같이 개체군 역학을 정의하는 공통 매개변수를 가진 특정 어종의 하위 개체군입니다.
2. 최대 지속 가능 어획량(MSY)은 어류 자원의 장기적인 생산성에 영향을 미치지 않으면서 일정한 현재 환경 조건(예: 서식지, 수질 조건, 종 구성 및 상호작용, 그리고 자원의 출생, 성장 또는 사망률에 영향을 미칠 수 있는 모든 것)에서 장기적으로 수확할 수 있는 가장 많은 평균 어획량을 의미합니다.

출처: FAOUN(2025)

위의 그래프는 1974년부터 2021년까지의 세계 해양 어족자원의 상태 변화를 나타낸다. 파란색은 지속 가능 수준으로 이용되는 자원 비율, 빨간색은 남획된 자원 비율이다. 2010년대 들어 남획된 어족자원이 전체의 약 1/3을 차지하며, 지속 가능한 자원 비율은 65% 미만으로 하락했다. 현재 전 세계 해양 어류 자원의 약 35%가 남획 상태이며, 약 60%는 지속 한계까지 어획되고 있어 여력이 없고, 실질적으로 지속 가능한 어류 자원은 단 6%에 불과하다. 이러한 추세가 이어지면 주요 어업자원의 붕괴와 해양 생물다양성 손실이 가속화되어 인류 식량 안보에도 큰 위협이 될 것이다.

● **그래프 2 전 세계에서 얼마나 많은 수산자원이 지속 가능한가요?**

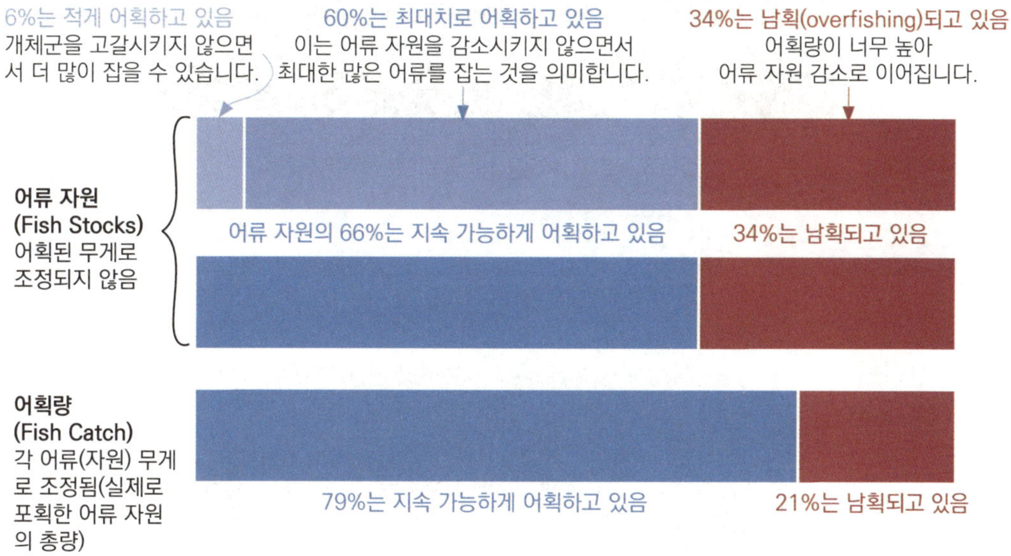

참고: 데이터는 2017년 기준입니다(이용할 수 있는 최근 추정치).

출처: 유엔식량농업기구(FAOUN, 2020)

과도한 어획은 어류 자원의 고갈과 개체군의 붕괴를 초래한다. 예컨대 북대서양의 대구(cod) 어장은 20세기 중반까지 북미와 유럽에 풍부한 수산물을 공급했지만, 무분별한 남획으로 1990년대 초에 자원이 급격히 붕괴하여 어획이 금지되는 사태가 벌어졌다. 이처럼 한때 풍요로웠던 어장이 사라지면 그 지역 어업에 의존하던 지역사회도 경제적 타격을 입고, 생태계 내 먹이사슬 구조 역시 교란된다. 특히 상위 포식 어종의 남획은 해양 생태계의 균형에 심각한 영향을 미친다. 예를 들어, 최근 50년간 전 세계의 상어와 가오리 개체군은 남획으로 71% 감소하여, 이들 종의 3/4 이상이 멸종 위기에 처한 것으로 나타났다.

상어나 참치와 같은 최상위 포식자들이 줄어들면, 그 아래에 위치한 중간 소비자 어종이 폭발적으로 늘거나 생태계 기능이 교란되는 영향 계단(trophic cascade) 현상이 발생할 수 있다. 남획은 또한 어린 개체와 성숙한 개체를 가리지 않고 무분별하게 잡아들이는 방식으로 어획물의 체형과 성숙도 감소 현상을 불러일으키며, 이전 세대에 비해 점점 작은 크기의 어린 개체들만 남는 등 '어류의 유전자적 퇴화' 문제도 제기된다.

혼획과 어업 폐기물

혼획(Bycatch)과 어업 폐기물(Discard) 문제도 간과할 수 없다. 혼획이란 조업 시 목표로 하지 않은 어종이나 해양생물이 그물이나 낚시에 걸리는 것을 말하며, 이는 해양 포유류나 바닷새, 바다거북, 상어 같은 종들에게 치명적이다. 국제포경위원회(IWC)는 "전 세계적으로 매년 최소 30만 마리 이상의 고래·돌고래 등 해양 포유류가 어업 혼획으로 인해 희생된다."라고 밝혔다.

이 외에도 바닷새와 거북이 수만 마리가 참치 연승어업 등의 미끼 낚시에 걸려 죽고, 상어·가오리 등은 트롤망에 휩쓸려 부수 어획되는 경우가 흔하다. 잡힌 혼획물 중 상품 가치가 없거나 어획할 목표량이 초과된 개체들은 다시 바다로 버려지는데, 대부분 손상되고 목숨을 잃은 상태로 버려지게 된다. 이를 어획 폐기물(fishery discards)이라 하는데, 과학자들의 최신 추정에 따르면 전 세계 해양어업에서 매년 약 910만 톤의 어획물이 버려지며, 이는 총어획량의 약 10.8%에 해당한다고 한다. 다행히 1980년대 후반에는 매년 2천만 톤 이상이 폐기되던 것에 비해 절반 수준으로 감소하였으나, 여전히 막대한 해양자원이 혼획과 폐기로 낭비되고 있는 셈이다. 폐기된 어류는 이미 죽거나 죽어가는 상태로 바다에 버려져 생태계 교란을 일으키고 부패로 인한 오염을 초래하기도 한다.

(1) 낚싯대와 낚싯줄(Pole and line)

참치 및 기타 대형 회유성 어류를 한 번에 한 마리씩 잡는 데 사용됩니다.
작은 미끼 물고기(예: 정어리)를 물 표면에 흩뿌려 표적 어류를 유인합니다.
혼획률이 낮아 소규모 어업의 지속 가능한 방법으로 자주 사용됩니다.

(2) 주낙(Longline)

배 뒤로 긴 낚싯줄을 끌고 갑니다.
일정한 간격으로 미끼가 달린 낚싯바늘을 사용하여 표적 어류를 유인합니다.
비표적 어류, 조류 및 기타 생물에 의도치 않은 영향을 미칠 수 있습니다.

(3) 자망(Gillnets)

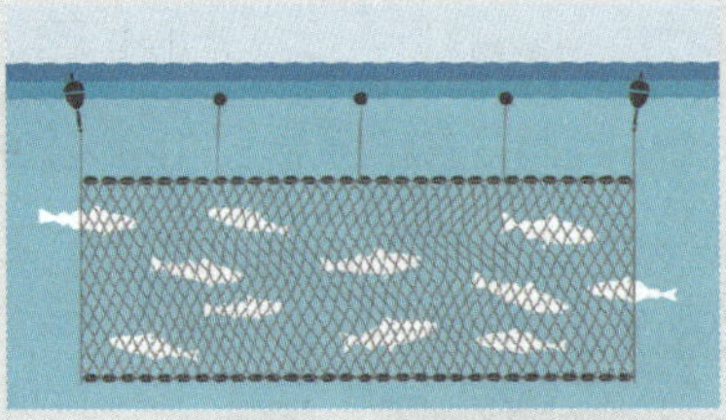

물속에 보이지 않는 장벽 또는 커튼 역할을 하는 그물입니다.
그물코의 크기에 따라 잡히는 물고기의 크기가 결정됩니다.
특정 어종을 선택적으로 잡기 어려워 혼획률이 높을 수 있습니다.
해저와의 접촉이 거의 없어 환경에 미치는 영향이 적습니다.

(4) 선망(Purse seine)

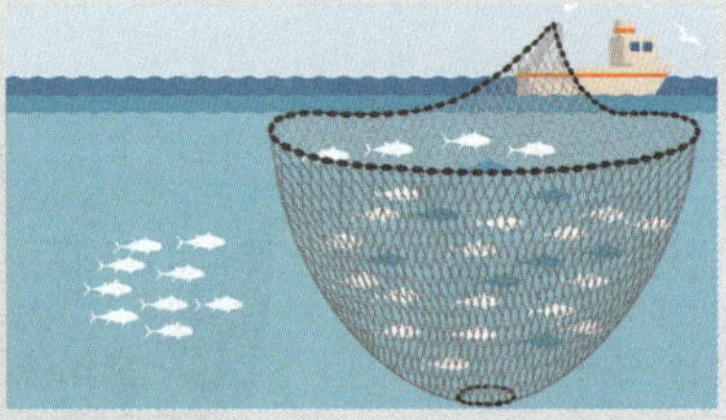

참치, 고등어와 같은 단일 어종의 떼를 둘러싸는 데 사용됩니다.
어선들이 물고기 떼를 에워싸고 그물을 바닥에서 조여 모읍니다.
이는 끈으로 조이는 주머니와 같습니다.
혼획률이 낮은 경향이 있으며 해저와 접촉하지 않습니다.

(5) 통발과 함정(Pots and traps)

나무, 철사 또는 플라스틱으로 만들어집니다.
바닷가재와 게와 같은 갑각류를 잡는 데 사용됩니다.
원뿔 모양의 입구로 동물들이 들어갈 수는 있지만 나갈 수는 없도록 설계되었습니다.
해저에 약 24시간 동안 배치됩니다.

(6) 준설(Dredging)

해저를 따라 끌리는 단단한 구조물입니다.
퇴적물 위로 끌면서 가리비, 굴 및 기타 바닥에 사는 어패류를 잡는 데 사용됩니다.
종종 매우 높은 수준의 생태적 손상을 일으키지만, 손상 정도는 퇴적물 유형에 따라 다릅니다.

(7) 중층 트롤(Pelagic trawl)

원뿔 모양으로 한쪽 끝이 닫혀 있는 그물로 물고기를 가둡니다.
중층 트롤은 해저가 아닌 수심 중간에서 끌립니다.
음향 기술은 표적 어류의 위치와 수심을 파악하는 데 사용됩니다.
혼획 위험은 낮지만, 이 방법은 이를 제한하기 위해 사용됩니다.

(8) 저층 트롤(Bottom trawl)

원뿔 모양으로 한쪽 끝이 닫혀 있는 그물이 해저 위 또는 해저에서 끌립니다.
많은 양의 해저 어류를 포획하는 데 매우 효율적입니다.
하지만 혼획과 해저 손상을 통해 큰 영향을 미칠 수 있습니다.

대표적인 수산업 방식

출처: 해양관리협의회(MSC)

어업으로 인한 서식지 파괴와 해양 생태계 변화도 심각한 문제다. 대형 저인망 어업선(bottom trawl)이 해저를 훑으며 어획할 때 해저 지형과 산호, 해초가 물리적으로 파괴되고, 서식지를 잃은 저서생물들(심해, 바닥에 사는 생물들, Benthic Organism)이 크게 감소한다. 심해저인망 어업은 마치 바다 밑바닥을 갈아엎는 것처럼 퇴적물을 휘젓는데, 최근 연구에 따르면 저인망 어업으로 인해 해저에서 방출되는 이산화탄소가 연간 3억 7천만 톤에 이르러 전 세계의 항공산업 탄소 배출량과 맞먹는다고 한다. 이처럼 저인망 어업은 해양 탄소흡수원인 연안 퇴적물(Coastal Sediment)을 교란하여 기후변화에도 악영향을 주고 있다.

이 밖에 유령어업(ghost fishing)이라 불리는 현상도 있다. 버려지거나 잃어버린 그물과 통발 등이 바다에 남아 오랫동안 물고기와 해양 동물을 함정에 걸리게 하는 것으로, 해양 쓰레기 문제와도 연결된다. 버려진 플라스틱 그물에 바다거북이나 물개가 뒤엉켜 죽거나, 떠다니는 폐그물에 물고기들이 걸려들어 먹이사슬에 편입되지 못하고 낭비되는 사례가 빈번하다.

지구 규모로 보면 기후변화와 해양 산성화(ocean acidification) 등 인류가 초래한 환경변화도 해양 생태계에 스트레스를 주고 있지만, 현재로서는 남획과 서식지 파괴, 혼획 등 광범위한 어업 활동 자체가 해양 생물다양성 감소의 주요 원인 중 하나로 꼽힌다. 지금 상태로 간다면 2048년에는 바닷속이 텅 비어버릴 것이라는 비관적인 전망까지 나오고 있다. 우리를 둘러싼 바다와의 '지속 가능한 상생'은 그리 오래지 않아 끝날 수도 있다.

생각해 볼 문제

플로깅(Plogging), 고스트 피싱(Ghost Fishing)

제주도에는 해변과 바닷가의 쓰레기를 줍고, 해안을 정화하는 다양한 환경단체, NGO가 있습니다. 저는 개인적으로 '지구별 약수터(지역 카페들이 텀블러를 가지고 오는 분들께 무료로 정수를 제공해 주는 캠페인으로 일회용 생수 소비를 줄여, 플라스틱 쓰레기를 줄이려는 캠페인 NGO)', '쓰줍인(쓰레기를 줍는 사람들, 플로깅_해안정화 모임)', '플로빙 코리아(바닷속의 쓰레기를 치우는 프리다이버들의 모임)', '디프다(플로깅_해안정화 모임)' 등에 참여하며, 다양한 해안정화 활동을 해왔는데요.

소소하게는 우리 아들과 좋은 추억을 쌓기도 하고, 환경정화 활동에 참여해 보람도 느끼며, 많은 배움을 얻고는 합니다. 이런 환경문제에 관심을 가지고 책을 써봐야겠다는 결심을 하게 된 계기가 되기도 했지요.

이제는 일상처럼 느껴지지만, 그때마다 놀랍기도 한 장면은 바닷물 위에서 주기적으로 몰려오는 폐어구들의 물결입니다. 물이 한번 들어왔다가 빠지면, 다양한 그물과 어업용 도구들이 각종 바위틈에 가득 찹니다. 손으로 빼려고 하면, 고기를 잡을 만큼 촘촘하고 단단한 그물들이 바위를 둘러싸고 있어서 꼼짝도 하지 않습니다. 톱칼과 가위 같은 도구로 자르고 잘라야 겨우 풀어내서 쓰레기를 수거할 수 있을 만큼 치우기도 쉽지 않습니다. 이런 바다 쓰레기들은 높은 염분 때문에 일반쓰레기와는 다르게 추가적인 처리가 필요해서, 별도로 구분해서 수거해야 하고 처리에 비용도 더 많이 든다고 해요.

무엇보다 중요한 것은 이렇게 바다에 버려진 그물 같은 것들이 '고스트 피싱(Ghost Fishing)'이라는 이름으로 바닷속에서 각종 해양 생물들을 잡아놓습니다. 그럼, 그 어구들에 갇힌 목숨들은 무의미하게 죽게 되죠. 어업으로 잡혀가 사람들이 소비한다면 그나마 식품 자원으로 활용된다는 의미가 있겠지만. 그야말로 폐그물 속에서 아무 의미도 없이 죽어가는 수산 동물들이 셀 수 없이 많습니다.

바닷가에 떠밀려 와 햇볕 아래 놓인 폐어구들을 수거하고 치우다 보면, 이런 그물들에 걸려서 말라 죽었거나 죽어가고 있는 어류들을 가끔 만나게 됩니다. 바다의 한가운데서 수많은 어선이 어업을 하면서 고의적이든 그렇지 않든 버려지는 어구들이 얼마나 많을까 상상해 봅니다. 그중 일부만 물 위로 떠 오르는 것일 텐데, 그것만도 이렇게 많다면, 대체 얼마나 많은 바다 생명들이 버려진 어구들에 잡혀서 목숨을 잃고 있는 것일까요? 한번 진지하게 생각해 볼 문제가 아닐까 합니다.

버려진 어망에 얽힌 바다표범

출처: 위키 커먼스, NOAA

폐어구에 얽혀서 자란 해초(제주도)

폐어구들은 바다 안에서 여러 해양 생물들을 가두어 죽이고,
이 무의미한 죽음들은 공식 어업량에 집계되지 못한다.

출처: Mstelfox, 2014, 위키 커먼스

버려진 그물, 폐어구에 걸려있는 어류들을 풀어주는 환경 활동가

출처: 지구별 약수터

바닷가 바위틈마다 걸려있는 어구들(제주도)

제주 우도 바닷가에서 단 한 시간 만에 수거한 폐어구 및 해양 쓰레기

출처: 지구별 키즈

제주 이호테우해변에서 단 한 시간 만에 수거한 폐어구 및 해양 쓰레기들

출처: 쓰줍인

생각해 볼 문제

바다거북

2024년 초여름쯤이었습니다. 바닷가 플로깅(해안정화 활동)을 하던 중, 거북이 등딱지를 줍게 되었습니다. 처음에는 신기한 마음에 사진을 찍고 들여다보고 했지요. 하지만 나중에 알고 보니, 거의 모든 바다거북은 보호종이었고 이런 거북이들의 사체를 발견하면 해경에 신고해야 하는 것이었습니다.

저는 사실 거북이는 '드래곤 볼'이라는 만화책에 나오는 '무천도사'라는 캐릭터밖에 몰랐기 때문에 등딱지는 벗기도 하고 바꿔 쓸 수도 있는 줄 알았어요. 매우 무식했죠. 하지만 거북이는 등딱지가 골격과 연결된 한 몸이라는 것을 이때의 경험을 통해 알게 되었습니다.

등딱지가 부서진 거북이

팔, 다리, 얼굴은 말라붙어 뼈만 남아 있었다.

일단 해경에 신고하고, 제주도에서 바다거북을 모니터링하고 연구하는 'MARC(Marine Animal Research & Conservation)'이라는 기관에도 발견 정보를 공유했습니다.

이때 알게 된 사실은 혼획으로 보호어종을 잡았을 때는 고의적인 어획이 아니기 때문에 우연을 가장해서 바다거북을 잡는 사람들이 있다는 것입니다. 물론 귀한 것에 대한 탐욕은 그리 새로운 이야기가 아니죠. 하지만 해경에 신고한 제가 거북이를 획득한 경위에 대한 조사를 경험하면서 처음에는 놀랍기도 했고, 오히려 올바른 신고와 절차대로 처리하려고 한 저를 조사하는 듯한 질문에 기분이 나빴지만, 당연히 잘 마무리됐고 감사 인사도 받았습니다. 하지만 한편으로 '이런 일이 적지 않게 일어나는구나….' 하는 씁쓸함이 들었습니다.

그리고 'MARC'라는 기관으로부터 바다거북의 특성을 알게 되었는데요. 바다거북의 등딱지는 자연스러운 상태에서는 절대 부서지지 않을 정도로 단단하다고 합니다. 하여, 이렇게 등딱지가 깨져 죽은 거북은 대부분 과도한 어업 때문에 어선이 가득한 바다에서 커다란 배들을 피하지 못하고 부딪히는 바람에 딱지가 부서져 목숨을 잃고 해안가로 밀려온다고 합니다.

아마도 제가 발견한 거북이 사체는 충돌로 목숨을 잃은 후, 강한 햇살 아래에서 타들어 가는 뜨거움 때문에 갈라진 딱지가 더 벌어지고 커진 듯했지요. 중요한 건 이런 죽음들이 과도한 어업의 결과로 점점 더 늘어나고 있다는 것입니다. 이렇게 발견되는 거북이 사체들은 신고되고 기록되는데, 매년 그 수치가 증가하고 있다고 해요.

더 심각한 것은 신고되는 거북이 사체보다 누락된 사체들이 훨씬 더 많을 것이고 거북이의 신고된 죽음 하나는 결국, 그보다 몇 배 많은 거북이가 죽어가고 있다는 의미일 수도 있습니다. 이런 일들이 가면 갈수록 가파르게 증가하는 요즘, 이런 바다 생명들이 안심하고 생활할 수 있는 터전, 해양보호구역이 왜 필요한 것인지 알게 된 계기였습니다.

바닷속에 버려진 그물에 얽힌 바다거북

출처: 위키 커먼스, NOAA

4. 양식업의 가능성과 한계

양식업(Aquaculture Industry)

양식업은 인류가 어획에만 의존하던 수산물 공급 방식을 다변화하여 '수산물 목장'을 만든 것으로 볼 수 있다. 넓은 의미의 양식에는 해조류나 조개류 양식도 포함된다.

현대 양식업은 20세기 후반부터 폭발적으로 성장하여, 2020년에는 전 세계 양식 어류 생산량이 8,750만 톤으로 사상 최고치를 기록해, 같은 해 전체 어획량 9,030만 톤에 거의 맞먹는 수준에 이르렀다. 이는 많은 개발도상국에서 양식업을 식량 안보와 수출산업의 주요 축으로 육성한 결과이며, 특히 아시아 지역(중국, 동남아 등)이 세계 양식

생산의 90% 이상을 차지하고 있다.

양식업의 발전으로 내륙 국가와 같이 전통적으로 수산물 접근이 어려웠던 지역에서도 수산물의 소비가 가능해졌다. 값비싼 어종이 대량 생산되면서 가격이 내려가 구매 부담이 줄고 소비가 늘어나는 현상은 소비자 입장에서는 긍정적인 측면이다. UN식량농업기구(FAO)는 양식업의 성장이 영양 개선과 식량 안보에 이바지하고 있다고 분석했다.

양식업은 바다의 공장식 축산(Factory Farming)?

그러나 양식업도 확장일로의 성장 과정에서 환경적·사회적 한계와 문제점이 드러나고 있다. 우선 환경오염과 생태계 교란 문제를 들 수 있는데, '집약적 양식(Intensive Fish-Culture)'은 매우 좁은 공간에서 너무 많은 수산물을 사육하기 때문에 대량의 배설물이 발생하며, 남은 사료와 약물, 배설물이 양식장 밖으로 흘러나가 주변을 오염시킨다.

양식장에서 양식 중인 송어

해상 가두리 양식장의 경우 분뇨에 포함된 질소·인 성분이 부영양화를 일으켜 적조나 녹조를 유발할 수 있고, 양식 밀도를 높이고 양식어종의 품질관리를 위해 사용한

항생제와 살충제 또한 주변 생태계에 누출되어 야생 생물에 영향을 주기도 한다. 실제로 과학자들은 일부 양식 시스템은 높은 에너지 사용, 양식 수산물들이 배출하는 오물로 인한 수질오염과 부영양화, 항생제 과다 사용, 주변 생태계 및 야생 어족에 대한 부정적 영향 등 상당한 환경 파괴를 남긴다고 지적한다.

대표적인 예로 연어 양식을 들 수 있다. 노르웨이, 칠레 등지의 대규모 연어 가두리 양식장이 바다 밑에 두꺼운 유기물 침전층을 만들어, 기생충인 '바다 이(Lice)'가 양식 연어에 창궐하여 이를 방제하기 위한 약품이 투입되는데, 그 결과로 기생충이 주변 야생 연어와 바다 송어에게 전파되어 자연 개체군에도 해를 끼친다는 보고가 있다.

또 다른 문제는 양식 어류의 먹이원이다. 대부분의 산업적 양식은 인공사료를 먹여 키우는 집약적 사육(fed aquaculture) 방식인데, 이 사료의 원료로 여전히 상당량의 어분/어유(fish meal/fish oil)가 사용된다. 즉 작은 멸치나 정어리 같은 잡어를 대량으로 잡아 가공한 어분을 농어, 돔, 새우 같은 육식성 양식 어종의 사료로 쓰는 것이다. 이 때문에 일각에서는 '양식이 야생 어획 압력을 줄이는 대신, 사료용 어획을 통해 간접적으로 야생 어족을 소비한다'라며 양식의 역설을 제기한다.

과거에는 양식 어류 1kg을 얻기 위해 수 킬로그램의 야생어가 사료로 쓰인다는 연구도 있었으나, 사료 효율이 개선되면서 현재는 많은 종에서 Fish-In Fish-Out 비율이 1보다 낮아지고 있다. 그럼에도 전 세계 어획량의 약 10~15%는 여전히 어분·어유용으로 이용되고 있고, 특히 양식어류의 성장 촉진을 위해 멸치 같은 종의 남획을 정당화해서는 안 된다는 비판이 있다.

양식 밀집도가 높은 탓에 발생하는 질병 전파와 유전적 교란도 문제점으로 지적된다. 대규모 양식장에서 전염병이 돌면 순식간에 수조 혹은 우리 안의 물고기가 집단 폐사할 수 있고, 이는 식량 손실뿐 아니라 항생제 남용으로 이어질 수 있다. 예를 들어 1990년대에 아시아에서 시작된 새우 양식장의 바이러스 질병(흰 반점병 등)은 전 세계로 확산하여 막대한 경제적 피해를 주었다.

또한 양식종의 도주(escape) 사고도 잦다. 바다 우리에서 기르던 연어 수만 마리가 폭풍 등에 유실되어 야생 하천으로 올라가 번식하면, 유전적으로 균질화된 양식 개체가 야생 개체군과 교잡되어 유전적 다양성 감소와 현지 개체군 적응도 저하를 초래할 수 있다. 칠레에서는 외래종인 대서양 연어가 양식장에서 탈출해 토착 생태계를 교란한 사례도 보고되었다. 이러한 부작용들 때문에 양식업이 파란 혁명(Blue Revolution)으로 주목받던 초기의 낙관론과 달리, 최근에는 양식업의 지속 가능성을 확보하기 위한 규제와 기술 개선의 필요성이 강조되고 있다.

양식업이 길러내는 수산물은 필수제인가? 쾌락제인가?

양식업의 사회·경제적 한계 또한 고려해야 한다. 대량 생산되는 양식어류는 주로 국제 시장으로 수출되거나 도시 중산층 이상의 소비자에게 판매되어, 정작 영양 결핍에 시달리는 현지 저소득층에게는 충분히 공급되지 않는 경우가 많다.

또 양식장을 조성하기 위해 동남아와 남미 등에서 맹그로브 숲과 습지를 대규모로 파괴한 전례(특히 새우 양식)가 있고, 기업형 양식 산업의 성장으로 소규모 어민이나 양식 농가가 시장에서 밀려나 경제적 불평등이 심화된 문제도 지적된다. 일부 국가에서는 양식장 노동착취나 인권 문제가 보고되기도 하여, 양식업이 지속 가능성이 있는가에 대한 논란도 있다.

생태계를 모방한 양식

이러한 한계를 해결하고자 양식업계와 과학자들은 더 친환경적이고 책임감 있는 양식업(Aquaculture Stewardship)으로의 전환을 모색하고 있다. 예를 들어 사료 구성에서 해양어분·어유 비중을 줄이고 대체 단백질원(곡물, 곤충 단백, 미세조류 등)으로 바꾸는 연구가 진전되고 있는데, 이와 같은 노력으로 고안된 여러 양식 방법이 활용되고 있다.

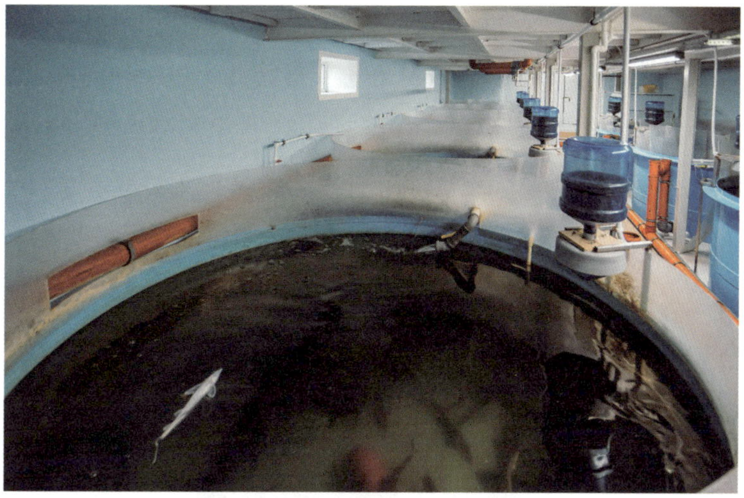

철갑상어 순환여과양식장(RAS)

그 첫 번째 방법으로 '육상 밀폐형 순환여과양식(RAS, Recirculating Aquaculture System)'이 있다. 이는 물을 계속 재이용하면서 외부 배출을 최소화하고 기계적, 생물학적 필터 시스템을 이용해 정화한다. 자연환경과 격리된 탱크에서 어류를 사육함으로써 질병 전파와 탈출 위험을 줄인다. 주로 연어, 뱀장어, 새우와 같은 단일 어종을 고밀도로 생산한다. RAS는 초기 비용과 에너지 요구량이 많지만, 기술 발전으로 일부 고부가가치 어종의 상업적 생산을 중심으로 시도되고 있다.

아쿠아포닉스(Aquaponics)

두 번째 양식법은 아쿠아포닉스(Aquaponics)가 있는데, 간단히 어류 양식과 물속에서 식물을 재배하는 수경재배(Hydroponics)를 결합한 방식이다. 아쿠아포닉스는 식물과 어류 두 생물이 직접적으로 공생한다는 점이 특징이다. 주로 폐쇄형 방식인데, 식물이 어류 배설물을 자원(영양분)으로 활용함으로써 물을 정화하는 동시에 경제적 이익을 거둔다는 장점이 있다.

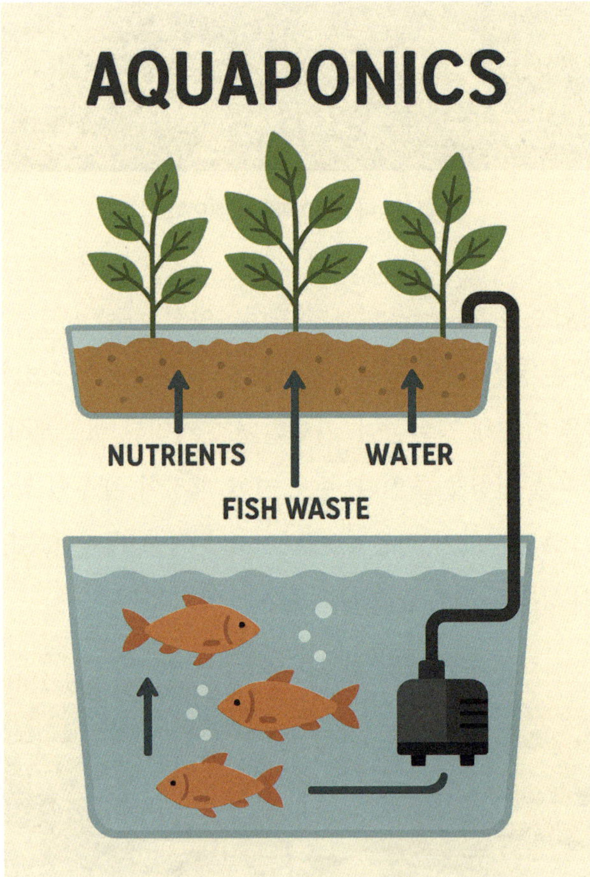

아쿠아포닉스(Aquaponics) 양식법의 순환(공생)과정

출처: AI 생성 이미지

노르웨이의 통합다영양양식(IMTA)

세 번째 방법은 다층적 환경정화를 목표로 어류, 조개류, 해조류를 함께 기르는 '통합다영양양식(IMTA, Integrated Multi-Trophic Aquaculture)'이 있다. 이는 어류 양식장의 배출물을 해조류와 여과섭식 조개류(굴, 홍합 등)가 흡수하도록 함으로써 양식장의 오염을 줄이고 추가 생산물을 얻는 방식이다. 예를 들어 연어가 사료를 먹고 남긴 찌꺼기는 홍합, 굴, 해삼과 같은 조개류나 저서생물의 먹이가 되고, 연어의 배설물에 포함된 질산, 인산 등 무기 영양분은 미역이나 다시마와 같은 해조류가 흡수하며 성장하는 식이다. IMTA 방식은 아쿠아포닉스의 직접적인 공생을 넘어 다양한 바다생물들이 작은 생태계에서 간접적인 상호작용을 하는 방식이다. RAS 방식과도 다르게 주로 바다에서 이루어지는 개방형 양식이고, 작은 생태계를 만들어 순환되는 구조를 바탕으로 다품종 생산을 하게 되며, 일반적인 양식업에서 발생하는 배설물의 부영양화와 같은 환경오염의 위험성을 감소시킨 방법으로 평가된다.

○ 표 1 친환경적이고 책임감 있는 양식 방법들

구분	순환여과양식(RAS)	아쿠아포닉스(Aquaponics)	통합다영양양식(IMTA)
핵심 원리	기술적 여과를 통한 물 재사용	어류와 식물의 직접적 공생	생태계 모방, 다영양 순환
주요 구성	어류와 기계(생물) 필터	어류와 식물(농작물)	다수의 기능 그룹 (어류, 조개류, 해조류 등)
생산물	단일 어종(고밀도)	어류와 농작물	다양한 수산물 (어류, 조개류, 해조류)
시스템 환경	육상, 폐쇄형 순환	주로 육상, 폐쇄형 순환	주로 해상, 개방형 순환
주요 목적	환경오염 및 혼획 감소	무화학비료 농작물, 자원 순환	해양 오염 감소, 지속 가능성
핵심 개념	환경 영향 최소화, 목표 어종 집중	상리공생 (Mutualistic Symbiosis)	생태계 모방 (Ecosystem Mimicry)

양식업은 세계 식량 공급에 없어서는 안 될 중요한 산업으로 부상했으나, 해결해야 할 여러 문제점도 안고 있다. 착한 소비를 지향하는 관점에서 볼 때, 양식 수산물이 환경에 미치는 영향과 양식 수산물 생산의 투명성을 개선하도록 하는 지속적 요구가 필요하다.

생각해 볼 문제

고래 혼획

인터넷 검색 사이트에 들어가 '혼획'이라는 검색어만 검색해 봐도, '고래'가 의도치 않게 다른 목적을 위해 바다에 쳐놓은 어업 그물에 걸려 잡혔다는 기사들을 쉽게 발견할 수 있습니다. 본서를 집필 중인 25년 5월 23일 현재, 네이버에 들어가 '혼획'을 검색한 결과, 불과 1주일 전에 전북 군산에서 혼획되어 잡힌 밍크고래가 3천만 원대에 팔렸습니다. 그리고 전남 여수, 경북 포항, 강원 고성에서도 고래가 잡혔고, 고가에 낙찰돼 기뻐했다는 기사도 있습니다. 거의 매주 전국의 어촌에서 고래가 혼획되어 죽었다는 소식이 전해지고 있는 현실인데요. 고래류는 보호종이지만, 의도해서 잡은 것이 아니라 혼획으로 잡힌 경우, 해경의 조사를 받고 불법 포획이 아닌 것으로 판단되면 '고래류 처리확인서'를 발급받은 후, 유통-판매가 가능합니다. 물론, 어부님들이 불법적인 어업으로 고래들을 사냥하는 것이 아닌 상황에서 일어나는 사건을 '행운'으로 볼 수도 있겠으나, 보호어종으로 정해질 만큼 귀한 고래가 이렇게 너무 빈번하게 포획되고 죽임을 당하는 것은 아무래도 우리가 한 번쯤 짚어볼 문제라고 생각합니다. 무엇보다 대한민국 전역에서 이렇게 고래들이 잡히고 있는 것은 어쩌면 너무나 많은 어업을 우리가 행하고 있기 때문은 아닌지 생각해 보고, 이런 고래들이 포획되었던 기록이 있는 곳에서는 그물을 고래들이 좀 더 쉽게 알아채고 피할 수 있는 모양과 색깔로 사용한다든지, 고래들이 싫어하는 소리나 빛을 내는 장치들을 수중에 설치하거나 고래들의 활동이 활발해지는 시기에는 해당 지역을 '어업 금지' 구역으로 설정하는 등의 노력이 필요한 건 아닐까… 생각해 봅니다.

AI 생성 이미지

의도적인 '고래사냥'은 불법이라 하더라도, 이미 바다를 촘촘히 그물로 둘러싸 버린 대형 수산업은 '고래'가 피하기에는 너무 커버린 위협 같습니다. 부디 단순한 '보호종' 지정을 넘어, 이들이 안전하게 생활할 수 있는 보호구역이 마련되길 바랍니다.

5. 해양 국제기구와 정책

국제사회는 2015년 UN 지속 가능발전목표(SDG) 14항으로 '해양자원 보전과 지속 가능한 이용'을 명시하고 남획 방지, 해양보호구역 확대, 어획 폐기물 감소 등의 목표를 추진 중이다. 과학계와 시민사회도 해양 보호구역 확대, 해산물 소비 가이드 제시, MSC 인증과 같은 친환경 수산물 인증 보급 등을 통해 소비자들이 해양 생태계를 해치지 않는 수산물을 선택할 수 있도록 노력하고 있다.

혼획 감축을 위한 국제적인 노력도 진행 중이다. 혼획저감장치(BRD, Bycatch Reduction Devices)라는 것이 있는데, 잡고자 하는 주요 어종이 예를 들어, 갈치, 한치,

고등어, 오징어다. 뜻하지 않게 바다거북이나 고래와 같은 비표적 어종을 잡게 되는 경우가 있는데, 이렇게 잡힌 비표적 어종들은 어부들에게는 경제적인 수익이 되지도 못할뿐더러, 보호어종의 경우 곤란한 상황에 처하게 된다. 물론 의도하지 않았던 상황이라 불법은 아니지만, 뜻하지 않게 이런 해양생물들을 상처 입히거나 죽이고 싶지 않은 게 인지상정인데, 이런 혼획을 피할 수 있도록 고안된 대표적인 혼획저감장치가 TED(Turtle Excluder Device, 거북이 배제 장치)다. 이 장치를 트롤망에 부착해 바다거북을 탈출시키거나, 조명이나 음향 장치를 이용해 돌고래·물개 등이 그물을 회피하도록 하는 연구가 시도되고 있다.

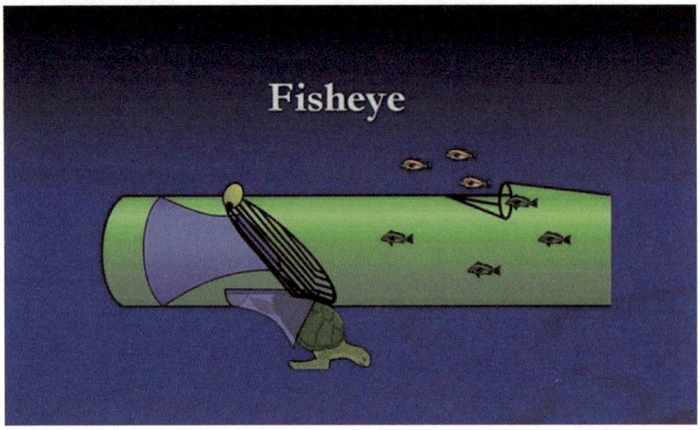

혼획저감장치의 하나인 Fisheye

출처: NOAA

거북이 배제 장치(TED)로 그물에서 탈출하는 붉은바다거북

출처: 위키 커먼스 (U.S. National Oceanic and Atmospheric Administration)

UN FAO의 블루 트랜스포메이션(Blue Transformation) 전략이나, 30×30 해양보호구역 설정, IUU 불법 어업 근절을 위한 국제협약과 같은 바다의 보전을 향한 노력이 이어지고 있다.

IUU 어업

IUU 어업은 불법(Illegal), 비보고(Unreported), 비규제(Unregulated) 어업을 통칭하는 용어다. 불법 어업(Illegal Fishing)은 국가의 법률이나 규정을 위반하여 자행되는 어업 활동, 또는 RFMOs(Regional Fisheries Management Organizations, 지역수산관리기구)와 같은 국제 관리 기구의 보존 및 관리 조치를 위반하는 어업 활동을 가리킨다. 비보고 어업(Unreported Fishing)은 관련 국내법이나 국제 규정에 따라 보고해야 할 의무가 있는 어획 활동을 보고하지 않거나 허위로 보고하는 행위를 포함한다. 비규제 어업(Unregulated Fishing)은 국적이 없는 선박이나 해당 수역에 대한 보존 및 관리 조치가 없는 곳에서 이루어지는 어업 활동, 또는 지역 수산 관리기구의 보존 조치에 어긋나는 방식으로 이루어지는 어업 활동을 지칭한다.

이러한 불법 어업은 해양 생태계 파괴, 어족자원 고갈, 합법적인 어업인의 경제적 손실, 그리고 연안국의 식량 안보 위협과 같은 심각한 문제를 일으킨다. FAO는 이에 따른 연간 손실액이 최대 235억 달러에 이를 것으로 추정하고 있으며, 그 규모는 전 세계 어획량의 약 20%로 추정하고 있다.

수산업 관련 기구와 인증제도

수산업은 축산업보다 훨씬 더 복잡한 기관과 협약들이 오랫동안 상호작용하고 있다. 수산업 관련 국제기구를 중심으로 한 협의체가 법적 규제를 만들어 작용하는 공공 거버넌스가 우선하여 만들어졌고, 이에 호응하고 보완하는 민간 주도의 대표적인 인증 체제가 두 가지, 총 3가지 기구가 있다.

첫 번째 기구는 공해상 어업 질서를 유지하는 RFMOs(Regional Fisheries Management Organizations, 지역수산관리기구)다. 대표적인 공공 거버넌스인데, 공공 거버넌스란 '국가, 공공기관, 시민사회, 민간 등 다양한 주체들이 같은 문제의 해결을 위해 협력-조정-참여하는 정책 결정 및 운영 시스템'이다. RFMOs는 수산자원 관리, 보호, 이용에 관여하는 여러 국가, 기관, 어업자, 시민사회 등이 규범, 규칙, 협력과 조정 관리하는 체제로 이루진다. 그 설립의 근거는 유엔해양법협약(UNCLOS, United Nations Convention of the Law of the Sea), 유엔공해어업협정(UNFSA, United Nations Fish Stock Agreement) 등 국제법에 두고 있으며, 각국 정부가 참여하여 만들고, 따르는 법적 '뼈대' 역할을 한다.

○ 표 2 RFMOs의 기본이 되는 협약, 협정

	유엔해양법협약(UNCLOS)	유엔공해어업협정(UNFSA)
성격	해양 관련 모든 문제를 다루는 기본법 (헌법)	UNCLOS의 어업 관련 조항을 이행하기 위한 특별법 (이행 협정)
채택 연도	1982년	1995년
적용 범위	해양 관할권 구분 및 기본 원칙 수립, 모든 해양 공간과 활동 (포괄적)	경계 왕래 어족, 고도 회유성 어족 (한정적)
주요 내용	해양 구역 설정 (EEZ 등), 국가별 권리/의무	예방적 접근, 생태계 기반 관리, RFMO 역할 강화 등 구체적 조치
핵심 목표	공해상 어업의 자유와 보존 의무를 규정 및 해양 법질서 확립	어족자원의 보존과 지속 가능한 이용, 실질적 이행을 위한 구체적인 방법 제시

RFMOs의 주된 역할은 첫째, 자원 보존 및 관리기구로서 규범과 지침을 개발하고 이를 위한 과학적 연구를 진행한다. 둘째, '어업'을 지속 가능하게 하는 것이 주목적이기 때문에 과학적 조사 결과에 따른 권고안을 실제 적용하는데, 구성원 간의(국가) 이익을 조정하고 협의하는 중간자 역할을 한다.

두 번째, 세 번째 축은 수산업 시장에 직접적인 영향을 주는 민간 주도 거버넌스다. 해양관리협의회(MSC, Marine Stewardship Council)는 어업 수산물, 수산양식관리협의회(ASC, Aquaculture Stewardship Council)는 양식 수산물을 대상으로 지속 가능성 인증과 에코라벨을 부여한다. 이들은 소비자와 기업의 자발적 선택을 통해 지속 가능한 생산 방식이 보급되는 것을 목적으로 한다. 그들이 제시한 규격에 부합하는 업체나 제품에 인증을 부여하고, 이 인증을 통해 해당 기업과 제품은 친환경적이고, 지속 가능한 수산자원 보호 활동과 노력하고 있음을 소비자들에게 알리고 더 높은 가치를 부여받고 더 많은 선택을 받을 수 있도록 하고 있다.

○ 표 3 **지속 가능성 인증기구 및 특징**

	지역수산관리기구(RFMOs)	해양관리협의회(MSC)	수산양식관리협의회(ASC)
설립 주체	각국 정부 (정부 간 기구)	WWF, 유니레버 (비영리 민간기구)	WWF, IDH (비영리 민간기구)
기반	국제법 (UNCLOS, UNFSA 등)	민간 기준 (자발적 참여)	민간 기준 (자발적 참여)
대상	공해 및 경계 왕래/고도 회유성 어족	자연산 어업 전반	양식업 전반
수단	규제 및 쿼터 할당 (보존관리 조치)	인증 및 에코라벨	인증 및 에코라벨
관리 범위	조업 활동 (어선 중심)	어업부터 소비까지 전 공급망 (CoC)	양식부터 소비까지 전 공급망 (CoC)
목표	자원 보존 및 국가 간 이익 조정	지속 가능 어업 시장 촉진	책임 있는 양식 시장 촉진

지역수산관리기구(RFMOs)를 뜻하는 영어 약자 끝에 복수를 뜻하는 소문자 's'가 붙는다. 이것은 지역수산관리기구가 하나의 기관이 아니라, 이런 형태로 운영되는 다양한 기구가 있다는 것을 뜻한다. 예를 들어, 한국은 지역수산관리기구(RFMOs) 중 하나인 중서부태평양수산위원회(WCPFC)에 가입되어 있는데, 이 위원회는 참치류(황다랑어, 가다랑어 등)를 관리하는 RFMO이다. 이런 RFMO들은 지역과 어종에 따라 설립된 여러 기관의 총칭이라고 이해할 수 있다.

6. 물고기? 고통과 도살의 윤리, 그리고 '물살이'

물고기가 아파요?

동물윤리 담론이 축산분야를 넘어 수산분야로 확대되면서, '물고기도 고통을 느끼는가?'라는 질문이 더 이상 학술적 호기심에만 그치지 않고 식품 소비자의 윤리적 판단에 영향을 주는 문제가 되었다. 전통적으로 물고기는 포유류나 조류에 비해 감각과 감정이 둔할 것이라는 인식이 있었고, 특히 어류의 뇌에는 포유류의 대뇌 신피질(neocortex)이 없다는 해부학적 차이 때문에 '물고기는 고통을 인식하지 못한다'라는 주장이 오랫동안 이어져 왔다.

그러나 지난 수십 년간의 동물행동학·신경생물학계의 많은 연구는 어류도 통각 수용기(nociceptor)가 있으며, 유해한 자극에 회피 반응을 보이고 학습된 두려움이나 통증 회상을 나타낸다는 것을 밝혀 왔다. 어류에 산이나 벌침 성분 등 고통 유발 물질을 노출시키면, 비정상적 흔들림 같은 행동을 하고, 진통제를 투여하면 이러한 행동이 줄어든다는 실험 결과도 있었기에 어류가 고통을 느낀다는 증거는 충분하며, 통증 관련 행동 변화가 척추동물 전체에 걸쳐 공통적으로 나타나고 있다는 견해가 여럿 보고되었다.

실제로 유럽식품안전청(EFSA)은 2009년 보고서에서 어류의 통각 수용과 고통 인지 가능성을 공식 인정했고, 최근 여러 연구에서도 여러 종류의 어류가 고통을 느끼고 감각이 있음을 밝혔다. 따라서 어류가 고통을 못 느낀다고 단정하기는 어렵다.

물론 이견이 완전히 사라진 것은 아니다. 일부 학자는 어류의 행동을 의식적 고통이 아닌 무의식적 반사로 해석하기도 하지만, 어류도 통증을 느끼고 스트레스를 받는 것으로 보이며, 결과적으로 불필요한 고통을 피하도록 해야 한다는 견해가 점차 커지고 있다.

생명에 대한 최소한의 예의

이러한 인식 변화는 수산업에서의 물고기 취급과 도살 방식에 대한 윤리적 논의를 일으켰다. 현재 대부분의 상업 어업과 양식에서 물고기를 죽이는 방식은 인도적 도살(humane slaughter)의 기준에서 볼 때 매우 무자비하다. 가축의 경우 많은 나라에서 도살 직전 전기 충격이나 기계적 충격으로 의식을 잃게 하는 사전 기절(stunning)이 법적 의무이지만, 어류는 주요 축산동물보호법의 적용을 받지 않는 경우가 많다.

예를 들어 미국의 휴먼 슬로터 액트(Humane Slaughter Act) 연방법은 소·돼지·가금류 등 포유류와 조류에만 적용되고, 어류에는 명시적으로 제외되었다. EU의 경우 2013년 도살 규정에 수산 동물도 고통과 스트레스를 최대한 피하도록 요구한다고 명시되어 있으나, 구체적인 이행 지침이 부족해 나라별로 편차가 크다.

결국 전 세계 대부분의 수산물 생산 현장에서 물고기는 산 채로 느린 질식사를 당하거나, 의식이 있는 상태로 내장 적출, 피 빼기 절차를 겪는 것이 현실이다. 어획된 생선을 살려서 운반하는 활어 유통이 발달한 우리나라나 동아시아에서도 최종적으로 식당이나 가정에서 생선을 손질할 때 별도 기절 없이 곧바로 칼질하는 경우가 보통이다. 산업적 규모의 어류 도살장에서는 얼음물에 어류를 넣어 저온 마비 상태에서 질식시키거나, 전기 욕조에 통과시켜 기절과 죽음을 유도하기도 한다. 그러나 얼음물에 넣는 방식은 물고기가 의식을 유지한 채 서서히 질식하는 잔인한 방법으로 밝혀졌고, EU 등은 이를 비윤리적 도살 방법으로 지양하고 있다.

물고기의 고통을 최소화하는 도살 방법으로는 크게 전기 충격식과 타격식이 권장된다. 전기 충격은 일정 전압 이상의 전류를 짧게 흘려보내 뇌신경을 순간 마비시키는 것으로, 연어 등의 대형 어류를 한꺼번에 기절시키는 장비가 실용화되어 있다. 다만 전기 자극만으로는 완전한 죽음에 이르지 않을 수 있어, 즉시 아가미를 절개해 피를 빼거나 머리를 절단해 확실히 도살한다. 타격식은 일종의 '척추 충격법(Ikejime)'과 유사한데, 인도적 도살에선 해머나 볼트 건으로 머리를 강하게 쳐서 즉각 뇌사시킨 후 신속히 피를 빼는 방식을 쓴다. 일본에서는 예부터 어획한 활어를 즉시 뇌에 강타하여 신경을 끊는 척추 충격법이 음식의 신선도와 맛을 높이는 전통으로 이어져 왔는데, 이 방법이 사실상 물고기의 고통을 줄이는 최선의 도살법이기도 하다.

연구에 따르면 전기나 기계적 충격으로 기절시키지 않고 아가미 절개만 할 경우 물고기가 의식을 잃는 데 몇 분이 걸릴 수도 있다. 한 실험에서는 전기 기절 없이 아가미를 잘라 출혈시킨 대서양 연어가 평균 4분 이상 의식을 유지했고, 일부 개체는 7분 30초까지 고통을 느낄 수 있다는 결과가 있었다. 이는 돼지나 소를 산 채로 몇 분씩 방치하는 것과 마찬가지로 비윤리적인 일이다. 더욱이 어획 후 처리 과정에서 물고기들은 고밀도로 쌓여 압사하거나, 물 밖으로 끌어올려진 뒤 산소 부족으로 서서히 질식하는 일이 다반사다.

수산물 동물복지

다행히 최근 일부 국가에서는 수산물 동물복지에 대한 기준을 정립하기 시작했다. 영국은 2022년 동물 감각법(Animal Sentience Act)으로 어류와 연체동물도 적용 동물로 인정했다. 칠레, 노르웨이 등 주요 양식업 국가에서는 양식어류 도살 시 기절 처리를 산업표준으로 채택하고 모니터링을 강화하고 있다. 민간 부문에서도 글로벌 유통기업들이 공급망의 어류 복지 기준을 요구하거나, ASC 인증 등에 도살 방법을 포함하려는 움직임이 있다. 이러한 변화는 비록 초기 단계이지만, 지향점이 단순히 자원 보존에서 나아가 동물 윤리까지 포괄하고 있음을 보여준다. 소비자는 이런 정보를 접하면서 윤리적 어획 방법을 거친 수산물을 선호하거나, 잔혹한 도살 장면이 공개된 물고기 소비에 거부감을 표할 수 있다. 2021년 미국의 한 보도에서 미시시피 메기 공장에서 물고기들이 기절 없이 도살되는 영상이 공개되자, 큰 반향이 일어났고 어류 도살 규제 마련을 촉구하기도 했다.

물고기의 고통 문제를 논하는 것은 단순히 동정심의 문제가 아니라, 인간이 일상적으로 소비하는 식품에 내재한 윤리적 비용을 직시한다는 의미가 있다. 산업혁명 이후 인간은 축산동물에 대해서도 비슷한 과정을 거쳐 복지 기준을 정립해 왔고, 오늘날에는 수산 동물에까지 그 범위를 확장하고 있다. 이러한 움직임은 식품 생산의 윤리성에 대한 소비자의 관심과 맞물려 더욱 진전되어야 할 것으로 보인다. 그들에 대한 생명윤리 지침과 복지개념으로의 개선은 결국 그들을 소비하는 인류의 건강한 삶에도 직접적으로 연결되어 있으니 말이다. 앞으로 과학 연구를 통해 물고기의 감각과 인지에 대한 이해가 깊어질수록, 수산업 전반의 관행도 변화해야 할 것이다.

생각해 볼 문제

사랑하니까 먹을까?

AI 생성 이미지

강원도 화천에서는 매년 '산천어 축제'가 열립니다. 이 축제는 전국적으로 알려져 매년 백만 명이 넘는 사람들이 찾고 있는 행사가 되었습니다. 산천어라는 어류를 다양한 형태로 잡고, 먹고, 즐기며 진행되는 이 며칠간의 일정은 여러 매체를 통해 알려지고, 지속적으로 규모가 커지고 있습니다. 하지만 한편에선 환경에 대한 걱정과 고민을 하는 사람들이 우려의 목소리를 내기도 합니다.

우선, 행사 주최 측에서는 매년 더욱더 많은 사람이 찾아오고 있는 행사의 수요를 감당하기 위해 양식의 규모를 대폭 늘려야 하는 상황이 되었습니다. 아마도 자연 그대로의 경험을 산속에서 물을 접하고, 그 속의 어류를 체험하고자 하는 바가 행사 참여자들의 기대와 바람이었을 텐데, 이미 그 수용 규모를 넘어서, 추가적인 지원책이 필수적으로 수반되어야 하는 상황이 되어 버린 것입니다.

또한 산천어를 맨손으로 잡는 '맨손 잡기'는 이 축제의 상징적인 행사인데, 이 과정이 매우 가학적이고 폭력적이라 합니다. 차가운 물 속에 사는 산천어는 따뜻한 사람의 손에 닿았을 때 매우 큰 고통을 느낀다고 해요. 맨손에 잡혀 물 위로 올라와 퍼덕거리다 금세 죽어버리고, 혹자들은 산천어에 충격을 가해 기절시키기도 하죠. 땅바닥에 떨어진 산천어들이 지상에서 발버둥치다가 숨이 막혀, 입만 뻐끔뻐끔하는 장면들이 목격되는데, 이 행사에서 죽어가는 산천어가 수십만을 훨씬 넘어섭니다.

이 축제가 '산천어'가 '사람'에게 생명을 내어주어 그 몸을 취하는 그 '가치'의 '무게'를 단순한 '즐길 거리'로만 치부하게 만드는 건 아닌지, 이런 축제가 장기적으로 지속 가능한 것인지에 대한 문제도 제기되고 있습니다. 물론, 인구도 많지 않은 지역에서 이렇게 커다란 전국 규모의 행사를 만들어 활기가 생겼는데, 지속적으로 문제를 제기하면서 '지역경제 활성화'에 찬물을 끼얹는 것은 아니냐는 정반대의 비판도 있습니다. 여러 이해당사자의 입장이 대립하면서, 당연히 복잡한 문제이고 쉽게 해결할 수 없는 일입니다.

하지만, 사람과 산천어가 함께 즐거울 수 있는, 그리고 인위적인 연출과 공급을 하지 않으면서도 충분히 자연과 교감하고 지속 가능한 방법의 축제로 어떻게 변화해 나갈 것인가에 대한 성찰도 필요한 순간이 된 것은 아닌지…. 생각해 봅니다.

7. 그래서 우리는?

수산업은 인류에게 풍부한 영양을 제공해 온 은혜로운 식량원입니다. 바다에서 얻은 먹거리는 건강한 단백질과 필수 지방산으로 우리의 식단을 풍요롭게 하지만, 그 이면에는 자원의 한계와 환경윤리, 동물복지의 숙제가 놓여 있습니다. 해산물은 식문화에서 값진 식품이지만, 남획과 혼획으로 상징되는 현대 어업의 지속적인 위협은 반드시 해결해야 할 문제입니다. 양식업의 성장 또한 먹거리 공급을 늘렸지만, 환경오염과 야생자원의 이용과 상호작용, 어류 복지 등의 측면에서 여전히 개선이 필요합니다.

이때, 소비자들은 '각자의 소비'라는 '작은 힘'을 모아 큰 변화를 끌어낼 수 있다고 생각합니다. 식탁에 오르는 생선 한 토막의 출처에 관심을 두고, 지속 가능한 방식으로 얻어진 수산물을 선택할 때 시장은 변화할 수 있을 것입니다. 기업과 어업인들에게는 친환경·윤리적 생산을 추구하도록, 정부에는 더욱더 엄격한 관리와 관련 정책의 재정을 요구하는 목소리를 내야 합니다. 최근에는 생선까지 포함한 ASC와 같은 양식장 인증제도가 확산하여, 생산 과정에서 환경·사회적 기준을 준수한 양식 수산물만을 소비하려는 움직임이 있습니다.

바른 먹거리, 착한 소비의 시작은 인간과 자연이 조화를 이루는 지속 가능한 식량 시스템을 만들어 가는 것이라 생각합니다. 다행히도, 과학기술의 발전과 인식 변화 덕분에 이러한 전환은 충분히 가능해 보입니다. 예컨대 해양 생태계 보호구역을 확대하고, 어선의 어획량을 과학적으로 관리하여 남획을 억제하면 많은 어족이 회복력을 발휘해 번성한다는 사실이 입증되고 있습니다.

또한 이러한 구조적 문제점들을 소비자들에게 다양한 방법으로 지속적으로 알리고, 이와 같은 부분들이 고려된 소비를 장려해 소비자들이 변화하면 세상도 변할 것입니다. FAO는 어업과 양식업의 성장은 세계 식량 안보에 필수적이지만, 남획과 서식지 파괴 등의 도전에 대응하려면 더욱 커다란 노력이 필요하며, 식품 시스템 전반을 혁신하여 수산물을 지속 가능하게 생산·관리·소비함으로써 수산업과 종사자들, 그리고 해양 생물다양성을 함께 지켜야 한다고 이야기하고 있습니다. 이는 곧 '바른 먹거리 착한 소비'를 통해 인류와 바다의 공존을 이어 나아가야 함을 뜻한다고 생각합니다.

○ 표 4 친환경 수산물의 인증표시

구분	국문	영문
유기 수산물	유기식품 (ORGANIC) 해양수산부	ORGANIC MOF KOREA
무항생제 수산물	무항생제 (NON ANTIBIOTIC) 해양수산부	NON ANTIBIOTIC MOF KOREA
활성처리제 비사용 수산물	활성처리제 비 사 용 (NON ACTIVATOR) 해양수산부	NON ACTIVATOR MOF KOREA

출처: 법제처

지속 가능한 수산업을 위한 과제는 명확합니다. 우리는 필요한 만큼 잡고, 먹을 만큼 소비하며, 남기고 버리는 것을 줄여야 합니다. 그리고 이 과정에서 바다 생태계의 자생 능력을 넘어서는 착취를 하지 말아야 하며, 고통을 느끼는 생명으로서의 해양생물을 존중해야 합니다. 이러한 원칙들이 지켜질 때, 우리는 수산물을 바른 먹거리라 할 수 있고, 이런 바른 먹거리를 선택하는 착한 소비를 통해서 우리 스스로, 그리고 인류를 지속 가능하게 할 수 있습니다. '고마운 환경', '고마운 바다'를 미래 세대에 물려줄 수 있는가는 결국 우리의 실천, 소비에 달려 있다고 생각합니다. 균형 잡힌 과학적 식견과 윤리적 성찰을 바탕으로, 환경과 바다, 인류 모두에게 이로운 공생이 이루어지길 바랍니다.

이번 장에서는 오늘날의 농업을 돌아보고, 관련한 주요 이슈들을 바탕으로 우리는 '어떻게 소비해야 하는가?'를 생각해 보고자 합니다.

3장

농업

들어가기 전에

귀농 20년 차 농부, 아버지(2016.5.)

저는 농부님들을 좋아합니다. 제 아버지도 은퇴 이후에는 고향인 경기도 시골로 귀향하셔서 농사를 짓다가 돌아가셨습니다. 덕분에 저도 20대 때에는 주말마다 시골에 내려가 부친의 일을 도와 나무를 심고 밭을 가꾸어 먹으며 참 좋은 시절을 보냈습니다.

농사는 정직하고 자연스럽고 성실한 것이라 배웠으며, 그렇게 경험했습니다. 세상에는 공정한 것도 많지만 그렇지 않은 것도 적지 않다고 생각하는데, 농부는 땀 흘려 일한 만큼의 결실을 얻을 수 있다는 것을 오랜 경험으로 배웠고 그렇게 믿고 있습니다.

어릴 때, 동화책으로 읽었던 '포도밭의 보물'이라는 이솝우화가 있습니다. 포도밭에 유산을 묻어 두었으니 찾아보라는 마지막 말씀을 뒤로한 아버지의 죽음. 유언을 전해 들은 자녀들은 한철 내내 포도밭을 뒤지고 골랐지만, 보물은 찾지 못했습니다. 그러나 유산을 찾느라 돌을 고르고, 잘 다져진 밭에서 풍성한 포도가 열매를 맺은 것을 보면서 아버지의 유산이 사실은 '성실한 노동으로 열매 맺은 값진 결실'이라는 것을 깨닫게 되지요. 이 이야기는 지금도 저에게 '농업은 무엇인가?'에 대한 '대답'으로 남아 있습니다.

농업은 동서고금 여러 지역의 대표적인 노동이자 매우 중요한 삶의 방식이었습니다. 하지만 이제는 농업도 기술개발과 세계화, 복잡한 국제관계 속에서 단순한 '땀의 대가'라고 그 가치를 단순화할 수는 없는 듯합니다. 하여 이번 장에서는 오늘날의 농업을 돌아보고, 관련한 주요 이슈들을 바탕으로 우리는 '어떻게 소비해야 하는가?'를 생각해 보고자 합니다.

먼저, 농사, 농업과 관련한 간단한 용어를 정리한 후 본격적인 이야기를 시작하겠습니다.

농사(농경, 전농): 씨앗을 뿌리고 결실을 거두는 일. 우리가 알고 있는 농부님들의 일
농업: 농사를 산업적으로 하는 것. 넓게는 낙농업과 나무를 기르는 임업도 포함
산업농: 농사의 산업적 목적을 중심으로 하는 농부, 농업협동조합, 농업기업
농경사회: 농사를 중심으로 조직된 사람들, 시대, 지역
근재농경(根栽農耕): '곡류'가 아닌 뿌리와 줄기 작물 중심의 농업 형태
근재농경(近在農耕): 가까운 곳에서 이루어지는 근거리 농업(자연, 지역과 가깝게)
토양유실: 논, 경작지 감소, 기후변화로 일어나는 농경 가능지 감소

1. 전통 농업

인류의 농업은 약 1만 년 전 신석기 시대에 '비옥한 초승달 지대(현재의 이라크·터키·시리아·요르단 일대)'에서 시작되었다고 한다. 초기 농경사회에서는 밀, 보리, 쌀, 옥수수 등 다양한 작물들이 각지에서 독립적으로 재배되었고, 가축의 사육도 병행되었다.

이러한 초기 농업은 주로 인력과 가축 노동에 의존하고, 거름 등 유기비료와 윤작을 활용하여 토양을 비옥하게 했다. 농부들은 안정적인 식량 생산을 위해 보완적인 구황 작물을 다양하게 재배했으며, 병충해나 잡초로 인한 생산량 손실은 잡초를 손으로 제거하며 조정하고, 연기로 해충을 퇴치하는 방법을 활용했다. 농경사회는 비옥한 평야 지대뿐만 아니라, 산간 지역에서도 형성되었고 세계 여러 지역에서 다양한 농업 방식이 행해졌다.

동북미 지역과 남미 안데스산맥 지역의 농업

동북미 지역에서는 약 3,500년 전(기원전 1500년경)에 농업이 등장했다. 해바라기, 호박과 같은 지역 고유의 식물들을 독자적으로 작물화한 '농업의 독립 기원지' 중 하나로 밝혀졌으며, 이후 옥수수와 같은 작물들이 도입되는 등 오랫동안 점진적으로 농업이 발달한 것으로 알려졌다. 남미 안데스산맥의 고산지대는 척박한 환경에서 이뤄진 전통 농업의 대표적인 사례이다.

기원전 250년~기원전 240년경부터 페루 남부 고지대의 쿠타말라(Cutamalla) 유적지 같은 곳에 '계단식 농경지(terraced farmland)'를 조성하여 옥수수, 감자, 오카, 마슈아 등을 재배했다. 이러한 계단식 농경은 토양유실을 방지하고 물을 효율적으로 관리하며, 기후에 맞게 농법을 조절하여 제한된 환경에서도 농업 생산성을 높이는 지혜를 보여준다. 안데스 지역의 전통 농업은 수백, 수천 년에 걸쳐서 진행된 지속적인 실험의 결과물로, 높은 생물다양성을 기반으로 환경에 적응한 결과를 보여준다.

안데스산맥의 계단식 농경지(Colca Canyon, Peru)
출처: Tydence Davis from Las Vegas

동남아시아의 농업

동남아시아에서는 토란, 참마와 같은 뿌리 작물을 중심으로 한 원예 농업이 초기에 발달했으며, 벼농사도 중요했다. 이 지역 작물들과 작물화 과정은 매우 복잡한데, 다양한 주체들이 여러 지역의 환경에 적합한 작물과 재배 방식들을 활용하며 보급된 것으로 알려져 있다.

한국의 전통 농업

우리 민족은 오랫동안 농업을 바탕으로 살아왔다. 구체적인 농법은 조선시대 세종대왕(1418~1450년 재위)의 명으로 1429년에 편찬된 『농사직설(農事直說)』을 통해 확인할 수 있다. 『농사직설』은 우리 기후와 풍토에 맞는 농법을 집대성한 최초의 농서로 벼농사를 중심으로 다양한 재배 기술과 쟁기, 써레, 호미 등의 농기구 사용법, 인분, 우마분, 녹비 등 거름의 활용법을 상세히 기록하여 당시 농업 기술 발전에 크게 기여했다. 이는 중국 농서에 의존하던 이전 시대의 한계를 넘어 우리 지역과 기후, 환경에 맞는 작물과 농사법을 연구한 결과를 보급한 것으로 우리의 독자적인 농업 기술 체계를 확립한 중요한 업적으로 평가된다.

생각해 볼 문제

농사 동아리 '도담도담'

제1장 '축산업'에서 언급했던 텃밭동아리에서 '닭'을 키울 수는 없었지만, 텃밭을 가꾸고 여러 채소를 재배하는 활동을 했습니다. 이를 통해 작물들이 자라는 과정을 직접 확인하고 학생들과 자연에서 다양한 것을 배울 수 있었습니다.

작물을 기르는 법과 재배 시기를 알 수 있게 되었고, 비닐하우스가 아닌 노지(야외 텃밭)에서 기른 잎채소들이 얼마나 더 거칠고 두꺼운지를 직접 기르고 먹어보며 배웠습니다. 그리고 시장이나 마트에서 구매하는 감자와 우리가 직접 기른 감자의 맛과 크기, 모양이 어찌나 달랐는지, '얼마나 잘 가꿔지고 선별된 것들만 시장에 나오는 것일까?'라는 질문을 자연스럽게 하게 되었습니다.

조그마한 텃밭이었지만, 그 몇 줄 안 되는 고랑과 이랑 사이에서 얼마나 많은 채소와 과실을 길러낼 수 있는지도 직접 가꾸고 재배하면서 알게 되고, 넘치게 수확한 채소를 집에 가져가 고기에 싸 먹기도 하고, 학교 축제에서 판매도 했었지요.

텃밭을 직접 가꿈으로써 우리가 먹는 여러 작물은 어떤 자원과 노력이 필요한지, 모양과 크기가 얼마나 다양한지, 시장과 마트에서 판매되는 '상품'에 비해서 질감과 특성이 얼마나 다른지, 비가 많이 내려 물을 잔뜩 머금어 탱글탱글해진 방울토마토와 가뭄이 들어 작고 단단해진 방울토마토의 맛은 어떻게 다른지를 직접 보고, 따고 먹어보며 배울 수 있었습니다. 다양한 환경 요소에 따라서 '자연의 선물'이 어떻게 변하는지를 알아본 경험은 음식을 배우는 학생들에게 좋은 거름이 되었을 것입니다.

음식과 식재료, 조리에 관심이 있는 분들은 꼭 한 번쯤 이런 기회를 가져보시기를 바랍니다. 식재료에 대한 깊은 이해를 바탕으로, 알맞은 식재료를 구입하고 조리하여 음식을 더욱 즐길 수 있게 될 것입니다. ^^

2. 오늘날의 농업: 관행농업에서 산업농업까지

19세기 후반부터 농업에 과학기술이 본격적으로 접목되면서 화학 비료와 유기 합성 농약을 사용하는 관행농업(Conventional Agriculture)이 널리 보급되었다. 1800년대 후반부터 '보르도액(Bordeaux Mixture, 석회와 황산구리 혼합물)'과 같은 '무기농약'이 과수원의 병해를 막는 데 사용되기 시작했고, 특히 1909년 독일의 하버(Haber)와 보슈(Bosch)가 공기 중 질소로 암모니아 비료를 합성하는 데 성공하면서, 질소 비료를 대량 생산할 수 있게 되었다. 이처럼 화학 비료 생산의 기반이 되는 하버-보슈 공정을 통해 20세기 농업 생산량이 폭발적으로 증가했다.

관행농업 시대

화학 기술을 바탕으로 한 농약의 발전 시기는 세 부분으로 나뉘는데, 첫 번째 시기(~1870년)에는 유황, 석회 등 천연 광물이나 식물 추출물을 이용한 전통 방제 방법을 활용했다. 두 번째 시기(1870~1945년경)에는 'Paris Green'이라 불린 화합물, 보르도액(Bordeaux Mixture)과 같은 무기 합성 살균제·살충제가 도입되어 농업에 쓰이기 시작했다. 세 번째 시기인 제2차 세계대전 종전(1945년~) 후에는 유기합성 농약의 혁명이 일어났다. 1940년대에 'DDT'와 같은 유기염소계 살충제, '2, 4-D'와 같은 제초제가 개발되어 해충과 잡초 방제에 탁월한 효과를 보이며 전 세계적으로 폭넓게 사용되었다.

특히 세 번째 시기, 전 세계의 농업 생산 방식을 근본적으로 변화시킨 '관행농업 시대'는 '녹색혁명(Green Revolution)'을 통해 가능할 수 있었다. 녹색혁명이란 식량난을 해결하기 위해 도입된 농업기술 혁신을 의미한다. 제2차 세계대전이 끝나고 인구가 급증함에 따라 식량이 부족해지자 사회가 불안해지고 지정학적 긴장이 고조되었다. 이에 국가 차원에서 '식량 자급자족'을 목표로 삼고 화학공학 같은 과학기술을 농업에 적극적으로 응용하기 시작했으며, 트랙터와 콤바인 같은 농기계도 널리 보급되면서 경작 규모와 생산성이 크게 향상되었다.

녹색혁명: 화학 비료와 농약에 기반한 대규모 농업의 등장

1950년대에 이르러 개발도상국을 중심으로 '녹색혁명(Green Revolution)'이라고 불리는 농업 생산 증대 운동이 전개되었다. 멕시코와 인도 등지에서 추진된 녹색혁명의 핵심은 '다수확 품종(HYV, High Yield Variety)'의 개발과 보급, 화학 비료와 농약의 집중 투입, 관개시설 확충, 이모작 장려, 그리고 정부의 농가 지원과 같이 다양한 정책들의 조합으로 이루어졌다.

녹색혁명의 대표적인 다수확 품종은 미국의 농학자이자 '녹색혁명의 아버지'라 불리는 '노먼 볼로그(Norman Borlaug)'가 개발한 '반왜성(半矮性, semi-dwarf) 밀'이다. '반왜성 밀'은 키가 작아 밀 낟알을 만드는 데 효율적이었으며, 잘 쓰러지지 않았고 비료까지 잘 흡수해 수확률이 많이 증가했다. 1966년에 IRRI(국제미작연구소, International Rice Research Institute)가 개발한 'IR8'은 최초로 개발된 반왜성 쌀 품종으로 재래종보다 2~3배 많은 수확을 할 수 있어, '기적의 쌀(Miracle Rice)'이라 불렸다.

인도와 필리핀, 베트남과 같은 개발도상국들이 다수확 품종들과 화학 비료, 농약을 활용한 녹색혁명의 혜택을 받아 극적인 곡물 증산을 이루었다. 식량 수입에 의존하던 나라들이 자급하는 수출국으로 변모하는 등 단기간에 생산량을 비약적으로 늘릴 수 있었고, 크게 변화하는 계기가 되었다. 녹색혁명의 결과로 1960년대 이후, 약 30년 동안 관련국들의 경작지는 불과 30% 정도 늘어난 반면 곡물 생산량은 약 300%가 증가했다.

녹색혁명은 단위 면적당 수확량 증대를 통해 급증하는 인류의 식량 수요를 충족시킨 사례로 역사에 기록되었고, 전 세계 10억 명이 넘는 사람들이 기아에서 구제되었으며, 국제 곡물 가격이 하락하고 식량 안보와 빈곤 완화에도 이바지한 것으로 평가받는다.

녹색혁명과 그에 따른 대규모 관행농업의 확산은 전 지구적 식량 생산을 비약적으로 증가시킨 한편, 농업 방식에 큰 변화를 초래했다. 전통적으로 지역 고유 품종과 유기 투입재에 의존하던 소농 중심의 농업이 상업적 단일경작(Monoculture)과 외부 생산 자재(비료·농약·개량종자 등)에 의존하는 산업형 농업(Industrial Agriculture)으로 전환된 것이다.

대한민국의 관행농업

우리나라는 1910년, 일제강점기에 '유안(황산암모늄, Ammonium Sulfate, $(NH_4)_2SO_4$)'을 대규모로 생산하기 시작했다. 과인산석회와 유안 생산은 일본 농업의 현대화를 촉진하며 식민지 조선의 산미증식계획(1920~1934년)에 큰 영향을 미쳤고, 일본은 조선에서 쌀 생산을 늘리기 위해 이런 비료들을 적극적으로 보급했다. 일본의 농학자들도 일본 개량 품종에 적합한 수전 농법(논에 물을 대어 농사짓는 법)을 보급했고 조선 총독부는 증산을 위해 비료 투입을 통한 토지 개량을 적극 추진했다.

1918년, 일본은 쌀 폭동이 일어나 더 많은 조선 쌀이 필요한 상황이었다. 조선의 개량 품종 생산량은 초기에 300평당 1.3석 정도였으나, 1920년대에는 약 1.1석 수준으로 오히려 감소했다. 일본은 비료를 대량 투입하여 생산성을 끌어 올리는 것은 한계에 다다랐다고 판단하여 대규모 관개시설을 통한 '수전 농법'을 보급하고 늘려나갔다. 애초 목표한 만큼의 성과를 거두지는 못했지만, 관개시설을 갖춘 수전의 비율이 22%에서 68%로 증가했고, 개량 품종의 확대와 화학 비료의 사용으로 생산량이 약 1.4배 늘었다. 그러나 조선의 쌀은 약 다섯 배에 가깝게 일본으로 유출되어 산미증산계획의 결과로 올라간 생산분을 훨씬 초과했다.

한전(물을 필요한 때에만 대어서 채소나 곡류를 농사짓는 땅)에서 수전으로의 전환 결과, 1937~1938년 쌀을 재배하는 수전과 한전의 면적을 비교하면 수전은 9만 4,000정보(1정보 = 3천 평)였던 반면, 한전은 1만 3,000정보에 불과했다. 즉, 한전 농법을 중심으로 다양한 작물을 생산하던 조선의 농업 체계가 산미증식계획을 계기로 수전 농법으로 대대적으로 전환되어 쌀 생산에 집중하는 형태로 바뀌었다. 우리나라의 기후와 풍토에 기초한 '다양한 곡물의 생산 방식'이 일본의 식량 공급 식민지로서 쌀생산에 초점을 맞추어, 화학 비료와 대규모 수리 사업을 기초로 한 '벼 단작 농업 구조'로 전환된 것이다.

우리 정부는 통일벼 품종 개발과 보급을 필두로 한 품종혁명과 함께, 농약·비료 투입과 관개시설 확충 정책으로 쌀 수확량을 지속해서 늘려나갔다. 그 결과 우리는 1970년대 후반에 이르러 쌀을 자급자족할 수 있게 되었다. 이 당시 한국의 화학 비료 사용량은 비약적으로 증가하여 1980년대에는 헥타르당 비료 투입량 세계 최고 수준을 기록하기도 했다.

일제강점기의 농사

1930년대, 못줄을 이용하여 줄지어 모내기하는 장면

출처: 우리역사넷

녹색혁명(관행농업)의 핵심 기술

① 다수확 품종(High-Yielding Varieties, HYVs)

녹색혁명의 핵심은 밀, 쌀, 옥수수 등 생산성을 높인 품종들의 개발이었다. 이들 HYVs는 키가 작아(semi-dwarf) 잘 쓰러지지 않았으며, 화학 비료에 대한 반응성도 높아 화학 비료 투입 시 수확량을 크게 늘릴 수 있었다.

② 화학 비료

농가에서는 이미 오랫동안 우분과 같은 유기물 비료를 활용하고 있었다. 질소, 칼륨 같은 영양소까지는 알지 못했지만, 유기질 비료의 역할을 알고 있었던 것이다. 세계 최초의 화학 비료인 과인산석회는 1843년에 처음 생산되었고 1913년에는 질소 비료의 제조가 급속히 증가하였다.

일본 정부는 벼농사 수확량 증가를 위해 다비다수(多肥多收, 다량의 비료를 투입하여 다수확을 거두는 방법)의 노선을 취하였고, 단일비료 이용 기술이 등장하면서 화학 비료를 적극 활용하게 되었다.

③ 합성 농약

단일 작물을 넓은 면적에 재배하는 단작(monoculture)이 확산하면서 병해충 발생의 위험과 규모가 매우 높아졌고, 이를 위한 화학 살충제, 살균제, 제초제가 광범위하게 개발되고 사용되었다.

④ 관계 시설 확충

다수확 품종은 충분한 물 공급이 이루어질 때 최대의 생산성을 발휘하므로, 현대적인 대규모 관개시설의 적용이 병행되었다.

⑤ 기계화

트랙터, 콤바인, 이앙기 등 농기계의 도입은 파종, 관리, 수확 등의 효율성을 극대화하고 대규모 영농을 가능하게 했다. 또한, 대규모 생산이 가능해짐에 따라 실질적인 생산 비용을 절감하는 역할도 가져왔다.

⑥ 단작(Monoculture)

특정 작물에 대한 전문화와 기계화의 효율성을 높이기 위해 넓은 면적에 경제적이며 가치가 높은 단일 작물을 재배하여 생산성을 높였다.

득과 실: 생산성 증대를 위해 희생된 환경적 & 사회경제적 비용

관행농업과 녹색혁명은 식량 생산성 증대라는 명확한 성과를 거두었지만, 동시에 상당한 환경적, 사회경제적 비용을 발생시켰다.

①관행 농업의 장점

산업적 관행 농업(Industrial conventional agriculture)은 현대 농업의 주류 형태가 되었다. 이러한 방식이 가져온 가장 큰 혜택은 무엇보다 단위 면적당 수확량 증대와 농업 생산성 향상이다. 관행농업은 인구 폭발 시대에 식량 공급을 뒷받침하며 전반적인 식량 가격 안정과 농가 소득 증대를 이끌었다. 화학 비료와 살충제 사용을 통해 농작물의 병충해 피해를 줄이고 다수확을 도모함으로써, 식량의 안정적 공급과 농산물 가격 하락이라는 사회경제적 편익이 발생했다. 또한 기계화로 농작업이 효율화되면서 젊은 인력이 농업 외 부문으로 이동할 수 있었고, 이를 통해 국가 경제발전에 필요한 노동력 재배치에 기여한 측면도 있다. 대규모 단작 재배는 농업을 일종의 공업 공정처럼 표준화하여 운영비용을 절감하고 생산성을 높였다.

결과적으로 20세기 후반의 세계 곡물 생산량이 크게 증가했다. 관련 연구에 따르면 전 세계적으로 관행농업을 전파한 녹색혁명으로 농촌의 빈곤율이 일정 부분 감소했고, 일인당 칼로리 섭취 증가로 인류 전반의 영양 상태가 개선되었다고 한다.

② 관행농업의 단점

관행농업의 혜택 이면의 문제점들은 얼마 지나지 않아 드러나기 시작했다.

첫째, 환경 생태계에 대한 부정적 영향이 큰데, 병해충 방제를 위해 대량 살포된 합성농약 중 불과 1%만 해충 구제에 실질적으로 작용하고, 나머지 99%는 주변의 비표적 생물과 토양·수질을 오염시킨다는 연구 결과도 있다.

살충제의 지속적인 사용은 해충뿐 아니라 거미와 꿀벌, 조류와 같은 유익한 곤충과 야생생물의 개체수 감소를 초래하고, 먹이사슬을 통해 독성이 누적되어 농약에 노출된 다양한 생물들의 건강에 악영향을 끼쳐 결과적으로 생물다양성을 저해한다. 또한 제초제에 내성을 지닌 '슈퍼 잡초(Super Weed)'가 출현하여, 이를 제거하기 위해 더 강력한 제초제가 필요한 경우도 생겨나고 있다.

둘째, 수자원 오염 문제가 있다. 과다 사용된 잉여 비료가 토양에 축적되고 빗물에 씻겨내려 지하수를 오염시키고 인근 하천과 강의 부영양화를 일으킨다. 또한 질소 비료 성분인 질산염(NO_3)은 지하수에 스며들어 농촌 지역의 식수원에 혼입될 위험성도 있다.

셋째, 경운과 개간으로 인해 토양의 유기물 함량이 감소하고 토양 구조가 악화하여, 장기적으로 지력 저하와 토양 침식이 가속화된다. 유엔식량농업기구(FAO)는 전 세계 토양의 약 33%가 이미 중도 이상으로 퇴화한(degraded) 상태이며, 이런 추세가 지속되면 2050년까지 90% 이상의 토양이 황폐화될 수 있다고 밝혔다. 집약 경작으로 인한 토양 침식은 전 지구적으로 연간 수십억 톤의 표토가 유실되는 심각한 문제로 대두되고 있다.

넷째, 기후변화에 영향을 끼친다. 현대 농업은 이산화탄소, 메탄, 아산화질소 등의 온실가스를 다량 배출한다. 경운과 개간으로 토양에 저장된 탄소가 대기로 방출되고, 질소 비료 사용으로 토양 미생물이 아산화질소(N_2O)를 배출하며, 벼농사의 담수 관개에서는 메탄(CH_4)이 발생한다. 이러한 농업 부문의 온실가스 배출은 전체 인류 배출량의 약 10~12%를 차지하며, 산림벌채 등 토지이용 변화까지 포함하면 식품 생산체계 전체에서 약 33%의 온실가스를 배출하는 것으로 나타났다. 다시 말해 기후 위기를 초래하는 주요 원인 중 하나가 현행 농업 방식인 셈이다. 더욱이 기후변화는 다시 농업에 가뭄, 홍수, 병충해 확산 등으로 악영향을 미치고 있어, 관행농업의 지속 가능성을 위협하고 있다.

다섯째, 건강에 대한 우려이다. 고투입 농업 방식이 잔류농약이나 질산염 등 유해물질의 섭취 증가를 불러와 소비자 건강에 잠재적 위험의 우려를 낳고 있다. 식품에 남아 있는 살충제나 제초제는 극미량이라도 장기간 섭취하면 내분비계 교란이나 신경계 영향 등의 문제를 일으킬 수 있으며, 농약 살포 노동자들의 직업병 발생도 보고되고 있다. 또한 단일 품종에 의존한 획일적 식단은 영양 불균형이나 생활습관병(곡물 위주 식단에 따른 당뇨나 비만) 문제로 이어지기도 한다.

여섯째, 마지막으로 사회·경제적 측면의 문제다. 대규모 산업농업은 영세 소농의 몰락과 농촌 공동체의 해체를 불러오기도 한다. 소규모 농가는 산업농업과의 가격경쟁에서 도태되기 쉽고, 선진국에서 막대한 보조금을 바탕으로 생산되는 곡물의 저가 수출이 개발도상국 농민의 생계를 위협하는 문제도 발생한다. 단기적으로는 값싼 농산물이 소비자에게 혜택으로 보일 수 있으나, 지역농업의 몰락으로 식량 자급 능력을 상실한 국가는 결과적으로 외부의 식량에 의존할 수밖에 없는 상황에 놓이며, 이때 식량 부족과 같은 문제가 발생하면 민생이 파탄 나는 사례들이 있기 때문이다.

또한 소수 다국적 기업이 종자, 비료, 농약 등 농자재 시장을 과점하면서 농민들은 기업의 독점 기술(특히 종자)에 의존하게 되어 종자 주권을 잃고 경쟁력이 줄어들었다. 이처럼 관행농업은 높은 효율성이라는 명확한 강점이 있지만, 환경 파괴와 기후변화 가속, 생물다양성 감소, 농촌사회경제 문제 등 다양한 문제점도 있다.

'관행농업'의 한계?

한 연구에 따르면 현재의 관행농업 방식에서 농약을 사용하지 않는다면 병해충으로 인한 수확 감소가 과일 78%, 채소 54%, 곡물 32%에 이를 수 있다고 한다.

전 세계 경작지의 대다수(80~90% 이상)가 이러한 관행농업 방식으로 경작되고 있다. 주요 작물은 쌀, 밀, 옥수수, 대두 등 인류 주식 및 사료 작물로, 단작(monoculture) 형태의 대규모 경작이 일반적이다. 관행농업은 현재 세계 식량 공급을 떠받치는 주요 농업 방식이지만, 그것이 내재한 문제점들을 해결하기 위한 대책이 요구되고 있다.

전통농업에서 관행농업으로의 전환은 단순히 기술의 변화만을 의미하지 않는다. 지역 생태계와의 조화와 공생이라는 전통농업에서 외부 자원의 투입을 통해 환경을 통제하고 이용하는 관행농업으로 전환, 즉 농업에 대한 인간의 근본적인 관점과 사고 방식의 변화를 뜻한다. 다양한 토착 품종을 활용하고 지역 환경에 적응해 온 농업과 삶의 방식에서 점점 멀어지고 있다.

녹색혁명을 바탕으로 한 관행농업, 산업농업은 식량 안보 문제를 지금까지 해결해 왔지만, 생각지 못한 새로운 문제들이 나타나고 있다. 오늘날에는 이러한 부정적 영향이 누적됨에 따라, 농업 지속 가능성을 높이려는 움직임이 활발해지고 있다.

생각해 볼 문제

침묵의 봄, 레이첼 카슨

침묵의 봄(Silent Spring)

레이첼 L. 카슨의 동상

1962년, 미국의 해양생물 학자이자 작가였던 '레이첼 카슨(Rachel Carson)'이 관행농업에서 사용하던 농약, 특히 DDT와 같은 살충제의 '대량살포'가 얼마나 심각한 위험을 초래할 수 있는지 조사, 분석한 결과를 바탕으로 『침묵의 봄』이라는 책을 출간했습니다.

제2차 세계대전 이후, 과학의 힘이 맹위를 떨치던 20세기 중반, 그녀의 주장은 많은 전문가와 관련 업계의 비판 대상이 됩니다. 이미 여러 나라에서 병해충 박멸과 식량 증산이라는 커다란 성과를 거둔 '녹색혁명'을 직접 비판하는 일이었으니 당연한 결과였을지도 모르겠습니다.

녹색혁명의 핵심 기술 중 하나인 화학 비료 제조공정, '하버-보슈법'을 공동 개발한 프리츠 하버는 1918년, 카를 보슈는 1931년에 그 공로를 인정받아 각각 노벨 화학상을 받았습니다. 또한, 『침묵의 봄』이 발간된 이후에도 '녹색혁명의 아버지' 노먼 볼로그(Norman Borlaug)가 세계의 식량 부족 문제 해결에 이바지한 성과를 인정받아 1970년 노벨 평화상을 받았지요. 이렇게 전 세계에서 큰 성과를 거둔 업적을 정면으로 비판하는 것은 철저한 조사와 정밀한 연구 근거를 바탕으로, 객관적이고 논리적으로 준비되어야 했고, 이에 더하여 커다란 용기까지도 필요한 어려운 일이었을 겁니다.
하지만, 그녀는 USDA(United States Department of Agriculture, 미국 농무부)가 항공기를 이용해 DDT와 같은 화학 살충제를 광범위한 지역에 무차별적으로 살포하면서 해충을 박멸하는 것을 우려하고 있었습니다. 그러던 중, DDT가 살포된 지역에서 새들이 떼죽음하고 있다는 친구의 편지를 받게 됩니다. 조사를 통해 끔찍한 실태를 파악한 레이첼 카슨은 이에 대한 심각성을 알려야겠다고 결심하고, 1958년부터 1962년까지 약 4년에 걸쳐 『침묵의 봄』을 집필했습니다.

저는 개인적으로 '노란 개나리꽃이 핀 풍경'으로, 그리고 지금은 '유채꽃이 핀 제주의 노란 들판'을 보면서 봄이 시작됨을 느끼곤 했는데요. 미국 사람들은 봄이 왔음을 철새가 돌아오는 모습과 돌아온 새들이 지저귀는 소리를 통해서 느낀다고 합니다. 이런 새들의 모습과 노랫소리가 사라진 봄, 그리고 그 이유가 인간이 만들고 살포하는 농약과 살충제, 살균제 때문일 수 있음을 상징적으로 표현한 '침묵의 봄'이라는 책의 제목은 함축적이고 충격적인 메시지를 대중에게 전할 수 있었습니다. 카슨이 침묵의 봄을 통해 알려준 중요한 내용들은 다음과 같이 정리할 수 있습니다.

첫째, 카슨은 살충제가 해충을 넘어 그것을 둘러싼 생태계 전체에 해를 끼치는 점을 강조해, '살-충제(insecticide)'가 아니라 '살-생물제(biocide)'로 바꿔 불러야 한다고 주장했습니다. 이런 재정의는 살충제가 지니는 광범위한 위험성을 인지시키는 중요한 장치가 되었지요. 또한, DDT와 같은 살충제가 자연에서 쉽게 분해되지 않고 오랫동안 잔류하며 지속적인 오염을 가져올 수 있음을 대중에게 알리는 계기가 되었습니다.
둘째, 카슨은 생태계의 모든 구성 요소가 서로 복잡하게 연결되어 있다는 '생태계의 상호연결성'을 강조했습니다. 살충제가 토양과 물, 식물에 축적되고 먹이사슬을 따라 이동하는데, 특히 생물들의 지방 조직에 축적되는 '생물 농축(bioaccumulation)' 과정을 상세히 설명했습니다. 이 과정을 통해 살충제의 농축은 먹이사슬의 상위 단계로 올라갈수록 더욱 심해지고 최상위 포식자인 조류나 포유류, 그리고 인간에게까지 심각한 영향을 미칠 수 있음을 알렸죠. "자연 속에서는 그 무엇도 홀로 존재하지 않는다(in nature nothing exists alone)"라는 그녀의 표현은 이런 지구상 생물들의 연결을 '시'적으로 전달했습니다.
셋째, 카슨은 생물 농축의 대표적 피해 사례로 조류 개체수의 급격한 감소를 들었습니다. DDT와 같은 살충제는 간접적으로는 새들의 번식 능력을 저해하고 알껍데기를 비정상적으로 얇게 만들어 부화율을 떨어뜨리며, 직접적으로 수많은 새들이 죽음에 이르게 했습니다. 카슨은 이런 관행이 변하지 않으면, 머지않아 봄이 와도 새소리를 들을 수 없는, 생명이 사라진 '봄'이 '침묵'하게 될 것이라고 경고했습니다.

넷째, 살충제는 직간접적으로 곤충뿐만 아니라 인간의 건강에도 심각한 위협이 될 수 있음을 경고했습니다. 살충제에 노출되면 암, 유전적 손상, 간 질환 등 다양한 질병을 유발할 수 있다는 연구 결과들을 제시하며, 특히 성장 과정에 있는 어린이들이 이러한 화학물질에 더욱 취약할 수 있음을 지적했는데, 『침묵의 봄』은 살충제 중독과 암 발병, 기타 질병들의 관계를 여러 장에 걸쳐 자세히 소개했습니다.

다섯째, 카슨은 과학기술에 대한 맹신과 무분별한 사용, 그리고 이를 방관하거나 조장하는 정부 및 산업계에 문제를 제기했습니다. 화학 산업계가 살충제의 위험성에 대한 정보를 은폐하거나 축소, 왜곡하고 있으며, 정부는 이런 업계의 주장을 검증이나 비판 없이 수용하고 있다고 지적한 것입니다.

카슨은 살충제의 완전한 금지를 주장한 것이 아니라, 살충제를 사용할 때 신중하고 안정적으로, 최소한의 사용 원칙을 지킬 것을 촉구했으며, 해충 저항성 발달을 늦추기 위해서라도 가능한 한 적게 살포해야 한다고 제안했습니다. 또한 생물학적 방제와 같은 자연 친화적인 대안을 모색해야 함도 강조했지요.

『침묵의 봄』은 과학기술 자체를 단편적으로 비판한 것이 아니라, 활용 면에서 인간의 건강과 환경에 대한 장기적이고 충분한 고려가 있어야 하며, 단기적인 이익과 효율성만을 추구해서는 안 된다는 근본적인 문제를 제기했습니다. 과학만능주의에 열광하던 당시 사회 분위기와 의식에 경종을 울렸다는 점에서 그 가치를 높게 평가합니다.

그녀는 과학기술이 인류에게 혜택을 줄 수 있지만, 동시에 그 혜택이 불러올 수 있는 부작용에는 깊은 성찰과 책임이 수반되어야 함을 대중에게 알리는 것에서 그치지 않았습니다. 한 걸음 더 나아가, 새로운 기술이 불러올 수 있는 모든 가능성을 충분히 검증하여 투명하게 알려야 한다는 '시민의 알 권리'에 문제를 제기했습니다. '환경'과 관련한 문제는 어떠한 한 분야의 지엽적인 이슈를 넘어, 전 국가와 시민이 함께 고민하고 해결해 나가야 할 '우리 사회의 핵심 요소'임을 알리는 기념비적인 유산을 남긴 것이죠.

『침묵의 봄』이 이뤄낸 마지막 성과는 1970년 미국환경보호청(EPA, Environmental Protection Agency)의 초석을 다졌다는 것입니다. 그녀의 노력은 살충제를 포함한 환경 오염 문제에 대한 시민사회의 관심을 끌어냈고, EPA를 "침묵의 봄이 만들어 낸 그림자"라고 부를 정도로, 정부 차원의 환경 규제 기관이 필요하다는 사회적 공감대를 형성했다는 인정을 받았습니다.

이후, 미국에서는 특정 농약에 대한 규제를 넘어 1963년 대기오염방지법(Clean Air Act) 원안 제정, 1972년 수질오염방지법(Clean Water Act)의 제정, 그리고 1976년 유해물질관리법(Toxic Substances Control Act)의 제정 등 미국 환경 보호의 근간을 이루는 주요 환경 법안들이 제정됩니다.

환경 문제는 보통 시민의 삶과 직결된 보편적 가치가 되었습니다. 저는 이 또한, 침묵의 봄에서 시작해 EPA가 설립되고, 1970년 4월 22일 '지구의 날(Earth Day)' 운동으로까지 이어져, 미국 전역의 수많은 시민이 동참하게 된 것이 전 세계적이고 광범위한 환경 운동으로 피어난 것은 아닐까? 생각해 봅니다.

물론, 『침묵의 봄』은 살충제의 긍정적인 측면(예: 질병 통제, 식량 생산 증대)은 과소평가하고 부정적 측면을 부각하여 객관성과 균형감각이 부족하다는 비판도 받았습니다. 그러나 '녹색혁명'을 통해 관련 업계와 정부가 새로운 과학기술의 개발과 이를 활용한 정책의 성공을 전 세계적으로 인정받으면서, 그 밝은 면만 주목받던 당시에는 카슨이 제기한 문제들은 과학 기술을 맹신하는 듯한 당시 사회에 경각심을 불러오는 중요한 의미가 있었습니다.

『침묵의 봄』이 제기했던 다양한 문제들은 2025년 지금까지도 지속되고 있습니다. 오히려 심화되었다고까지 볼 수 있죠. 이 책이 지금까지도 빛나는 하나의 이유입니다. 벌써 60년도 더 전에 오늘날의 환경문제를 파악하고, 이를 해결하기 위해 우리가 나아갈 방향을 제시해준 역사적인 작품, 『침묵의 봄』을 꼭 한번 읽어보시기 바랍니다.

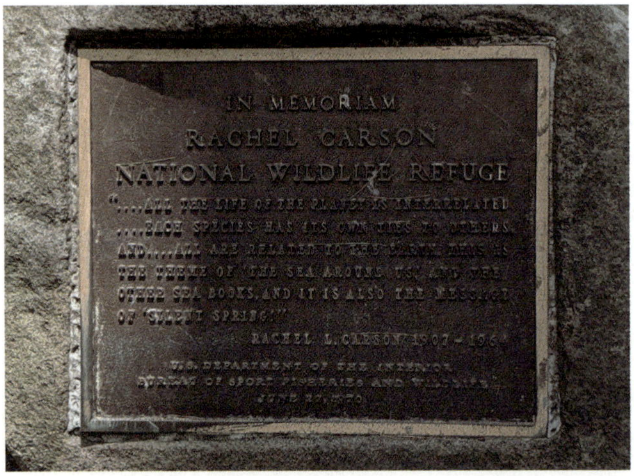

'레이첼 카슨 국립 야생동물 보호지역'의 헌정패
(The dedication plaque for Rachel Carson National Wildlife Refuge)

출처: 위키미디어 커먼스

레이첼 카슨 국립 야생동물 보호구역을 추모하며
이 행성의 모든 생명은 서로 연결되어 있습니다.
각각의 생명들은 다른 생명들과 직접적으로 연결된 관계를 맺고 있으며,
모든 생명은 지구와 이어져 있습니다.
이것이 카슨의 '우리를 둘러싼 바다'와 '다른 바다에 관한 책들'의 주제이며,
『침묵의 봄』이 전하는 메시지이기도 합니다.
레이첼 L. 카슨 1907-1964

3. '자연'과는 조금 다른 느낌, 유전자 조작(Genetically Modified Organism)

관행농업 기술을 토대로 산업농업이 발전하면서, 전에 없던 식량자원의 증산을 이뤄냈다. 이를 이뤄낸 기술적 토대는 외부 자원의 투입이었다. 하지만 인류는 여기서 그치지 않고, 오랜 시간을 들여 개량해 온 작물의 '내부', 그 자체에까지 변형을 주기 시작한다. 소위 유전공학 기술이 태동하면서, 이를 적용하여 전에 없이 새롭게 변형된 품종들을 만들어 내기 시작한 것이다.

유전자 조작 관련 용어 정리

- **GMO(Genetically Modified Organisms, 유전자 재조합 생물)**: 유전자 조작된 생물 전체를 뜻함
- **LMO(Living Modified Organisms, 유전자 재조합 생물체)**: 유전자 조작된 생물체의 원형. 재생산 가능성이 있는(씨앗을 심어 재배가 가능한) 상태인 '살아있는' 것만을 지칭함
- **GE(Genome Editing) 품종**: 유전자 가위 기술로 특정 열성 유전자만을 제거한 품종, 타 유전자를 삽입하지는 않았기 때문에 일반적인 GMO보다는 덜 조작되었다고 평가함
- **BE(BioEngineered) 품종**: 미국 농무부가 GMO를 부르는 새 명칭
- **DB(Derived from BioEngineering, 생명공학적 제조 과정을 거친) 품종**: 'BE'를 부르는 다른 명칭

유전자 혁명: 유전자 변형 기술의 발견과 도입

인류는 약 1만 년 전부터 인위적 선발과 교배를 통해 작물을 개량해 왔는데, 1866년 그레고어 멘델이 완두콩 실험을 통해 유전의 기본 원리를 발견하게 된다. 이후, 1953년 왓슨과 크릭이 DNA 이중나선 구조를 규명하면서 유전학은 비약적으로 발전했다.

식물 형질전환에 중요한 도구인 '아그로박테리움 투메파시엔스(Agrobacterium tumefaciens)'가 식물에 난 상처를 감지하고 유전자를 전달할 수 있는 것이 밝혀졌는데, 식물의 상처 부위에 접근하여 그곳에서 분비되는 신호를 감지한 다음 자신의 유전정보를 다른 식물에 삽입하는 '능력'을 발견한 것이다.

이후 1973년 11월 1일 미국의 생화학자 허버트 보이어(Boyer)와 스탠리 코헨(Cohen)은 시험관에서 한 박테리아의 DNA를 다른 박테리아에 삽입하는, 서로 다른 종

의 DNA를 잘라 붙이는 유전자 재조합 (rDNA, recombinant DNA) 실험에 성공했다.

바로 그다음 해인 1974년 5월 1일, 대장균 안에서 재조합 DNA를 복제함으로써 다른 생물의 유전자를 가진 대장균을 만들어 내는 데 성공했다. 이것이 바로 최초의 유전자 변형 생물체(GMO, Genetically Modified Organism)다.

이후 관련한 다양한 시도가 일어나며, 1982년 미국 FDA는 유전공학으로 만든 인간 인슐린 제제를 세계 최초의 GMO 의약품으로 승인하고 본격적인 GMO의 시대가 열린다. 농업 분야에서는 이 기술을 해충에 강하거나, 특정 제초제에 내성을 갖는 유전자 변형 작물을 개발하는 데 활용하여 1983년, 항생제 내성 유전자를 가진 최초의 유전자 변형 담배와 피튜니아꽃이 만들어졌다.

GMO, LMO

유전자를 인위적으로 재조합하거나 핵산을 세포 내로 직접 주입하는 기술, 또는 분류학적과(科)의 범위를 넘는 세포 융합 기술과 같은 현대 생명공학 기술을 이용하여 유전 물질이 변형된 생물체를 유전자 재조합 생물(GMO, Genetically Modified Organisms), 살아있는 유전자 재조합 생물체(LMO, Living Modified Organisms)라고 부른다.

GMO와 LMO는 혼용되기도 하지만, 생식과 번식의 가능 여부에 차이가 있다. GMO는 포괄적 개념으로 볼 수 있고 LMO는 생식과 번식을 할 수 있는 생물체만을 의미한다. 미국에서는 GE(Genetically Engineered), 혹은 다양한 생명공학 기술을 포함해서 Biotech(생명공학) 품종이라고 부르기도 한다.

유전자 변형 기술은 농작물 육종의 역사에서 가장 혁신적인 변화였다. 인류는 오랫동안 육종교배를 통해 원하는 형질을 간접적으로 선별하고 개량해 왔는데, 이제는 특정 유전자를 농작물에 직접 삽입, 변형하여 원하는 특성을 가진 작물을 인위적으로 편집하여 만들어 내기 시작한 것이다.

유전자 조작 기술과 농업의 만남

세계 최초의 상업용 GM 작물은 1994년 미국에서 출시된 Flavr Savr 토마토였다. 이 토마토는 유전자 조작을 통해 후숙(수확 후 익어가는 과정)을 늦춤으로써 단단한 상태에서 오래 유통될 수 있게 만든 것으로, 미국 FDA의 평가를 거쳐 시판 승인을 받았다. Flavr Savr 토마토가 등장한 이후 1990년대 중후반에 걸쳐 GM 콩, 옥수수, 면화, 카놀라(유채), 감자, 호박, 파파야 등 다양한 농산물이 미국을 중심으로 상업화된다.

냉해에 강해지도록 넙치류의 유전자를 딸기와 토마토에 적용하여 GMO를 개발하기도 했다

AI 생성 이미지

특히 다국적 종자·화학 기업인 몬산토(Monsanto, 1901~2018: 2018년에 독일기업 바이엘 'Bayer'이 인수함)가 글리포세이트 제초제에 견디는 '라운드업 레디(Roundup Ready)[1] 콩, 자체적으로 해충 저항성을 지닌 Bt(Bacillus thuringiensis)[2] 옥수수와 면화 등을 출시하면서 GM 종자 시장을 선도했다.

1996년을 기점으로 미국, 아르헨티나, 캐나다, 브라질 등지에서 GM 작물 재배 면적이 급격히 늘기 시작했고, 불과 수년 만에 수천만 헥타르에 달하는 농지가 GM 품종 재배지로 대체되었다. GM 작물은 생명공학과 농업의 만남으로 당시에는 식량 문제와 농업의 환경 부하를 동시에 해결할 혁신으로 큰 기대를 모았다.

1 몬산토의 대표적인 제초제 상품명이 '라운드업(Roundup)'인데, '라운드업 레디' GMO 품종은 이 라운드업 제초제에 저항성(HT, Herbicide Tolerance)을 가졌다. 따라서 라운드업 레디 GMO 품종을 재배할 경우, 라운드업 레디 제초제를 마음껏 사용할 수 있다.

2 Bt(바실러스 튜링젠시스): 대표적인 '해충 저항성(IR, Insect Resistance)' GM 작물의 한 종류이다. 곤충에 치명적인 박테리아 독소(살충 단백질)를 생성하는'Bt 유전자'를 적용하여 개발된 종자에 'Bt' 표기를 한다. 나방 등의 해충은 'Bt 작물'을 먹기만 해도 식물체 내부의 독성 탓에 죽게 된다.

글로벌 현황: 주요 GM 작물, 재배 면적 및 주요 형질

유전자 변형(GM) 작물은 식량 안보, 지속 가능성, 기후위기 완화에 기여하고, 약 1,700만 명의 농민과 그 가족의 삶의 질 향상에 영향을 미쳤다고 평가된다. 가장 널리 상업화된 GM 형질은 제초제 저항성과 해충 저항성(Insect Resistance, IR, 주로 Bt 유전자 활용)이며, 이 두 가지 형질이 결합한 복합형질(stacked traits) 작물도 개발되어 재배되고 있다. 이런 특징이 상업화된 GM 전체형질의 99% 이상을 차지한다.

그 외의 GM 형질들은 다음과 같다.

① **과일 연화 지연**: 과일의 연화를 지연시켜 무름 방지 및 유통 효율, 저장성 증가

② **갈변 방지**: 사과, 감자 등의 갈변 현상 방지, 식품 폐기물 절감

③ **질병 저항성**: 파파야(링스팟 바이러스 저항성), 여름 호박(일부 식물 바이러스 저항성), 감자(해충 및 질병 저항성) 등 특정 질병에 대한 저항성을 부여

④ **오일 조성 변화**: 카놀라 오일과 같은 식물성 기름의 조성을 변경, 생산효율 증대

⑤ **영양 강화**: '황금쌀(Golden Rice)'과 같이 비타민 A를 강화한 종자를 개발하여 영양 보충에 기여, 이외에 철분 강화 쌀, 필수 아미노산 강화 옥수수 등

⑥ 가뭄 내성: 가뭄 스트레스에 대한 내성을 부여하여 기후변화에 대비

⑦ **목재 부피 증가**: 유칼립투스와 같은 나무의 목재 생산량 증가

2024년 기준, 전 세계 28개국에서 약 10종의 GM 작물을 재배하고 있으며, GM 작물의 재배를 승인한 국가의 수도 2024년 기준 32개국으로 늘어나고 있다. 주요 GM 작물은 콩, 옥수수, 면화, 카놀라 등이며, 이들이 전체 GMO 재배 면적의 대부분을 차지하고 있다.

생각해 볼 문제

제초제의 추억

제초제로 삶과 죽음이 나뉘었던 텃밭의 풍경

AI 생성 이미지

GMO로 강화된 주요한 특성은 제초제 저항성과 해충 저항성입니다. 해충으로 인한 피해는 개인적으로 거대한 메뚜기 떼가 농장을 습격해 작물을 모조리 먹어 치우는 다큐멘터리의 한 장면이 떠오르면서 어느 정도 이해가 됐습니다. 하지만, 목표 작물을 제외한 잡초를 제거하는 게 뭐 그리 큰 문제일까? 의문을 품었던 시절이 있었습니다. 제가 시골의 아버님 일을 도울 때는 뒷산을 오가며 잡초가 보일 때마다 뽑아버리면 됐는데, 그냥 그렇게 뽑으면 될 것을 유전자 조작까지 해야 할 일인가? 싶었지요. 하지만, 텃밭동아리를 운영하면서 제초제가 산업농에서 왜 그렇게 중요한지 알게 되었습니다.

동아리에서는 봄에 텃밭을 가꿔 얻은 작물들로 다 같이 음식도 만들어 먹고, 남은 건 판매도 하는 등 텃밭은 매우 고마운 경험을 할 수 있게 해줬지요. 하지만 문제는 '여름 방학'이었습니다. 학기 중에는 날마다 텃밭에 나가 물도 주고 잡초도 뽑던 학생들이 모두 학교를 떠난 약 2개월간, 텃밭은 정말 하루가 다르게 자라나는 잡초들로 울창하게 우거진 '잡초들의 숲'이 되어가고 있었습니다. 제가 가끔 물을 주고 제초를 하더라도, 땡볕 아래 자라나는 잡초들의 생명력은 정말 대단했어요. '방학한 지 얼마 되지도 않았는데 벌써 이렇다니, 어떤 대책을 세워야겠다…' 고민하던 저는 '제초제'를 써보기로 결심했습니다.

시골 아버지의 텃밭처럼 항상 돌보는 농부가 없으니, 제초제를 써서라도 잡초를 없애야겠다는 생각에 텃밭 둘레의 고랑을 따라 제초제를 뿌렸습니다. 이제 당분간 잡초 걱정은 없겠다고 생각한 저는 한 2주 정도 마음을 놓고 있었고, 이후 다시 텃밭에 내려가 본 순간, 그 풍경에 정말 충격을 받았습니다.

한여름 강렬한 햇살 아래 초록빛 식물이 가득한 가운데, 제가 제초제를 뿌렸던 고랑의 잡초들만 갈색빛으로 말라비틀어져 죽어 있었습니다. 푸른 풍경화 한가운데에 갈색 사인펜으로 선을 쭉쭉 그어 놓은 듯한 낯선 광경, 제가 뿌린 제초제를 기준으로 삶과 죽음이 갈라져 있었습니다. 제초제에 닿지 않은 작물들은 푸릇하게 쑥쑥 자라는데, 바로 옆자리에는 제초제를 머금고 몸뚱이가 타들어 간 풀의 시체들로 금이 그어져 있었지요. '소리 없는 비명'. 이 죽은 식물들의 모습이 그랬습니다.

아마 저는, 이미 길게 자란 잡초밭에 제초제를 뿌려놓고는 그 잡초들이 지우개로 지운 듯이 생분해까지 돼서 완전히 사라진 텃밭을 상상했었나 봅니다. 이 쪼끄마한 동아리 텃밭도 여러 학생이 매일같이 가꿔줘야 겨우 잡초가 우거지는 것을 막을 수 있었는데, 고랑 따라 산책하듯 뿌린 제초제 한 병으로 그 많은 노동력을 대신하는 경제적 효율성에 놀랐지만, 이 '놀라운 효율성'은 결국, '치명적인 독성'에서 비롯된 것임을 확인할 수 있었습니다.

세계에는 가도 가도 끝이 없는 광활한 농경지에서 콩이나 옥수수와 같은 '단일 작물'만 재배하는 산업농이 많이 있습니다. 경제적 이윤을 목적으로 하는 '대규모 산업농업'에서 잡초 하나 없이 '내가 목표한 작물'만 재배하기 위해서는 이런 제초제 사용을 피할 수 없겠구나…. 이런 '무서운 납득'을 하게 된 경험이었습니다.

아마 제가 잡초 하나 없는 땅에 제초제를 먼저 뿌려놨다면, 애초에 다른 풀들이 자랄 수가 없었기 때문에, 말라죽은 풀하나 없이 깔끔한 고랑을 보며 기뻐했을 겁니다. 하지만, 제초제가 말려 죽인 풀들이 쓰러져 있는 모습을 본 다음부터는, 잡초 하나 없이 예쁘게 정돈된 텃밭을 볼 때마다 '애초에 뿌리조차 내릴 수 없게 처음부터 제초제를 뿌린 건가?' 의심하게 되는 그야말로 무서운 경험이었습니다.

GMO의 명과 암

GMO는 농업 생산성 향상에 기여했지만, 동시에 다양한 측면에서 논쟁과 우려를 낳고 있다. GMO의 장단점을 정리해 보자.

① 장점

a. **수확량 증대/보호**: 주로 해충 저항성 Bt 작물이 해충 피해를 줄이고, 제초제 저항성 작물이 효과적인 잡초 관리를 가능하게 하여 수확량 손실을 막거나 잠재 수확량을 증대하는 효과가 있다. 한 메타분석 연구에서는 GMO 기술 도입으로 평균 22%의 수확량 증가가 보고되었다.

b. **농약 사용 감소**: 특히 Bt 작물 도입으로 살충제 사용량이 현저히 감소하는 효과가 나타났다. 화학 농약 사용량을 평균 37% 줄인 것으로 분석한다.

c. **농가 생산비 절감 및 소득 증대**: 농약 비용 절감과 수확량 증가를 통해 농가 소득 증대에 기여했으며, GM 작물 재배 농가의 이익은 약 68% 증가한 것으로 추정한다.

d. **농작업 편의성 증진**: 제초제 저항성 GMO는 잡초 관리 노동을 줄여주고, 무경운 또는 최소경운 농법을 쉽게 한다.

e. **영양 강화** (기대): 아직은 제한적이지만, 황금쌀(프로비타민 A 강화)과 같이 특정 영양성분을 강화한 GMO 개발이 이루어지고 있다.

f. **스트레스 저항성** (기대): 가뭄, 고온, 염해 등 환경 스트레스에 저항성을 지닌 GM 작물도 개발되고 있다.

g. **환경적 이점** (기대): 살충제를 적게 사용하면 비표적 생물에 대한 부정적 영향을 줄일 수 있다.

② 단점

a. 유전자 이동/교잡: GM 작물의 유전자가 야생 근연종으로 이동하여 영향을 주고 확산한다. 예측 불가능한 생태계의 문제를 가져올 우려가 있다.

b. 저항성 발달: 제초제 저항성 잡초나 살충제 저항성 해충의 출현은 GM 기술의 효율성에 의문을 제기하는 주요 문제점이다. Bt 독소에 저항성이 있는 해충의 출현은 이미 보고된 바 있으며, 제초제 내성 작물은 특정 제초제의 무분별한 사용으로 내성을 가진 '슈퍼 잡초'의 출현 또한 보고되고 있다.

c. 비표적 생물에 대한 영향: Bt 독소의 경우, 목표 해충 외의 다른 익충(나비, 꿀벌 등)에 영향을 미칠 수 있다는 우려가 있다.

d. 생물다양성 감소: GM 작물의 대규모 단작 재배와 이와 관련된 제초제 사용은 농경지 및 주변 지역의 식물과 곤충 다양성을 해칠 수 있다. GM 작물의 유전자가 다른 식물로 전이되어 생태계를 교란하고 토종 품종이 사라지는 위험성도 존재한다.

③ 추가적인 걱정들

a. **종자, 품종의 독점 및 농민 독립성 약화**: 소수의 다국적 기업이 GM 종자 시장을 지배하면서 종자 가격이 상승하고, 농민들이 매년 씨앗을 새로 구매해야 하는 등 농업의 독립성이 약해지는 문제가 발생한다.

b. **개발도상국 소농에 대한 영향**: GM 작물 도입의 혜택이 소농에게 고르게 돌아가지

못하고, 소농들이 GMO 관련 지식과 기술 접근에 어려움을 겪는 문제가 발생할 수 있다.

c. **윤리적 문제**: 생명체의 유전자를 인위적으로 조작하는 것에 대한 근본적이고 윤리적 질문과 반감이 존재한다.

d. **장기적인 인체 건강 및 환경 영향 불확실성**: 상업적 유전자 변형 작물의 역사가 비교적 짧아서(1994년 첫 승인), 그 안정성을 확신하기에는 기간이 충분치 않다. 또한, 재조합된 유전자가 알레르기를 유발할 수 있다는 우려도 있다. 현재는 GM 작물이 인체에 악영향을 끼칠 수 있다는 우려와 승인된 GM 작물들은 안전하다는 의견이 양립하고 있다.

유전자 조작 특성을 전달받은 품종들은 그 전으로 돌아갈 수 없는 불가역적 변화를 겪게 될 가능성이 크며, 이는 생물다양성 손실에 대한 우려와 단기적인 농업 수준의 피해를 넘어 광범위한 생태계 문제를 염려하게 한다.

무엇보다 GMO 개발의 주체가 이윤추구를 중심에 두는 기업들인 상황에서, 그들에게 GMO란 연구 개발하여 판매하고 이윤을 거두는 '상품'이기 때문에 더욱더 철저한 조사와 검증이 필요한 상황이다.

소비자가 인식하는 GMO

GMO 관련 정보는 대중에게 제한적이다. GMO가 생산성 향상을 위해 고안된 유전자 조작 기술로 만들어진 품종이자 제품이기 때문에, GMO가 안정적이라는 연구결과를 발표하더라도 GMO를 개발한 회사가 자체적으로 수행한 연구 결과를 단순 검증하는 경우도 있으므로, 소비자가 신뢰할 만한 안정성 확보의 절차가 충분하지 못하다는 지적이 있다.

소비자들은 새로운 유전자 조작기술의 난해함과 그 기술을 이용해 탄생한 GMO의 복잡성을 전부 이해하기는 어렵기 때문에, GMO 식품 구매를 망설이게 된다. 또한, 국가별로 GM 작물의 개발과 승인, 판매와 관련된 규제에 차이가 있다.

GMO 관련 규제는 일반적으로 '유전자 변형 과정 자체를 규제하는 방식(process-based)'과 '최종 산물의 특성을 규제하는 방식(product-based)' 크게 두 가지로 나뉜다.

CBD(Convention on Biological Diversity, 생물 다양성 협약, 1992)의 부속 의정서인 카르타헤나 의정서(Cartagena Protocol on Biosafety, 2000)가 LMO(Living Modified Organisms)의 국가 간 이동에 대한 절차를 규정하고 있으며, WHO와 FAO는 GMO 식품 안전성 평가를 위한 국제 지침을 제공한다.

미국 정부는 주로 최종 산물의 특성을 규제하는 방식을 취하며 FDA, EPA, USDA가 협력하여 안전성을 평가한다. EU는 GMO 도입 초기부터 관련 논의를 이어가고 있으며, GMO 관련 정책 결정에 정부와 기업, 민간기관과 소비자 등 다양한 주체가 참여하고 있다. 1948년 출범한 유엔유럽경제위원회(UNECE, United Nations Economic Commission for Europe)는 1998년 약칭 '오르후스 협약'[3]에 서명하고, 2001년부터 발효했다. 이를 통해, 소비자들이 GMO 관련 제품에 대한 3가지 원칙, 즉 정보 접근권(Access to Information), 의사결정 참여권(Public Participation), 사법적 구제 접근권(Access to Justice)을 보장받게 되었다.

'Oregon Right to Know'는 2014년 오리건주에서 유전자 변형 식품(GMO) 표시 의무화를 위한 주민 발의안인 'Measure 92'를 추진한 캠페인 조직이다. 비록 법안이 부결되긴 했지만, GMO의 재배가 왕성한 미국에서도 소비자들은 투명한 정보제공을 요구하고 있음을 보여주는 대표적인 사례다.

출처: Tony Webster

소비자들은 오르후스 협약을 바탕으로 인증 라벨, 식품성분 표기와 같은 GMO 제품에 대한 투명하고 정확한 정보를 제공받고 관련 제도를 마련하고 개선하며, 법적 보

3 환경문제에서 정보접근성, 대중의 의사결정 참여, 사법 접근성에 관한 협약, Convention on Access to Information, Public Participation in Decision-Making and Access to Justice in Environmental Matters, Aarhus

상과 관련한 권리를 확보했다. 당시 유럽에서는 GMO에 대한 소비자의 거부감이 매우 컸고 영국을 시작으로 'GMO 표시제'의 요구와 수입 규제가 확산하고 있었다. 따라서 EU는 1998년부터 2004년까지 신규 GMO 승인에 대한 사실상의 '모라토리엄(중단)'을 실시했다. 이후 GMO 식품은 전체 성분 중 GMO 함량이 '0.9%'를 초과하면 라벨에 의무적으로 'GMO 함유 사실을 표기'하는 규정이 엄격하게 적용되었다.

그 결과 현재 유럽 연합에서는 스페인 등 일부 국가에서 소량의 GM 옥수수를 재배하는 것을 제외하면 상업적 GM 작물 재배가 거의 이뤄지지 않고 있다. 반면 미국, 브라질, 아르헨티나, 캐나다 등은 세계 GM 작물 경작지의 대부분을 차지하며, EU와 비교하여 상대적으로 완화된 규제하에서 GMO 종자를 적극 도입, 재배하고 있다.

대한민국의 GMO 현황과 안전성 평가 절차

대한민국도 2000년 카르타헤나 의정서에 서명하고 2001년 「유전자 변형 생물체의 국가간 이동 등에 관한 법률」을 제정하여 GMO[4]를 관리하고 있다.

○ 표 1 대한민국 LMO(GMO) 관련주요 기관 및 역할

기관명	LMO(GMO) 관리 주요 역할	관련 법률/규정
질병관리청(KDCA)	보건의료용 LMO 안전관리 총괄, 고위험 시험·연구용 LMO 승인, 인체 위해성 협의 심사	「유전자 변형 생물체의 국가 간 이동 등에 관한 법률」
식품의약품안전처(MFDS)	식용 유전자 변형 식품 안전성 심사 및 승인, 유전자 변형 식품 표시기준 설정 및 집행	「식품위생법」, 「유전자 변형 식품 등의 안전성 심사 등에 관한 규정」
한국생명공학연구원/한국바이오안전성정보센터(KRIBB/KBCH)	LMO 관련 통계 취합 및 제공, 대국민 인식 조사	-
산업통상자원부(MOTIE)	LMO법 국가 책임 기관	「유전자 변형 생물체의 국가 간 이동 등에 관한 법률」

4 현재 대한민국 정부는 GMO의 공식 명칭을 LMO로 개정하여 사용하고 있지만, GMO와 LMO의 정의는 엄밀한 차이가 있다.

외교부(MOFA)	LMO법 국가 연락 기관	「유전자 변형 생물체의 국가 간 이동 등에 관한 법률」
농림축산식품부(MAFRA)	농업 분야 LMO 규제 관여	「유전자 변형 생물체의 국가 간 이동 등에 관한 법률」 등

우리나라에 수입되는 GMO는 반입 전에 위해성 심사를 통과하고 수입 승인 및 정식통관 검사를 거쳐 안전성을 검증받아야 한다. 식품의약품안전처는 비독성 여부, 알레르기 유발 여부, 영양성분 변화 여부, 의도치 않은 부작용 여부 등 네 가지 기준을 일반 식품과 비교·분석하여 미국이나 EU 등 국제적으로 통용되는 평가 기준과 동일한 기준으로 심사를 수행한다.

질병관리청은 제출된 인체 위해성 평가 자료(학술지 게재 자료, GLP[5] 기준 준수 자료, 국내외 전문 연구기관 시험 자료, 외국 정부 승인 자료 등)를 검토하고 전문가 심사위원회의 의견을 수렴하여 인체 위해성 여부를 결정한다. 심사 의뢰 접수 후 210일 이내에 심사 결과를 통보하며, 필요한 경우 자료 보완을 요청할 수 있고, 새로운 사실이나 과학적 정보가 발견될 경우, 이미 평가된 LMO에 대해서도 직권으로 재평가를 진행한다.

우리나라는 이처럼 다양한 부처들이 여러 단계에 거쳐 엄격한 평가를 진행하는 것으로 GMO의 안전성을 확보하고 있다. 그러나 이러한 복잡성은 소비자들의 제도 확인과 이해에 장애가 되기도 하며, 관련 법 제도의 변화나 새로운 과학적 발견에 대한 정책적 대응을 어렵게 한다. 결과적으로 GMO 식품이 가진 여러 가지 난해함은 소비자들이 GMO 식품을 신뢰하고 직접 '소비'하는 것까지 이어지는 것을 어렵게 하는 한계가 있다.

대한민국의 GMO 수입 현황

대한민국은 유전자 변형 농산물의 주요 수입국이다. 2024년 말 기준, 한국에서 승인된 LMO는 사료용 등 5종(콩, 옥수수, 면화, 유채, 알팔파)과 식품가공용 등 GMO 6종

5 Good Laboratory Practice, 비임상시험관리기준. 어떻게 계획, 실행, 점검, 기록, 보고 및 보관되어야 하는지에 대해 국제적으로 통용되는 규정 및 품질보증 시스템

(콩, 옥수수, 유채, 면화, 사탕무, 알팔파)이다. GMO 수입량은 2024년 기준으로 농업용 945만 톤, 식품 가공용 146만 톤 등 약 10,922톤이 수입되고 있다.

생각해 볼 문제

2023년 LMO 유통 사건

출처: 식품의약품안전처

2023년 3월, 한국에서 승인되지 않은 'LMO 주키니 호박'이 유통되는 사건이 발생했습니다. 현재 유전자가 조작된 작물을 재료 형태로 수입하고 가공하는 데 활용하는 GMO 식품은 허용하고 있지만, 유전자 조작 식품을 원물 상태 그대로 유통하는 것은 금지하고 있기 때문입니다.

정부가 전국의 주키니 재배 농가 484호를 전수 조사한 결과, 이 중 17개 농가에서 유전자가 조작된 LMO 종자를 재배하여 출하하고 있는 것으로 확인한 것입니다. 이미 판매된 주키니를 전국의 모든 판매처에서 환급해 주는 이례적인 조치가 취해졌지요. 17개의 농가에서 재배 중인 LMO 주키니 호박들도 모두 폐기하는 등 강도 높은 조치가 있었지만, LMO 주키니는 이미 2015년부터 2023년까지 약 8년 동안 국내에서 재배되고 유통된 것으로 밝혀졌습니다.

해당 종자는 국내의 한 기업(이하 'A사'로 표기)이 미국의 LMO 종자를 수입하여 적절한 검역 절차나 승인 없이 육종 및 판매해온 것으로 드러났고, A사의 종자를 이용하여 다른 기업(이하 'B사'로 표기)이 육종을 통해 새롭게 개발한 품종을 출원하는 과정에서 B사의 신품종이 'LMO'로 판정됨에 따라 추적 조사를 하여, 'A사'의 실책이 드러난 것입니다. 이렇게 LMO 종자를 걸러낼 수 있는 시스템이 있다는 사실에도 불구하고, 현재의 검역 및 유통 체계를 안심하고 신뢰하기에는 아직 부족한 부분이 있음을 알리게 된 사건이었습니다. LMO 원물은 전량 회수했지만, 이후 식약처는 국내의 가공식품 총 15종의 해당 LMO를 사용하여 생산된 가공식품들을 추가로 확인하여 폐기했습니다.

제대로 된 승인을 거치지 않은 LMO가 재배되고 유통된 것을 확인하는 과정과 소비자와 마트, 농가와 가공업체를 통해서 회수하고 폐기하는 과정에서 적지 않은 사회적 비용이 발생했을 것입니다. 신뢰성을 확보하기 위한 과정에 드는 비용…. 아직은 유전자 조작이 제공하는 경제성의 개선을 단정하기는 어려운 단계라는 생각을 해봅니다.

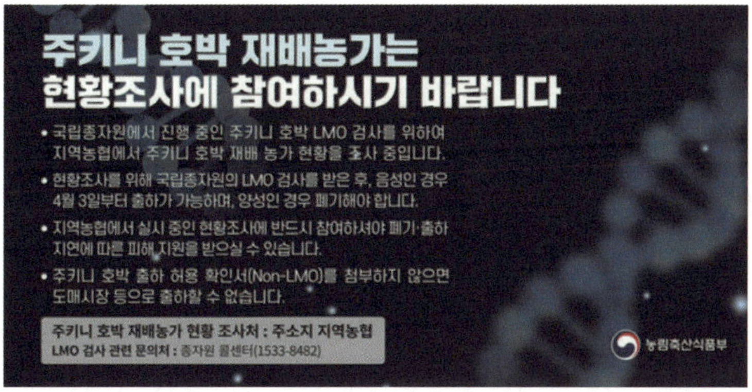

출처: 농림축산식품부

이번 사건에서, 제가 개인적으로 놀란 부분은 유전자 조작된 품종은 육종에 육종을 거듭하여 개량하더라도, 그 조작된 유전정보를 확인할 수 있다는 사실이었습니다.
다시 말해, 유전 기술로 조작된 특성은 사라지지 않고 계속 전달된다는 것일까? 만일 그런 유전자 조작이 예상치 못한 약점이나 부작용을 지닌다면, 해당 품종을 교잡하여 새롭게 개발된 모든 품종도 그러한 약점과 부작용을 물려받는 것이 아닐까? 하는 걱정이 들었습니다.
물론 LMO의 유전적 약점이나 부작용이 발견될 경우, 다시 편집하고 조정하여 문제를 해결할 수도 있겠지만, 드러난 문제점과 부작용을 철저하게 조사하고 돌려놓는다는 것은 예상치 못했던 문제점이 드러날 경우를 전제로 한 것이고, '문제 발생 → 문제 파악 → 문제 해결' 과정에 또 얼마나 많은 시간과 노력이 들고 어떠한 피해자들이 생겨날 것인가에 대한 불안과 걱정이 완전히 해소되지 않은 것 같다는 생각이 듭니다.

한국의 GMO 표기 기준

1) 국내 GMO 표시제의 법제 흐름

대한민국 최초의 GMO 표시기준은 1999년「유전자재조합식품 등의 표시기준」고시로 시작되었다. 2017년 개정 고시는 표시 대상을 '제조·가공 후에도 유전자 변형 DNA 또는 단백질이 잔존 하는 식품'으로 확대하여 원재료 사용 비중 5순위 제한을 폐지하고, Non-GMO 표시 허용 근거를 마련했다. 2021년 1월 식품의약품안전처는 비의도적 혼입 허용치를 0%에서 0.9%로 조정하고 'Non-GMO 표기' 활성화를 위한 개정안을 행정예고 한 상태이며, 국내 제도는 Codex Alimentarius(식품 규범, FAO와 WHO

함께 만든 식품 관련 국제규격 개발 기관)가 만드는 과학적 안전성 평가 원칙을 수용하면서도 소비자 선택권을 고려한 표시 의무를 준수하고 있다.

2) 현행 표시 기준의 세부 요건

현재 한국에서 GMO 표시가 의무화된 식품은

(1) 유전자 변형 농·축·수산물을 원재료로 제조·가공한 식품 또는 식품첨가물

(2) 이러한 식품 중에서 최종 제품에 유전자 변형 DNA나 단백질이 검출되는 경우이며, 이 원칙은 건강기능식품, 축산물 가공식품에도 적용된다. 다만 정제 과정에서 DNA와 단백질이 제거되는 식용유·당류·장류·주류 등은 GMO 잔류 검사가 불가능하다는 이유로 GMO 표시 의무가 면제된다.

(3) 'Non-GMO' 표기는 GMO가 존재하면 불가능했으나, '비의도적 혼입치'일 경우, 이를 증명하게 되면 0.9%까지의 GMO 혼입은 허용하려는 '입법/행정예고(공고 제2021-035호)가 있었다. '비의도적 혼입'이 기준치 이내인 경우에는 'Non-GMO' 표기가 가능하게 될 수도 있는 상황이다.

(4) '비의도적 혼입치'란, 소수의 비의도적 GMO 혼입이 기술적으로 불가피하다고 입증되는 것을 말한다.

(5) 국내의 '비의도적 혼입치(Unintentional Commingling)'라는 기준은 0.9% 이하로 EU의 '비의도적 혼입'이라는 기준치와 같지만, EU의 경우 비의도적 혼입치가 0.9% 이하일 경우 'GMO' 표기를 하지 않을 수 있고, 한국의 경우 비의도적 혼입치가 0.9% 이하일 경우 'Non-GMO' 표기를 할 수 있는 것으로 개정을 예고했다. 이는 비의도적 혼입이라 하더라도 GMO가 혼입되어 있다면, 표기를 아예 할 수 없었던 현행 기준보다 오히려 완화되는 개정이 예고된 것이다.

(6) 현재 해당 Non-GMO 표기 완화 관련 '입법/행정예고'는 의견 수렴까지만 진행한 이후, 개정까지 이어지지는 않았고 보류 중인 상태로 확인되었다(2025년 7월 8일, 관계부처 전화 확인 결과).

(7) 또한 'Non-GMO' 표기가 아닌 'GMO' 표기를 하지 않아도 되는 국내의 예외 기준 수치는 3%로 0.9%인 유럽보다 3배 이상 높은 상황이다(2025년 7월 8일 기준).

3) GMO 관련 현행 표시 방법

(1) 현행 표시 기준 「식품위생법」

2017년 2월 4일부터 개정된 「식품위생법」에 따라 유전자 변형 식품 표시 기준이 강화되었다. 식품으로 가공된 후에도 유전자 변형 DNA 또는 단백질이 남아 있는 경우, 모든 원재료를 의무적으로 표시해야 한다.

표시는 한글로 제품의 주표시면이나 원재료명 바로 옆 괄호 안에 12포인트 이상의 활자 크기로 바탕색과 뚜렷하게 구별되는 색상으로 선명하게 표시해야 한다. 구체적인 문구로는 '유전자 변형 식품' 또는 '유전자 변형 ○○ 포함 식품' 등을 표기해야 한다.

일반(비유전자 변형) 콩 또는 옥수수를 사용한 식품의 경우, 해당 원재료 함량이 50% 이상이거나 1순위로 사용된 식품에 한하여 '비유전자 변형 식품', '무유전자 변형 식품', 'Non-GMO', 'GMO-free' 등의 표시를 할 수 있다.

반면, 유전자 변형 품종으로 개발 또는 승인되지 않은 작물(예: 쌀, 바나나, 사과)에는 소비자를 오인시킬 수 있으므로 "비유전자 변형 식품" 등의 표시가 금지된다.

(2) GMO 표시 제외 대상

① 고도로 정제된 제품

열처리, 발효, 추출, 여과 등 고도의 정제 과정을 거쳐 최종 제품에 유전자 변형 DNA나 단백질이 남아 있지 않거나, 검사가 불가능한 제품은 표시 대상에서 제외된다. 식용유(대두유, 옥수수유, 카놀라유, 면실유 등), 당류(포도당, 과당, 물엿, 당시럽류, 올리고당류), 간장 및 장류 일체, 변성전분, 주류 등 광범위한 품목에 해당한다.

② 비의도적 혼입치

유전자 변형 농산물이 비의도적으로 3% 이하로 혼입된 경우, 구분유통증명서 또는 정부 증명서를 갖추면 표시 의무가 면제된다.

③ 가공 보조제 및 부형제

식품 제조 과정에서 일시적으로 사용되거나 극미량 사용되는 가공 보조제, 부형제, 희석제, 안정제 등은 표시 대상 원재료에서 제외된다.

④ 식품 접객업소

식당 등 식품 접객업소에서 판매되는 음식에는 유전자 변형 생물체 표시 의무가 없다.

⑤ 동물성 제품

유전자 변형 사료를 먹고 자란 가축에서 생산된 육류, 우유, 달걀 등의 제품에는 유전자 변형 표시가 요구되지 않는다.

우리나라의 GMO 표시 제도는 광범위한 면제 조항으로 커다란 빈틈이 존재한다. 이는 소비자의 '알 권리'를 보장하는 오르후스 협약의 첫 번째 원칙, '정보 접근권'을 직접적으로 제한하며, 대중의 불신은 이러한 불완전한 제도적 허점으로부터 발생한다. 소비자는 자신들이 섭취하는 식품의 상당 부분, 특히 흔히 사용되는 가공 원료의 출처에 대한 정보를 충분히 얻지 못하고 있으며, 이런 관련 규정의 불완전성은 표시 제도가 정보를 제공하는 것이 아니라, 감추는 역할을 하고 있다는 부정적 인식을 일으키고 있다.

이런 불완전성이 개선되지 않고 있으므로, 지난 2023년의 LMO 주키니 호박 유통과 같은 허점은 언제든 다시 일어날 수 있는 불안한 상황이며, 소비자가 GMO 제품을 식별하기 쉽고 신뢰할 수 있도록 하는 개선이 필요하다. 이는 수많은 소비자 단체들이 '유전자 변형 식품 완전 표시제'를 지속해서 요구하는 주된 이유이기도 하다.

(3) Non GMO 표시의 제한

GMO 및 Non-GMO 표시를 할 수 있는 식품(원재료)은 몇 가지로 제한되어 있다. GMO 수입 승인을 받은 주요 작물 중 '대두, 옥수수, 카놀라(유채), 면화, 사탕무, 알팔파' 이렇게 6종이 사용된 식품에만 GMO 및 Non-GMO 표시를 할 수 있다. 현재 새로운 GMO 감자가 승인 절차를 진행 중인 것으로 알려졌으며, GMO 작물로 개발 중인 작물에는 '쌀'도 포함되어 있지만, 현재는 위에 나열한 6종을 사용한 GMO 식품에만 표기를 해야 하거나 할 수 있다.

이와 같은 제한 조치들은 소비자들이 GMO 및 Non-GMO와 관련된 인지를 하기 어렵게 만든다. 설령 Non-GMO 식품을 개발했다 하더라도, 위에 언급된 주요 6종 작물을 사용하지 않은 식품들은 'Non-GMO' 표기를 할 수 없다. GMO나 Non-GMO 표기가 된 식품의 모수 자체가 많을 수 없는 상황이다.

물론, 전혀 해당이 되지 않는 식품을 'Non-GMO'라며 과대광고 할 수도 있다는 지적도 일리가 있겠으나 GMO 작물을 사용하지 않은 Non-GMO 식품을 개발한들, 이런 노력을 고객에게 알리는 방법이 제한되고 식품업계가 애초에 의지를 가질 필요가 없는 규제라는 비판 또한 피하기 어려운 실정이다.

대한민국과 다른 나라들의 GMO 표시 기준 비교

유럽연합(EU)은 1997년부터 모든 유전자 변형 식품 및 사료에 대한 추적 및 표시제를 의무화하고 있다. GMO 표기가 면제되는 비의도적 혼입 허용치는 0.9%이며, 유전자 변형 작물을 사료로 먹인 가축의 육류, 우유, 달걀 등은 표시 대상에서 제외되는 부분은 우리나라와 동일하다. 일본은 2001년부터 2001년부터 8개 작물, 33개 가공식품에 대해서 GMO의 비의도적 혼입치가 5%를 넘을 경우 GMO 표기를 해야 한다. 한국과 유사하게 고도로 정제되어 유전자 변형 단백질이 검출되지 않는 식용유나 간장, 당류 식품 등은 표시 대상이 아니다. 중국은 2002년부터 GMO 원재료를 사용한 모든 식품에 GMO 표시를 의무화했으며, 비의도적 혼입을 전혀 허용하지 않는다. 호주는 최종 제품에 GMO 성분이 남아 있지 않은 제품(오일, 설탕 등)과 미량 혼입(0.1% 이하), 비의도적 혼입치 1% 이하, 그리고 즉석 판매 식품은 표시가 면제된다. 미국은 GMO 표시제를 반대하며, 승인된 GMO를 일반 농산물과 동등하게 간주한다. GMO 사용 식품의 성분이나 알레르기 반응이 Non-GMO 제품과 현저하게 다를 경우에만 특별히 표시를 요구한다.

GMO 표시 기준은 각국의 국가적 우선순위, 무역 고려 사항, 그리고 대중 인식의 차이를 반영한다. 한국의 표시 제도는 절충적인 견해를 보인다고 할 수 있다. 소비자의 알 권리와 산업의 현실적 부담 사이에서 균형을 잡으려 하지만, 이러한 시도는 관련된 어떤 이해관계자도 만족시키지 못하고 있다.

유럽의 엄격함은 소비자의 강력한 요구와 예방 원칙을 반영하며, 미국은 농업계의 강력한 로비와 적극적인 신기술 도입 중심으로 보인다. 한국은 표시 대상을 규정하고 상당한 면제 조항과 3%의 비의도적 혼입 허용치를 유지함으로 그 둘의 중간 지점쯤에 자리 잡고 있다. 완전한 투명성을 요구하는 소비자 측의 요구와 규제 완화를 원하는 산업 부문의 부담을 고려하고 있다.

GMO는 안전한가?

WHO는 현재 시판 중인 GMO 식품이 기존 식품과 동등한 수준의 안전성을 지닌다고 평가한다. 또한 여러 연구에서 90일 이상의 장기 급여 실험이나 다세대 번식실험을 통해 GMO로 인한 문제가 발견되지 않았다고 보고했다.

하지만, GMO 식품이 절대적으로 안전하다고 일반화하기는 어렵다. 왜냐하면, 각 나라와 기업들의 목적에 따라 다양한 GMO가 계속해서 만들어지고 있기 때문이다.

AI 생성 이미지

감귤류가 걸리는 병에 나방의 유전자를 참고하여 합성해 만든 감귤류 GMO와 아프리카 발톱 개구리의 특성을 본떠서 만든 유전자를 합성해 만든 바나나 GMO도 있다.

'Codex Alimentarius'는 GMO 식품의 안전성을 평가하기 위해서 알레르기 유발 가능성, 독성 및 영양학적 특성, 예상치 못한 효과 등을 철저하게 검사하도록 하고 있다. 실례로 '사전 안전성 심사(Pre-market safety assessment)'를 통해 대조 품종과의 '실질적 동등성(substantial equivalence)' 과정을 거치는데, 이때 알레르기 반응 등을 발견하여 개발 및 상용화가 중단된 GMO들도 다수 존재한다.

따라서, GMO를 하나로 정의하고, '인간이 개발한 기술은 안전한가?'와 같이 거대하고 모호한 물음을 던지는 것으로는 답을 얻을 수 없다. '이번에 개발된 GMO 품종은 안전한가?'와 같이 모든 품종을 개별적으로 세세히 검증하여 안정성이 확보된 GMO만 식품으로 재배될 수 있다는 신뢰가 지속해서 쌓여야 한다.

지금까지 위해가 없었다고 해서, 앞으로도 안전하리라는 보장은 없다. 아직 최초의 상업화 GMO도 30년밖에 되지 않은 것을 고려하면, 인간이 직접 생산, 소비하는 전체 과정을 장기적인 관점에서 지속적으로 검증하고 실질적인 안정성을 바탕으로 한 신뢰가 쌓여야 한다. 새로운 GMO를 개발하는 노력만큼, 혹은 그 이상으로 안정성과 신뢰성 확보에 대한 노력도 동시에 요구되는 상황이라 할 수 있다.

한국 소비자들은 GMO에 높은 거부감을 갖고 있으며, 예기치 못한 부작용에 대한 우려도 큰 편인데, '미승인 주키니 호박 유통 사건'과 같은 사례는 이런 대중의 불안을 더욱 증폭시켰다. 소비자들의 신뢰를 얻기 위해서는 과학적 검증뿐만 아니라 사회경제적, 윤리적 우려까지 해소할 수 있는 더 나은 정보제공과 소통이 필요한 실정이다.

생각해 볼 문제

토종 종자를 보존하는 '슬로푸드, 맛의 방주'

GMO는 우리가 알고 있는 농업, 식물을 가꾸고 재배한다는 개념에 식물 외 다른 생물들의 특성을 혼합한다는 '의도적인 조작'이 주는 거부감이 있습니다. 제가 본문에 첨부한 이미지들은 그 특징을 매우 강조한 그림들이죠. GMO에 대한 논의나 경계가 전과 같지 못한 요즘, 강한 인상을 남기고 독자분들의 기억에 오래 남기기 위한 저의 '의도적인 조작'이 가미된 그림들임을 인정합니다.

GMO는 우리가 먹는 과실과 채소에 동물이나 곤충의 조직을 직접 집어넣는 것은 아닙니다. 해당 작물의 약점을 보완하고 강화하기 위해, 다른 종의 유전 특성을 넣는 것은 맞지만, 우리가 알고 있는 전통 작물처럼 씨뿌리고 자라나서 열매를 맺으면 외관상으로는 거의 똑같습니다.

하지만, 우리가 지금까지 안정적으로 재배해 온 주요 작물들은 환경과 인류 건강에 부담을 주지 않으면서 수천 년 동안 서서히 식량자원으로 진화해 온 것이고, GMO는 약 30년이라는 매우 짧은 기간 동안, 식물 외 생물의 특성이 결합하는 엄청난 변화를 겪고 있으므로 안정성과 신뢰에 관한 우려가 나올 수밖에 없는 상황입니다.

직접 섭취하는 식량으로서의 위험을 넘어, 식량'자원'으로서 환경에 적합하고 병해충에 잘 견뎌 재배하기 쉬운 품종만 개발된다면 문제가 없겠지요. 하지만 GMO의 특성이 토종 품종에 섞여들고 획일화된 단일 품종이 지배적으로 재배되는 상황에서, 환경에 예상치 못한 위해를 끼치는 부작용이 발생하거나 특정 병충해에 취약해 식량 재배에 괴멸적인 피해가 발생할 수도 있기 때문인 듯합니다.

따라서 다양한 환경에 적응하고 오랫동안 살아온 '여러 생물종'이 당장의 경제성, 효율성을 충족시키지는 못하더라도 보존되어야 하고 그 존재가 유지되는 것만으로도 가치가 높은 일이라고 생각합니다.

이런 까닭인지, 유엔식량농업기구(FAO)는 2002년부터 세계중요농업유산(GIAHS, Globally Important Agricultural Heritage Systems) 프로그램을 통해 전 세계의 독특하고 생물다양성이 풍부하며, 환경과 지역 공동체를 조화롭게 발전시켜 온 전통 농업 시스템을 지정하여 보전하고 있습니다. GIAHS는 '지역사회가 환경과 조화를 이루며 지속 가능한 발전을 추구하는 과정에서 진화해 온 생물다양성과 토지이용 방법 및 전통'으로 정의되는데요.

2025년 8월 현재, 유엔 식량농업기구(FAO)에 따르면 전 세계적으로 29개국 99개 지역이 세계중요농업유산시스템(GIAHS)으로 지정되었습니다. 이는 전통농업 시스템이 지닌 생태적, 문화적 가치를 국제적으로 인정하고 보존하는 노력이라고 할 수 있습니다.

(위에서부터) 테오신테 → 옥수수-테오신테 혼성종 → 옥수수

출처: 위키 커먼스

우리는 오랫동안 전통적인 방법으로 교배와 육종을 통해서 여러 작물을 개량해 왔습니다. 위의 사진은 '테오신테'라는 옥수수의 원형이 전통적인 개량을 통해 지금의 옥수수로 변화해 온 과정을 간단히 보여줍니다. 전통적인 교배와 육종을 통해서도 꽤 큰 변화가 있었음을 알 수 있죠. 하지만 같은 식물 종을 교배하고 육종하는 것이 아니라, 식물이 가지고 있던 원래의 유전자를 제거하고, 해산물과 포유류의 유전자를 임의로 식물에 주입해, 단기간에 커다란 변화를 만들어 내기 시작한 지는 얼마 안 되었으므로 아직은 안정성에 대한 우려가 있습니다. 또한 새로운 GMO 품종을 기존의 재래종과 교배할 경우, GMO의 인위적 유전 특성이 재래종에 전달되어, GMO 품종으로 변화시키는 불가역적 결과를 초래하기에 종의 다양성이 줄어드는 것도 걱정스러운 현실입니다.

지난 2020년부터 전 세계적으로 겪었던 '코로나19 위기'가 종의 다양성이 잘 지켜졌다면, 코로나19가 인간에게 직접 전염되기 전에 '종의 장벽'에 가로막혔을 것이라는 견해도 있으니까요. 대규모 단일 품종 재배와 여러 생물군이 계속 멸종되고 사라짐에 따라, 종의 다양성이 줄어들고 전염병이 종을 뛰어넘어 전파되는 것이 쉬워진 것입니다.

포도주 나무뿌리에 기생하는 포도뿌리혹벌레(필록세라, Phylloxera)

출처: Schmid, J. (2008).

진정한 미식가인 필록세라는 최고의 포도원을 찾아내 최고의 와인을 마신다.

출처: Edward Linley Sambourne(1910).

유럽은 1800년대 중후반에 미국에서 넘어온 '필록세라'라는 해충이 포도나무를 말려 죽이는 바람에 와인산업 전체가 붕괴할 뻔한 적이 있었습니다. 이 문제를 해결한 방법은 필록세라에 저항성이 있는 미국산 포도나무의 뿌리를 유럽의 포도나무에 접붙이는 것이었지요. 인위적인 방법이었지만, 다른 품종의 장점을 받아들여 위기를 타개한 유럽인들은 이 경험을 바탕으로 '토종 품종의 보존'과 '종의 다양성'에 대한 중요성을 깨닫게 되었던 듯합니다.

1980년대 중반 이탈리아에서 시작한 '슬로푸드 운동'은 현재, 전 세계적으로 확대되었습니다. 이들의 중요 프로그램 중 하나가 '맛의 방주(Ark of Taste)'입니다. 이는 1996년, 멸종 위기에 처한 품종들을 분류, 보존하고 세상에 알리기 위해 시작되었으며 '소멸 위기에 처한 좋은 먹거리와 그 생산자들을 보호하고 촉진하는 것'을 목적으로 하는데요.
2024년 기준으로 한국에만 124개의 품종이 맛의 방주에 등록되어 있다고 합니다.

맛의 방주에 등재된 울릉도 홍감자와 생산자 한귀숙 농부님

출처: 행복이 가득한 집(2015)

2015년, 울릉도의 전통 품종인 '홍감자'가 맛의 방주에 등재됨에 따라, 이를 알리고 기념하기 위해 조리학교 동문(도일한, 김민전)과 함께 슬로푸드 코리아의 '맛의 방주' 프로그램에 참여했습니다.

울릉도에는 '홍감자'가 있었고, '흑우'라는 지역 전통의 한우도 있었습니다. 새롭고 다양한 식재료들을 재배하고 활용하는 식문화가 이어져 내려오고 있었어요. 다양한 지역의 전통 품종들은 낯설었지만, 울릉도라는 지역적 특징을 머금고 환경에 적응하며 가꿔져 온 역사적 의미와 가치가 있었습니다.

울릉도 홍감자의 맛의 방주 등재를 함께했던 동문

울릉도의 흑우

단순히 시장에서 많이 팔리고 맛이 달고, 경제성이 높은 품종만이 최선이 아니라는 것을 우리는 삶의 다양한 경험을 통해서 알고 있습니다. 언제 어떤 전염병과 해충이 우리가 단일재배하는 작물에서 일어나 위기가 닥칠지도 모릅니다. 이런 위기에 대비하기 위해서라도, 그리고 전 세계 다양한 지역의 환경과 전통문화를 이해하고 보존하기 위해서라도 '맛의 방주' 같은 보존 활동이 많아지길 바랍니다.

4. 다시 처음으로, 대안농업

대안농업(alternative agriculture)은 관행농업 체계와는 달리 환경, 사회, 지속 가능성을 강조하고, 인위적인 투입재(비료, 농약, 동물약품 등)를 최소화하며, 생태계 보전, 지역 공동체 활성화, 농민 자립 등을 목표로 하는 다양한 농업 방식을 말한다.

유기농업(Organic Agriculture)

유기농업은 화학합성 농약이나 GMO 종자 등 인위적 합성 투입재를 사용하지 않고 자연순환 자재와 생태원리를 활용하여 농산물을 재배하는 방식을 말한다. 유기농은 현대에 들어와 대안농업 운동의 하나로 등장하여 제도화된 방식으로, 토양 건강과 생물다양성 증진, 소비자에게 더욱 안전한 식품 제공을 목표로 한다. IFOAM-Organics International[6]이 정한 유기농의 4대 원칙은 건강(Health), 생태(Ecology), 공정(Fairness), 배려(Care)로 농업이 자연과 인류의 조화와 환경의 건강을 증진해야 한다는 철학을 담고 있다. IFOAM은 2025년 6월에 '진정한 재생농업(Elevating Truly Regenerative Agriculture)'이라는 성명을 발표하며, 대안농업의 중심에 유기농업이 있음을 알렸다.

한국은 2023년 말 기준 전체 농지 대비 유기농 경작 비율이 약 2.41%(전체 경작지 1,568,000헥타르 중 37,800헥타르, 1헥타르(ha) = 3,025평)로 증가 추세에 있으며, 전 세계적으로도 유기농업 비율은 조금씩이나마 증가하고 있다.

전 세계 농경지 중 2.1%가 유기 농업지이므로 우리나라의 유기 농지 비율은 세계 평균을 약간 상회한다고 볼 수도 있지만, 호주, 한 나라의 유기농업 면적이 5,300만 헥타르로 전 세계 유기농 면적(9,890만 헥타르)의 절반을 넘게 차지하고 있으므로, 호주를 제외한 나라들의 유기농 면적은 전 세계 농업에서 매우 미미한 수준이라 할 수 있다.

우리나라 유기농 면적은 2020년부터 약 3만 ha 선에서 정체되어(무농약까지 포함한 친환경 인증(유기농+무농약) 면적은 약 7만 ha 내외), 정부의 친환경 농업직불제도 직불금 인상이나 확대와 같은 육성 정책이 필요한 상황이다.

유기농업의 주요 작물로는 과채류, 과수, 차(茶) 등 비교적 부가가치가 높고 소비자가 잔류농약을 특히 꺼리는 품목들이 많다. 곡물 및 대두, 면화 등 대규모 재배 작물도 유기 전환 사례가 늘고 있으나, 단위 면적당 수확량 저하와 제초제 부재로 인한 노동 요구량 증가 등으로 관행농 대비 생산성이 떨어져 비중이 크지는 않다.

유기농의 장점은 친환경적이라는 데 있다. 합성농약과 화학비료를 배제함으로써

6 International Federation of Organic Agriculture Movements-Organics International, 전 세계 유기농업을 대표하는 국제 민간기구

토양 미생물성과 주변 생태계의 피해를 줄이고, 토양 유기물 함량을 높여 지력 회복과 탄소 격리(배출 저감)에 이바지한다. 또한 농산물에 화학물질 잔류 우려가 적고 GMO를 사용하지 않으므로 GMO를 피하고 싶고, 상대적으로 품질 좋은 농작물을 원하는 일부 소비자들이 찾는다.

관련 연구에 따르면 유기농 식품은 평균적으로 질소 함량이 낮고, 비타민 C나 항산화 물질 함량은 높다는 보고가 있으며, 가축의 경우 항생제와 합성사료 첨가제를 쓰지 않고 방목에 가깝게 사육하므로 동물복지 측면에서도 우수하다. 유기농산물은 환경친화적인 가치를 반영하여 일반 제품보다 가격 프리미엄을 받는 경우가 많아, 농가 소득에도 이점이 될 수 있다.

하지만 유기농업이 어려운 이유로 우선, 수확량 감소가 지적된다. 작물과 지역에 따라 차이는 있지만, 관행농 대비 유기농 수확량은 약 19.2% 적은 것으로 보고된다. 다품종 재배(multi-cropping)와 윤작(crop rotations)과 같은 농업 다각화 방식을 적용했을 경우 수확량이 8~9% 정도로 줄어들기는 하지만, 기계·수작업 제초, 생물적 방제 등을 위한 인건비, 관리 비용 증가도 단점이다. 따라서 생산 단가가 높아 판매가격이 상승하기 때문에 가격 경쟁력 확보가 어렵다는 문제가 있다. 또한 초기 전환기에 병충해 발생을 억제하기가 까다로워 기술적으로 어렵고, 유기농 인증을 받기 위한 전환 기간 2~3년 동안은 수확량 감소를 견뎌야 하므로 농가의 진입장벽이 존재한다.

이 밖에도 유기농 인증과 사후 관리에 필요한 행정 비용, 인증 불이행 사례에 따른 신뢰 이슈 등도 극복해야 할 과제이다. 그럼에도 유기농은 지속 가능한 대표적인 농업 방식으로 인정받고 있으며, 각국 정부와 국제기구의 적극적인 지원 정책하에 확대되고 있다(국내의 친환경 농업 직불제, EU의 유기농 전환보조금 등).

통합농업(IF)과 저투입 지속 가능 농업(LISA)

통합 농업(Integrated Farming)은 관행농업과 유기농업의 중간 지점에 위치한 개념으로, 화학 투입을 최소화하면서도 필요시 제한적으로 외부 투입재를 활용하여 경제성·환경성을 균형 있게 추구하는 농업 방식이다. 여기에는 IPM(Integrated Pest Management, 통합적 병해충 관리), INM(Integrated Nutrient Management, 통합 양분 관리),

GAP(Good Agricultural Practices), 저투입 지속 가능 농업(LISA, Low-Input Sustainable Agriculture 혹은 보전 농업: Conservation Agriculture이라고도 함) 등이 포함된다.

IPM과 INM은 해충 밀도를 지속해서 모니터링하고 생물학적 방제(천적 곤충 활용 등), 경종적 방제(Cultural Control, 작부체계: 재배 순서와 간격 등의 작물 및 작황 배치)를 조정하여 병충해와 잡초 통제에 인위적인 방법을 최소한으로 사용한다. 예방적이고 생태적인 방제기법들을 우선 적용하고, 물리적 방제(김매기 등)와 화학적 방제(살충제 등)는 최후의 수단으로만 사용하는 농법이다.

이를 통해 농약 사용량과 농업 비용을 줄이고, 해충의 농약 저항성 발달을 지연시킬 수 있다. 실제 미국 등에서 IPM 도입 후 살충제 사용량이 50% 이상 감소했음에도 수확량에는 큰 차이가 없었던 사례들이 보고되었다.

GAP는 농산물의 생산부터 유통까지 농약, 중금속, 미생물 등에 대한 위해 요소를 관리하여 안전하고 위생적인 농산물을 생산하는 우수 관리 기준을 말한다. GAP 농가는 허용된 약제만 정해진 농도와 시기에 사용하고, 수확 후 안전성 검사 등을 거쳐 농산물을 출하함으로써 소비자에게 비교적 안전성이 높은 식품을 공급한다. 한국에서도 2000년대 중반부터 GAP 인증제도가 실시되어, 2025년 현재 6만 2천여 농가가 GAP 인증을 받아 과일, 채소 등을 생산하고 있다.

소농의 경운기 운용

AI 생성 이미지

저투입 지속 가능 농업(LISA, Low-Input Sustainable Agriculture)도 이 범주에 속하는데, 이는 농가 경제를 유지하는 선에서 화학비료·농약 투입을 최대한 줄이고 녹비작물 재배(Cover Crops, 본 작물의 재배가 아닌 기간에 잡초 억제, 토양 구조 개선, 영양분 보충 등을 위해 완두콩, 밀, 보리 등을 재배)와 보존경운

(Conservation Tillage)[7] 등을 통해 토양 환경을 보전하면서 농사를 짓는 방법이다.

산업농의 경운기 운용

예를 들어 미국의 많은 곡물 농장에서는 '무경운(No-Tillage)', 재배를 도입하여 경운으로 인한 토양침식을 막고, '작물 잔사 멀칭(Stubble mulching)'[8]으로 농경지를 관리하고 있다.

7 경운은 쟁기 등으로 흙을 갈아엎는 것을 말하는데, 전통적인 농업에서 씨앗 발아와 토양의 비료와 물 흡수 및 일시적 병해충 억제 효과를 위해 수반했지만, 장기적으로 토양 구조의 파괴, 농업에 필수적인 표토의 침식 및 경반층(쟁기 바닥) 형성 등의 문제를 일으키는 것으로 밝혀져 현재는 경운을 최소화하거나, 하지 않는 것을 '보존경운'이라 함

8 수확 후 작물의 줄기·뿌리·잎 등의 잔사를 경작지 표면에 그대로 남겨 덮어두는 것으로, 검정 비닐과 같은 플라스틱을 사용하지 않고 잡초가 자라는 것을 막는 방법

(좌) 관행농에서 잡초를 예방하는 비닐 멀칭, (우) 외부 투입 재인 나무껍질을 활용해 잡초를 예방한 잔사 멀칭(비닐 멀칭보다는 환경적이며 조경 측면의 장점도 있음)

산업농의 작물 잔사 멀칭 (커다란 들판을 수확 작물의 잔해로 덮어 잡초 예방)

출처: 위키미디어

이러한 보존농업은 트랙터 경운 횟수를 줄여 연료 사용과 탄소 배출을 감축하고, 토양 유기물을 늘려 장기적 생산성을 높이는 효과가 있다. 단, 초기에는 전문 기술과

장비가 필요하고 수확량 변동이 있을 수 있어 농민 교육과 지원이 필수적이다.

통합적·저투입 농업의 특징은 관행농업의 높은 생산성이라는 장점을 상당 부분 유지하면서 환경 부하를 줄인다는 점이다. 농약과 비료 사용량을 단계적으로 감축함으로써 생산비도 절약하고, 주변 생태계 피해도 낮춘다. 소비자에게는 안전성이 개선된 농산물을 공급할 수 있어 시장 친화적이다. 하지만 단점으로는 관리가 복잡하고 체계적이어야 하므로, 농업인 교육과 전문 컨설팅이 필요하다. 또한 유기농처럼 명확한 인증을 통해 구분되지 못하고 있으므로, 농산물이 갖는 부가가치가 크지 않을 수 있다. 그럼에도 이런 중도적 방식들은 많은 농가에서 큰 거부감을 나타내지 않고 있어, 각국 정부와 FAO 등이 환경친화적인 농업의 확산을 위한 실용적 접근법으로 장려하고 있다.

자연농업과 퍼머컬처

관행농업에 대한 반성으로 등장한 대안농업의 스펙트럼에는 유기농업 외에도 자연농법(Natural Agriculture), 퍼머컬처(permaculture) 등 철학적 지향이 담긴 다양한 실천들이 존재한다.

자연농법은 일본의 후쿠오카 마사노부(Masanobu Fukuoka)가 창안한 방식으로 알려져 있다. 후쿠오카는 『짚 한 오라기의 혁명(One-Straw Revolution)』이라는 저서를 통해 '아무것도 하지 않는 농법'을 주창했는데, 이는 경운하지 않고 비료나 농약을 일절 쓰지 않으며, 잡초도 함부로 제거하지 않는 방식이다. 그는 논과 밭에 여러 작물을 섞어 심었고, 곡물 종자를 점토 씨앗(Seed Balls, 씨앗을 점토로 코팅한 것) 형태로 흩뿌려 자연 상태에 가깝게 자라게 하였다.

이러한 자연농법은 생산량 극대화보다는 생태계 순환에 순응하는 농업 철학에 가깝다. 초기 몇 년간은 수확량이 떨어지지만, 토양의 자생력이 회복되면 안정적으로 생산할 수 있다고 주장했으며, 실제 후쿠오카의 논에서는 관행 수준의 쌀 수확을 달성했다고 전해진다. 한국에서도 1970년대부터 자연농법 사상이 소개되어 일부 실천 농가가 있었고, 최근에는 'KNF(Korean Natural Farming, 한국자연농업)'이 하와이와 같은 해외지역에 알려지기도 했다. KNF는 EM(Effective Microorganism, 유용 미생물)이나

IMO(Indigenous Micro Organisms, 토착 미생물) 배양액 등을 활용하여 토양에 유익균을 공급하고, 발효 퇴비, 자가 제조 액비 등을 쓰는 방식으로 화학비료 대체를 추구한다. 이는 기존 자연농법에 현대 미생물 기술을 응용한 형태다.

자연농업의 장점은 투입 비용이 거의 들지 않고 생태계 교란을 최소화한다는 점이다. 토양을 갈지 않으므로 지력 유지와 이산화탄소 배출 저감에도 유리하다. 농부는 농약 없이 자연의 섭리에 맡기는 농사를 짓는다는 만족감을 얻을 수 있다. 그러나 단점은 현대의 평균적 수요를 맞출 만한 생산성을 확보하기 어렵고, 대규모로 적용하기는 곤란하다는 것이다. 잡초와 해충을 방치하므로 초기 실패 위험이 크고, 기계화된 작업과도 양립하기 어려워 노동력이 많이 투입되어야 한다. 따라서 자연농법은 철학적 지향을 가진 소수 농가나 자급자족 공동체 중심으로 실험적으로 이루어지고 있으며, 과학적으로 그 효용을 검증하는 연구도 지속되고 있다.

'퍼머컬처'는 1975년 호주의 빌 몰리슨(Bill Mollison)과 데이비드 홈 그렌(David Holmgren)이 시작한 것으로 '영구적 농업(permanent agriculture)'이라는 두 개의 단어를 하나로 결합한 것이다. 퍼머컬처는 농장을 단일 작물 생산지가 아니라 하나의 생태계로 설계하는 농업 철학이다. 1년생 작물뿐 아니라 과수, 목본, 가축, 곤충 등 다양한 생물 요소를 입체적으로 결합하여, 인간에게 필요한 식량·에너지를 생산하면서도 자연 생태계를 모방한 자급적 시스템을 구축한다. 이러한 생태계 시스템을 구축하는 퍼머컬처의 12가지 원칙은 다음과 같다.

(1) 관찰하고 상호작용하라(Observe and Interact)

(2) 에너지를 포착하고 저장하라(Catch and Store Energy)

(3) 수확물을 얻어라(Obtain a Yield)

(4) 자기조절과 피드백을 적용하라(Apply Self-Regulation and Accept Feedback)

(5) 재생 가능한 자원과 서비스를 활용하고 소중히 하라(Use and Value Renewable Resources and Services)

(6) 폐기물을 만들지 말라(Produce No Waste)

(7) 패턴부터 세부 사항까지 설계하라(Design from Patterns to Details)

(8) 통합하라(Integrate Rather Than Segregate)

(9) 작고 느린 해결책을 사용하라(Use Small and Slow Solutions)

(10) 다양성을 활용하고 소중히 하라(Use and Value Diversity)

(11) 주변부와 경계지를 활용하고 소중히 하라(Use Edges and Value the Marginal)

(12) 창의적으로 활용하고 변화에 대응하라(Creatively Use and Respond to Change)

예를 들어 일정 공간에 닭을 방목하여 잡초와 해충을 먹게 하고 계분을 비료로 활용하며, 주변에 질소고정 식물을 심어 비료나 농약 없이도 지속되는 농장 순환계를 조성한다. 이러한 방식은 자연 친화적이며 경제 외적 투입이 거의 필요 없다는 장점이 있지만, 설계자가 해당 지역 환경과 종들을 깊이 이해하고 있어야 하고, 몇 년 동안의 안정기가 요구된다는 어려움이 있다. 또한 퍼머컬처 농장은 적은 양의 다양한 산물(과일, 약초, 목재 등)을 수확하게 되어 있어, 소비시장에 대량으로 출하하기 어렵기 때문에 로컬푸드 형태로 소비되는 경우가 많다.

퍼머컬처 농장

상업적 농지보다는 동네 텃밭과 같은 풍경으로 여러 작물이 어우러져 있다.

출처: Wikimedia Commons

퍼머컬처 농장은 관행농장에 비해 토양의 유기 탄소량이 약 27% 높고, 식물 종의 다양성이 457%, 토양 건강에 유익한 지렁이가 77%, 조류(새)가 197%씩 더 많아졌고,

토양의 구조 개선과 산성화 완화, 미생물 다양성 증대 등 환경친화적이며 기후 위기 대응에 효과적인 농법으로 보고되었다. 현재 전 세계적으로 소농과 도시농부, FAO와 같은 국제기구, 환경단체들의 보급 노력을 통해 확산하고 있으며, 전환 마을(Transition Town) 운동과 같은 지역 지속 가능성과도 연결되고 있다.

생각해 볼 문제

'기적의 사과'

출처: 네이버 영화

「기적의 사과」라는 영화가 있습니다. 일본에서 사과를 재배하는 한 농부가 농약 알레르기로 고통받는 아내를 위해 '농약 없이 사과를 재배할 수는 없을까…' 하고 고군분투 끝에 무농약 사과 재배에 성공하는 이야기를 유쾌하게 다룬 영화입니다. 무엇보다 이 영화는 실화를 바탕으로 합니다. '사과를 재배하는데, 농약을 안 쓰는 게 뭐 그리 힘든 일입니까?'라고 반문하실 수도 있지만, 농부님들 사이에서 '사과'는 과실을 좋아하는 모든 해충이 좋아하는 인기인으로 유명합니다. 보통 이 해충은 이 과일만, 저 해충은 저 과일만 먹는데, 사과는 그야말로 모든 해충이 먹고 싶어 하는 과일인가 봅니다. 그래서 농약 없이 사과를 기르는 것은 불가능하다는 게 상식이었다고 해요.

무농약 사과를 재배해 낸 '기무라 아키노리' 농부는 1978년에 무농약, 자연농법을 본인의 사과 농장에 적용하기 시작했고, 무려 10년 동안 사과가 열리지 않았다고 합니다. 그러다가 1988년, 10년째 되던 해에 무농약 사과를 재배할 수 있었다고 해요.

직장인으로 비유하자면 10년 동안이나 연봉이 없이 시간과 노력을 들인 것이죠. 더군다나 성공할 수 있을지도 모르는 불투명한 상황에서 10년간 포기하지 않고 결실을 이뤄낸 것은 정말 보통 일이 아니었을 겁니다.

첫 6년 동안은 나무에만 심혈을 기울이고 여러 가지 시도를 했지만, 이후 나무가 서 있는 '흙' 그 뿌리와 원천에 관해서도 공부하고 변화를 주면서 무농약 사과 재배에 성공하게 됩니다. 늘 생각하는 것이지만, 역시 '자연과 우리는 연결되어 있다'는 단순한 사실을 다시 한번 떠올리게 됩니다. 건강한 흙이 있어야 나무가 뿌리를 잘 내리고, 뿌리를 잘 내린 나무가 잘 자랄 수 있으며, 잘 자란 나무에서 좋은 사과가 열린다. '건강하지 못한 아이에게 병해충이 오지 못하게 살충제를 치는 게 아니라, 아이가 병해충에도 충분히 견뎌낼 수 있도록 건강해지게 만들면 된다'

는 그의 이야기는 비단 '농사'뿐만 아니라 세상의 여러 문제를 해결하는 근본적인 방법, 지혜라는 생각도 듭니다.

지난 백 년 동안 인류가 소비한 식량 대부분을 제공해 줬던 주된 농업 방식은 '관행농-산업농'이었습니다. 그러나 그 문제점과 한계가 지속 가능성을 비롯해 여러 가지 측면에서 드러나고 있는 만큼, 이를 돌아보고 개선하는 변화가 필요하다는 문제 인식은 많은 공감과 지지를 받고 있습니다.

이 때문인지 사람들이 관행농과 산업농을 쉽게 비난하는 모습들도 가끔 보곤 합니다. 하지만, 농업은 농부님들이 가정을 꾸리고 경제적인 소득을 벌어들이기 위한 직업이자 생존 수단입니다. 농업은 철학적인 일도 아니고, 봉사도 아니지요. 애초에 '자연'은 있는 그대로 두면 가장 좋을 것인데, 굳이 '농사'를 짓는 목적은 '인간'이 '자연'으로부터 혜택을 얻기 위함이니까요. 백 년도 넘게 우리가 자연의 혜택을 얻어온 주된 방법 '관행농', 지난 백 년 동안의 방법을 통째로, 갑자기 탈바꿈하는 것은 쉽지 않을 겁니다.

저는 「기적의 사과」 속 농부님의 이야기를 보면서, 그런 변화를 이뤄내는 것이 현실적으로 얼마나 많은 시간과 노력이 필요한 일인지, 그리고 얼마나 많은 관심과 지지가 필요한 일인지 엿볼 수 있었습니다. '이미 인지한 우리의 문제들을 해결하기 위해 겪는 변화의 과정이 왜 즉각적이고 전폭적이지 못한 것인가?'를 이해하고 인내하는 데 많은 도움이 되었어요.

그래서, '3장 농업'의 본문에 서술한 여러 가지 지식도 물론 중요하지만, 우리가 먹는 식재료, 농산물이 건강하게 재배되어 우리들의 식탁에 오른다는 것이 얼마만큼의 노력이 필요한 일이자 결실인지를 보여주는 영화, 「기적의 사과」를 꼭 한번 감상하시기를 추천합니다.

5. 농업의 국제적인 흐름

기후 위기와 미래 농업의 방향

기후변화는 21세기 인류가 직면한 가장 거대한 도전이며, 농업 부문은 그 원인 제공자이자 피해자라는 이중적 위치에 있다. 전 세계 식품 생산과 공급망은 지구 전체 온실가스 배출량의 약 1/4을 차지할 정도로 거대한 위협이지만, 이로 인해 일어나는 이상기후와 급격히 기후가 변하는 '기후 진동' 등으로 작황 불안, 농업 위협과 같은 문제를 동시에 겪고 있기 때문이다. 하지만, 다시 말하면, 오늘날의 기후 위기를 완화하거나 피해 갈 수 있도록 하는 주요한 변화를 불러올 수 있는 열쇠 또한 농업이라 할 수 있다.

농업이 지속 가능한 방식으로 개선되고 발전되어 가야만 지금까지처럼 안정적으로 식량을 생산할 수 있을 것이고, 이것이 가능해야만 앞으로 인류의 삶도 지구와 환경, 농업에 기대어 이어질 수 있을 것이다. 이와 같은 인식을 바탕으로 미래 농업은 무엇보다 지속 가능성과 기후 친화적 전환을 지향해야 한다는 데 세계가 공감대를 이루어 가고 있다. 구체적으로 농업에서의 온실가스 감축 주요 전략은 크게 세 가지를 들 수 있다.

첫째, 온실가스 배출 자체를 줄이는 것이다. 예를 들어 저메탄 벼 품종 개발, 논농사에 간헐적 관개(Alternate Wetting and Drying) 기술 도입, 투입 자원을 면밀하게 계산하고 최적의 농업 생산성을 이뤄내는 스마트 농업 기술의 보급 등으로 메탄가스 발생량을 최소화한다.

둘째, UN의 FAO와 같은 국제 식량 기구는 '4 per 1000 initiative(4대 1000 이니셔티브)' 등을 통해 전 세계 농지의 탄소 저장량을 매년 0.4%씩 높인다면 현재의 이산화탄소 증가분을 상쇄할 수 있다고 밝혔다. 이에 따라 미국, EU 일부 국가에서는 농민이 친환경 경운법 등으로 토양에 탄소를 더 많이 저장하도록 하는 정책들을 시범적으로 도입, 장려하고 있다.

셋째, 간접적이지만 '식품의 소비 패턴 변화'를 중요한 감축 방법으로 제시하고 있다. '제1장 축산업'에서 언급했던 것과 같이 육류 소비가 늘어나는 오늘날의 식문화 흐름을 곡물 및 채소 위주로 전환하는 것으로 온실가스 배출을 낮춘다.

각국 정부와 업계, 국제기구와 전 세계의 시민단체들은 위와 같이 첫째, 대안농업. 둘째, 관개 개선과 품종 개량, 농지 및 산림의 복원을 위한 기술개발. 셋째, 환경친화적인 식문화의 보급과 같은 세 가지 주요 전략을 중심으로 농업이 앞으로 나아가야 할 방향과 '미래 농업의 지향점'을 제시하고 있다.

6. 그래서 우리는?

제3장, '농업'에서 우리는 오늘날의 농업에 대한 간단한 역사와 농업 방식의 흐름, 그리고 농업이 앞으로 나아가야 할 방향에 대해서 간단히 둘러보았는데요. 그래서 우리는 소비자로서 어떤 소비를 해야 할까요?

일단 저는 우리가 할 수 있는 최고의 선택, 그러니까 환경과 나의 건강과 미래를 위한 최선의 선택을 해야 한다고 생각합니다. 그 방법은 각자의 여건에 따라 매우 다를 수 있겠지요. 소비활동은 우리 각자가 가지고 있거나 지속해서 습득하게 되는 여러 자원들을 고려하여 해야 합니다.

우선은 식품 구매를 위해 지출할 수 있는 '예산', 식생활에 이용할 수 있는 '시간'과 '에너지', 예산 및 시간과 연관된 식재료 '접근성', 좋은 식재료를 식별하고 구매할 수 있는 '지식', 그리고 구매한 식재료를 보관, 손질 및 조리할 수 있는 '환경'과 '능력', 마지막으로 소비활동을 마무리하는 '폐기물 처리 및 재활용'까지…. 전체를 돌아보면 참 복잡한 행동인데도 우리는 지금까지 그럭저럭 해왔던 것 같습니다. 그래도 한번, 지금까지의 소비활동을 돌아보는 건 어떨까요?

이 장에서 다루었던 전반적인 내용과 오늘날의 환경문제, 기후 위기 상황을 고려해서 바른 먹거리를 착하게 소비하는 방법을 정의해 보았습니다. 각자의 상황에 맞게 될 수 있는 대로 실천하는 것이 중요합니다.

1) 바른 먹거리: 나의 건강과 우리 환경에 부담을 되도록 주지 않는 방법으로 재배되고 만들어진 농산물과 식품

(1) 되도록 살충제나 제초제와 같은 농약을 적게 사용하여 재배한 농산물

(2) 되도록 유기농, 통합농, 자연농 및 퍼머컬처와 같이 지속 가능성을 우선시하는 농업 방식으로 재배된 농산물

(3) 되도록 나의 주거지역에서 가까운 곳에서, 그리고 제철에 재배된 농산물

(4) (1)과 (2)에서 언급된 방식으로 재배되고 가능하다면 (3)에서 언급된 조건까지 충족하는 식재료를 활용하여 가공 및 제조된 식품

2) 착한 소비: 바른 먹거리를 구입하여 나의 건강과 우리 환경에 부담을 주지 않는 방법으로 재배된 농산물과 식품을 지지하고, 우리의 건강 증진과 유지에 요구되는 알맞은 양의 식품만 소비하여 음식물 낭비와 폐기물을 최소화하는 식생활

(1) 되도록 '1) 바른 먹거리'를 원물 그대로 사서 직접 조리해 먹는다.

(2) 되도록 알맞은 양의 식재료를 구입하여 바로 조리해 먹는다.

(3) 되도록 음식을 남기지 않고, 식후 남은 음식물은 폐기되지 않도록 재가열하여 보관하고 가능한 한 빨리 소비한다.

(4) 어떤 식재료가 '1) 바른 먹거리'인지 지속적으로 학습-확인하고, '1)'을 되도록 이용한다.

(5) 되도록 식품의 유통과정에서 쓰레기나 폐기물이 적게 발생하고 포장이 최소화된 식품을 구매한다.

'되도록'이라는 표현을 반복해서 넣었는데요. 원칙을 완전하고 완벽하게 정하고 식생활을 철저하게 바꾸는 것이 현실적으로 쉽지 않고, 각자의 생활 여건 아래에서 저마다의 기준으로 건강과 시간, 접근성, 경제적 여건 등을 현명하게 고려하여 최적의 소비를 해 나가면 된다는 '상대성'을 강조하고자 했습니다. 제가 어마어마한 부자라서 최상의 식재료를 사들이는 데 돈을 아낌없이 쓸 수 있다면 좋겠지만, 그렇지 못한 현실을 고려하여 내린 정의라고 봐주시면 좋을 것 같습니다.

그럼, 주어진 여건에서 제일 나은 선택을 할 수 있도록 도와주는 몇 가지 원칙들을 말씀드리면서 '3장 농업'을 마무리하겠습니다.

어떻게 사야 할까?: 소비자를 위한 농산물 구매 안내

1) 제철(local) 농산물을 선택하세요

제철에 생산된 농산물은 신선도와 품질이 높고, 저장이나 운송을 위한 에너지나 농약이 상대적으로 적게 들어갑니다. 가능하다면 내 지역에서 수확된 과일·채소를 제철에 소비함으로써 지역 농가도 지원할 수 있습니다. 마트나 시장에서 원산지와 생산지를 확인하고, 가까운 지역에서 나온 제철 식재료를 구입하세요.

2) 식품 표시 사항을 읽으세요

농산물의 포장, 혹은 가공식품의 원재료 표시에는 다양한 정보가 담겨 있습니다. GMO 사용 여부, 원료의 원산지, 품종명, 생산자 정보 등을 꼼꼼히 확인해 보세요.

특히 GMO를 피하고 싶다면 대두, 옥수수, 카놀라(유채), 면화, 사탕무, 알팔파가 포함된 가공식품을 피하시면 됩니다. 면화는 먹지 않고, 알팔파는 가축 사료용 작물이므로 섭취할 일은 없겠지만, 두부 같은 경우 국내산 두부를 사용했는지 확인하시고, 옥수수의 경우에는 과자나 가공식품에 옥수수가 여러 가지 형태로 들어가 있다면 피하는 게 안전합니다. 우리나라에서는 GMO 원재료를 사용했어도 최종 식품에서 GMO 검출이 되지 않으면 GMO 표기를 하지 않아도 되기 때문에 GMO를 피하는 가장 좋은 방법은 위에 언급된 6개의 원료가 사용되지 않는 식품들만 소비하면 되는데, 그러기가 쉽지 않습니다. 우리가 사 먹는 전통 장류나 조리용 기름과 다양한 과자류에는 위에 언급된 원료들이 많이 사용되니까요.

그래서 우리나라에서 GMO를 회피하기 가장 쉬운 방법은 '유기농' 인증을 받은 식재료와 '생협'과 같이 애초에 GMO를 배제하여 식품을 제조하는 유통채널을 이용하는 것이 가장 확실한 방법이라고 할 수 있습니다.

3) 철저하게 세척하고 조리하세요

관행 농산물의 농약도 그렇고, 유기농 농산물도 적절한 세척과 전처리를 거쳐 안전하고 깨끗하게 먹어야 합니다. 잔류농약이 우려되는 과일·채소는 흐르는 물에 충분히 씻고, 가능한 한 껍질을 벗기거나 데쳐 먹으면 잔류물질을 상당 부분 제거할 수 있습니다. 식초나 베이킹소다를 탄 물에 담갔다 헹구는 방법도 도움이 됩니다. 또한 생으로 먹기보다 살짝이라도 열을 가해 조리하면 일부 농약 성분이 분해되고, 유기농업 농산물에 있을 수 있는 미생물도 대부분 제거되어 안전하게 먹을 수 있습니다.

4) 식사를 계획하고 식자재를 저장 관리하세요

장을 볼 때는 가정에서 실제 소비할 양만 사고, 남은 재료는 올바르게 보관하여 버리는 일이 없도록 하세요. 채소류는 적정 온도에서 보관하고, 쉽게 시드는 잎채소는 종이행주로 물기를 잡아 밀폐 용기에 넣으면 신선함이 오래갑니다. 음식물 쓰레기를 줄이는 것은 환경에도 좋고 실질적인 비용 절약에도 많은 도움이 됩니다.

5) 다양한 품종의 식재료를 먹어보세요

다양한 품종의 농산물을 소비하는 것은 농업의 종 다양성과 개인의 건강을 지키는 데 도움이 됩니다. 한 가지 품종만 대량 재배되면 다른 품종은 사라지게 되므로, 소비자가 여러 품종을 찾아 먹으면 농가도 여러 작물을 재배할 동기가 생기고, 골고루 먹는 식습관은 즐거운 미각 경험에도 그리고 건강에도 좋지요.

6) 인증마크를 확인하세요

친환경 인증이나 안전 인증마크가 있는지 살펴보세요. 예를 들어 국내에서는 유기농산물(초록색 유기 인증마크)과 무농약 농산물(파란색 인증마크)이 국가 인증으로 관리됩니다. 이 마크는 화학물질을 일정 기준 이상 사용하지 않고 생산되었음을 의미하므로 농약에 대한 걱정을 덜 수 있습니다. 또한 GAP 인증마크는 농산물의 안전관리가 잘 되었음을 뜻하며, 친환경을 강조하는 기업들과 여러 생협은 '국산 콩', '참여 인증(한살림_화학농약, 화학비료 비사용)', '가까운 먹을거리(한살림_국내산이 지니는 유통상의 탄소배출 감소 효과 강조)' 등의 라벨들이 있습니다. 이런 인증들을 확인하는 건 해당 제품과 관련한 이슈들, 문제점이 무엇인지, 해당 제품은 이를 어떻게 해결했길래 이런 인증을 받게 된 것인가와 같은 공부도 되고 재미도 있습니다. 물론, 인증이라고 모두 다 믿으면 안 됩니다. 단순한 자체 라벨을 법적으로 공인된 인증과 유사하게 표기하는 사례도 있으므로, 이런 것들을 꾸준히 확인하고 알아가는 것은 재미도 있지만, 그린워싱(본질적인 제품과 기업 운영은 그렇지 못하지만, 친환경적 이미지를 남용하는 것)을 가려내는 유용한 방법이기도 합니다.

① **직거래 및 지역 상생 소비, 생활협동조합(생협)**: 로컬푸드 (온라인) 직거래, 지역 식재료 판매장, 농민 시장(파머스 마켓), 생협 지점 등을 이용하는 것도 좋습니다.

유통 단계가 줄어들어 신선도가 좋을 확률이 높고, 생산자 정보도 얻을 수 있습니다. CSA(Community Supported Agriculture, 소비자가 농장에 직접 참여하여 농산물을 구매하는 방식) 프로그램이나 공동구매에 참여하는 것도 좋은 방법입니다. 소비자가 직접 참여하면 농산물이 어떻게 길러지는지 배울 수도 있고, 농가와 직접 소통하고 농부님에게 돌아가는 수익이 높아져 직접적인 농가 소득 증가의 효과도 기대할 수 있습니다.

② **공정무역·윤리 인증 제품 선택**: 수입 커피, 초콜릿, 바나나 등의 구매 시에는 공정무역(Fair trade International) 인증이나 윤리적 인증(Rainforest Alliance, UTZ)과 같은 인증 제품을 선택해 보세요. 이는 생산국 농민들의 노동 여건과 환경 보호에 기여하는 소비로, 글로벌 지속 가능성에 이바지하는 소비 실천이자 의사 표현이 됩니다.

일상에서 작은 실천 하나하나가 모이면 우리의 지속 가능성을 높이는 힘이 될 것입니다. 소비자의 선택이 변화하면 시장이 바뀌고, 시장의 변하면, 우리의 환경과 미래도 바뀔 것입니다. '바른 먹거리'를 선택하는 '착한 소비'는 까다로움이 아니라, 우리의 미래를 우리가 변화시킬 수 있는 선택이자 권리이고, 각자의 가치관을 주장하는 아주 명확한 의사 표현 방법입니다.

압도적인 잡식동물 '인류': '우리'와 '환경'의 '관계'는?

'식물'은 햇볕과 땅에서 에너지를 얻을 수 있는 생물이고, '초식동물'은 햇빛과 땅에서 직접 에너지를 얻을 수 없는 동물 중에서 식물을 먹는 동물을 지칭합니다. 그리고 그런 동물을 잡아먹는 동물을 '육식동물'이라 하지요. 마지막으로 우리같이 모든 식물과 동물을 모두 먹는 동물을 '잡식동물'이라 합니다. 그러나, 인류를 단순한 '잡식동물'이라고만 부르기에는 뭔가 모자란 감이 있습니다.

인류는 '식물'에서 먹기 좋은 것들만 가려내어 기르기 좋게 환경을 바꾸어 농사를 지어먹고, 씨앗을 받아 매년 그런 작업을 반복해서 확대해 왔습니다. 단순히 육식을 하는 게 아니라 이용 가치가 있고 식용에 적합한 동물을 '가축'으로 정의해서 대규모로 사육하여 구조화된 도축 과정을 거쳐 고기로 가공해서 먹습니다. '벌'들이 '꿀'이라는 좋은 식량을 잘 만드는 것을 알고, '꿀벌'들을 길러서 그들의 식량인 '벌꿀'도 대량으로 채집해 먹지요. 단순히 동식물을 먹는 것을 넘어 여러 동식물의 알과 젖과 같은 부산물들까지 먹습니다.

더 나아가서 동식물을 대량으로 생산해서, 넉넉하게 저장하고, 맛있게 조리해서 먹고, 이런저런 형태로 가공해서 판매까지 합니다. 인류는 '압도적인 잡식동물' 정도로는 표현해야 할 듯합니다. 이런 유기 생물을 넘어 다양한 광물자원 같은 무기물까지 인류를 둘러싼 환경 구성 요소 중에서 인류가 활용하지 못하는 건 거의 없는 것으로 보입니다. 그래서 최소한 '압도적'을 붙이고 싶습니다.

이를 다른 말로 하자면, '인류는 지구상의 모든 유기 생명체와 무기물들에 빚지고 있다'고 할 수 있겠죠. 또, '지구 환경의 자그마한 변화에도 인류는 큰 영향을 받을 수밖에 없이 취약하다'는 뜻으로 풀이될 수도 있습니다.

"With Great Power comes Great Responsibility" 마블 원작 영화 「스파이더맨」의 명대사입니다. 커다란 힘은 커다란 책임을 요한다는 뜻이죠. 오늘날의 인류와 우리를 둘러싼 환경과의 관계도 저 대사와 같지 않을까? 생각해 봅니다.

혹은, 우리를 둘러싼 환경과 이에 빚지고 있는 인류의 관계를 고려해서 이렇게 바꿔보고 싶네요. "With Great Profit comes Great Liability"

생각해 볼 문제

'다양한 기업들'

제가 아주 좋아하는 CSV(Creating Shared Value)라는 개념이 있습니다. '공유 가치 창출'이라고 번역되는 이 개념은 기업이 경제적 가치를 창출함과 동시에 사회적 가치를 함께 만들어 내는 경영 철학(전략)입니다. 세상엔 이미 다양한 기업이 있지만, 기업이 꼭 좋은 일만 하면서 이윤을 창출한다고 볼 수는 없습니다. 물론, 세금을 내고 일자리를 제공하는 기본적인 차원의 의무는 거의 모든 기업이 다하고 있지만, 오늘날의 기업들은 그것을 넘어 사회적 가치를 동시에 창출해야 함을 뜻합니다.

예를 들어 항공산업은 현대사회의 필수 불가결한 교통수단으로서 중요한 가치를 지니지만, 그 과정에서 배출되는 온실가스는 피할 수 없는 부작용이고, 항공기업들은 이를 상쇄하기 위한 사회적 공헌으로 사막화 예방, 나무 심기와 같은 활동들을 합니다. 이와 같은 활동을 CSR(Corporate Social Responsibility) 즉, 기업의 사회적 책임이라고 하는데요. 기존의 기업들은 이런 활동을 통해 본질적인 사업의 추구와 관련된 사회적 책임을 수행함으로써 사회적 가치를 창출합니다.

한편 CSV는 기업의 비즈니스 모델, 기업활동 자체가 경제적 가치를 창출함과 동시에 사회적 가치를 창출하는 것으로, 예를 들어 플라스틱 쓰레기 문제를 해결하기 위한 '대체 플라스틱 개발', 동물복지와 공장식 축산이 가져오는 문제점을 해결하기 위해 육류를 생산하는 '대체육 개발' 등이 CSV 비즈니스 모델이라 할 수 있습니다.

CSV는 오늘날의 기업들이 단순한 경제적 이윤 추구를 넘어서는 사회적 가치 추구를 그 중심에 두어야 한다는 화두를 산업계에 던진 것이고, 저는 이러한 주장에 깊이 공감하고 매우 지지합니다.

그리고 매우 기쁘게도, 이미 농업 분야에는 이런 CSV를 추구하는 기업들이 많이 있는데요, 이미 수천 년이 넘는 역사를 가진 농업이라는 분야에서 21세기에 소개된 CSV라는 개념이 어떻게 실현되고 있는지 두 가지 사례를 소개해 드리겠습니다.

1) 둘러앉은 밥상(둘밥)

첫 번째 CSV 기업은 '둘러앉은 밥상(이하 둘밥)'이라고 하는 온라인 식품 유통 회사입니다. 사업 모델은 단순한데요. 좋은 농부님들과 식품을 찾아서 확인하고, 해당 식품을 온라인으로 홍보하고 판매하는 일을 합니다.

물론, 완전 직거래는 아니고 이 '둘밥'이 한 번의 유통 단계가 되지만, 소비자 측면에서 둘밥의 역할을, 단순한 인증을 넘어서 좋은 농법을 쓰고, 토종 종자를 재배하고, 높은 수준의 동물복지를 구현하는 농가들을 조사, 발굴해서 그 진의까지 확인, 보장해 주는 역할을 합니다.

그와 동시에, 공급자인 농부님들 측면에서는 일반 유통시장의 기준을 훨씬 뛰어넘는 품질과 농법으로 재배된 제품의 가치와 생산 농가의 이야기를 소비자들에게 전하고, 제철이 있는 식품의 경우, 그 재배 시기에 맞춰 예약 판매를 해주기도 하고, 판로를 찾지 못하고 있는 농산물이나 품질에는 큰 차이가 없지만 못생긴 농산물들을 판매할 수 있게 해주는 등의 역할을 함으로써 CSV 개념에 잘 부합하는 기업입니다.

DOOLBOB
Point1

"저는 자연농법 단호박 농사를 짓습니다.
이 단호박과 마을에서 직접 생산하는
무농약 단호박을 모아 식혜를 만들죠

지금이야 단호박이 식당 밑반찬으로 나올 정도로 흔하지만, 십오년 전만해도 우리나라 일부 지역에서만 소량 재배되어 어떻게 재배하는지 조차 정보를 구하기 어려웠습니다. 많은 시행착오를 겪어야 했는데요. 단호박은 원래 저온건조 지역에서 자라는 작물이었습니다.
이를 충남 당진처럼 고온다습한 지역에서 키우려니 처음부터 '산너머 산'이었습니다.

"결국 해답을 **친환경(자연)**에서 찾았어요.
풀하고 같이 자란 단호박은 썩지도 않고
원래의 푸른 색깔을 유지하며 잘 자랐죠."

무농약으로 직접 재배한 당도 높은 단호박을 이용해 마을 주민들과 단호박식혜를 만듭니다.
여러 우여곡절이있었죠. 농촌에는 점점 고령화가 심해지는데 그렇다고 젊은 분들이 오시는 것도 아니고, 주민들과 같이 좋은 먹거리를 생산하고 또 만들어 보면 어떨까 생각했었습니다.

2012년 '둘밥'이 유통했던 '무농약 애호박' 상품소개, 출처: 둘러앉은 밥상

2) 흙살림

'흙살림'은 친환경 농산물 판매, 토종 종자 보존 및 유통, 친환경 농약 판매와 같은 사업을 하는 농업기업인데요, 소비자 관점에서 매우 재미있는 상품은 '꾸러미'입니다. 꾸러미란 제철에 맞는 다양한 농산물을 재배 상황에 따라 적절히 구성해서 월 1~2회 보내주는 서비스입니다.

우리의 식생활은 어머니의 음식 솜씨와 아버지의 입맛, 어린 시절을 보냈던 '지역'과 '시기'와 같은 환경에 따라서 형성되기 마련입니다. 이런 까닭에 바닷가 마을과 농촌, 도시, 북쪽 강원도와 남쪽 제주도의 식생활에는 다른 점이 보이기도 합니다. 개인의 식품 소비는 이러한 삶의 모습을 바탕으로 '각자의 범주'를 갖게 되는데, '꾸러미'는 평소라면 내가 사지 않고 먹지 않았을 다양한 식품들을 먹어볼 기회를 제공합니다. 이를 통해 이미 형성된 '식생활 범주'를 넘어서는 새롭고 재미있는 미각 경험을 할 수 있습니다.

물론, 철에 맞는 식재료들이 무작위로 제공되기 때문에 어떻게 손질하는지도 모르고, 맛이 낯설기도 하고, 때로는 좋아하지 않는 식재료들이 도착하면 곤란하기도 하지만, 직접 조리해 먹는 것을 즐기고, 음식에 관심이 많은 분에게는 매우 좋은 상품입니다. 그리고, 매번 직접 조리하기가 어려운 분에게는 씻어 먹기만 하면 되는 '과일 꾸러미'도 좋은 상품이었고, 특히 부모님께 보내드리기에도 건강하고 뜻깊은 선물이었습니다.

'흙살림 꾸러미'에는 흙살림 농가들을 소개하고, 제공되는 식재료들을 쉽게 조리해 먹을 수 있도록 조리법이 함께 제공되었는데요. 저는 이런 농가들을 취재하고 조리법을 만드는 일을 담당한 적이 있었습니다. 기존 관행농의 모습들에 익숙했던 저에게는 매우 놀라운 배움과 경험이었지요.

꾸러미회원농가 [전남 해남 황토고구마-그린드림 고구마]

올해, 고구마 귀합디다

해남까지 참으로 참으로 오래 걸리더군요. 이번 꾸러미 회원 농장 방문은 큰 마음 먹고 해남까지 내려갔습니다. 농가를 찾아가는 길에는 수확되지 않은 하얀색 배추밭과 벼의 밑둥만 남아있는 누런 논, 그리고 겨울잠을 자고 있는 붉은 색 황토밭이 드넓게 펼쳐져 있습니다. 오늘은 "게르마늄"을 먹고 자란 황토 호박 고구마 농장을 찾아갔습니다.

'그림드림 고구마'라는 이름으로 2형제 농부가 일을 하고 있습니다. 형 박래안 농부 아저씨는 요즘 사회적기업을 준비중이어서 교육에 참석중이셨고, 동생 박내열 농부아저씨가 침착한 해남 땅을 지키며 넉넉한 농장입구에서 반갑게 맞이해주셨습니다. 아침에 방문하는 시간이 괜찮냐는 물음에 '비가와서 소먹이를 준다. 괜찮다'라고 말씀하십니다.

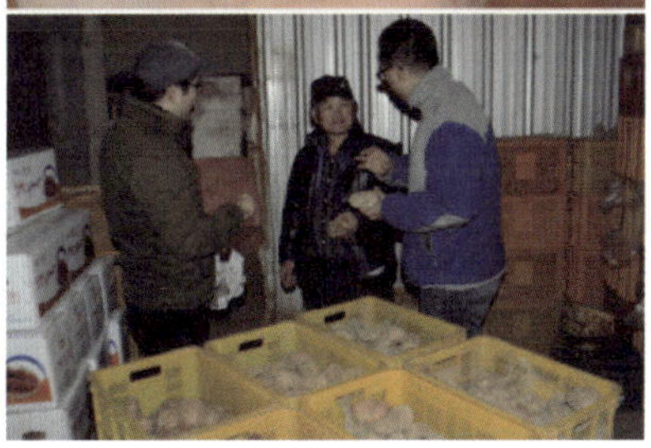

지난 가을, 고구마의 작황이 심상치 않았습니다. 고구마를 수확하는 날이면, 누런 밭 위가 붉게 변할 정도로 많은 양이 나와야할텐데, 시원치 않은 수확량에 속상해 하는 농부들이 많이 있었습니다. 겨울에 자주 만나던 군고구마를 파는 아저씨들도 보기 힘들었지요. 해남의 농장에도 예년보다 60%정도의 수확량 밖에 없다고 합니다. 해남의 동네 슈퍼에서 고구마 판매대를 볼 수 없을 만큼 고구마가 없겠다 싶었습니다.

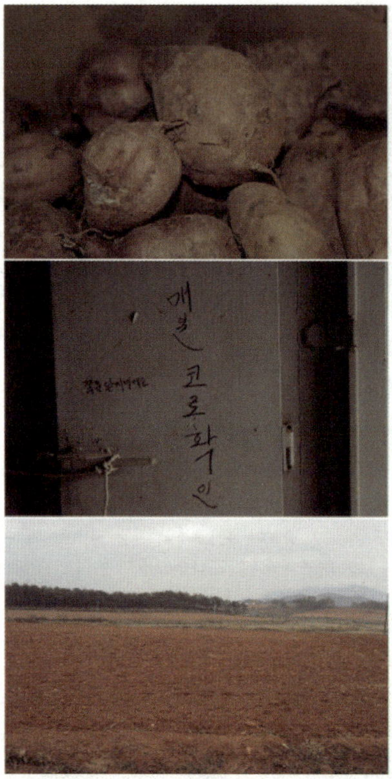

3월이 지나면 고구마 가격을 소폭 상승한다고 하니 수확량이 없었던 것 만큼 적절히 보상받았으면 좋겠습니다.

창고 안에 빼곡히 쌓여진 고구마는 숨을 쉬면서 이산화탄소를 뿜어낸다고 하고, 적절한 환기를 통해 오래 저장하고, 검은 반점이 안생기도록 해야 한답니다. 창고 문 앞에 쓰려진 "매일 코로 확인"이라고 적힌 글씨를 보면 10년 동안의 호박 고구마 농사경험은 역시 존경스럽습니다. 게르마늄을 영양제처럼 주면서 저장성과 당도를 올리는 역할을 해주고, 해남 땅 특유의 황토밭은 산소와 미네랄이 많아 고구마의 맛을 좋게 해준답니다.

앞으로 흙살림 꾸러미 박스에 심심치 않게 들어갈 고구마를 맞이하며, 해남 땅에서 넉넉히 농사 짓는 모든 농부 아저씨들 모두 건강했으면 좋겠습니다. 이번 주 꾸러미 요리는 달달허니 먹기 좋은 호박 고구마를 이용한 요리를 하겠습니다.
*** 요리게시판으로!**

흙살림 꾸러미에 포함되었던 농가 소개

출처: 흙살림, 저자

흙살림 또한, 생산자와 소비자 모두에게 유익함과 동시에 종자의 보존, 친환경 농약 생산을 통한 화학비료 사용 저감, 농식품 유통 개선과 같은 사회적 가치를 경제적 가치와 동시에 추구하는 CSV 기업이라 할 수 있습니다.

마지막으로 농식품 분야에는 이들 외에도 못난이 채소를 꾸러미로 보내는 '어글리 어스'와 같은 기업도 있고, 오래전부터 소비자를 농부님들과 직접 연결해 주는 '참거래 농민장터', 그리고 우리 가까이에는 '생협' 매장들이 있는데요. 조금 더 품을 들여야 하지만, 그만큼 새롭고 좋은 식생활을 위해서, 이런 곳들을 한번 이용해 보시면 어떨까요? ^^

왜 쓰레기가 현대 식품 시스템의 안타까운 부산물이 아니라, 시스템 그 자체에 내재된 근본적이고 구조적인 구성 요소인지를 이번 장에서 알아보고자 합니다.

4장

풍요의 시대, 그리고 그 대가

들어가기 전에

인구론을 이야기한 '맬서스'라는 학자가 있었습니다. 기하급수적으로 늘어나는 인구를 산술급수적으로 증가하는 식량 공급이 떠받쳐 주지 못할 것이라는 그의 주장은, 인류의 위기를 일찍이 예견했습니다. 하지만 그 걱정은 시간이 지나면서 해결되었습니다. 왜냐하면, 기하급수적으로 늘어나는 인류를 다 먹여 살리고도 남을 만큼의 엄청난 식량을 생산할 수 있게 되었기 때문이죠. 세계 총량 차원에서는 인구 80억 명 시대에도 '접근성과 가격(구매력)만 보장된다면' 식량이 충분히 생산되고 있는 것으로 추산하는 만큼, 인류는 맬서스가 걱정했던 문제점을 말끔히 해결한 것입니다, 단기적으로는 말이죠.

앞서 1~3장에서 알아본 농축수산업의 혁신을 한눈에 확인할 수 있는 곳이 있습니다. 대형마트죠. 우리는 마트에 들어서자마자 인류가 이룩한 풍요의 정점을 마주할 수 있습니다. 식품이 갖는 계절성과 국경의 시공간적 한계는 극복되고 있으며, 지구 반대편에서 날아온 고기와 과일, 채소가 사시사철 진열대를 가득 메우고 있습니다. 맛있다는 기호식품 와인과 치즈, 수입 맥주를 비롯한 각종 주류와 과자, 그리고 각종 건강식품까지 우리는 더 이상 살기 위해 먹지 않습니다. 오히려 먹기 위해 사는 건 아닌가? 하는 생각까지 듭니다. 미각적 쾌락은 우리를 얼만큼이나 즐겁게 해줄 수 있는지, 얼마나 귀한 걸 먹을 수 있는지, 얼마나 많이 먹을 수 있는지를 계속 시험하고 도전하는 것이 가능한 이 풍요의 시대.

이 눈부신 풍요와 선택의 자유는 현대 소비 사회가 제공하는 큰 축복처럼 보이기도 합니다. 그러나 세상만사가 늘 그렇듯, 이 이면에는 우리가 예상하지 못했던, 혹은 애써 외면하는 그늘이 존재합니다. 이 모든 것을 가능하게 하기 위해 필연적으로 발생하는, 쓰레기죠. 우리가 손쉽게 집어 드는 깔끔하게 포장된 상품 하나를 위해, 얼마나 많은 것들이 버려지고 폐기되는지 우리는 알아볼 필요와 의무가 있습니다. 그리고 우리가 구매한 것이 무엇이냐에 따라서 쓰레기는 우리가 산 상품을 감싸고 있는 포장재일 뿐만 아니라, 그 '상품' 자체라는 사실까지 생각해 보아야 합니다. 단지 그 상품이 쓰레기가 되기까지 조금의 시간이 걸릴 뿐이죠. 이 풍요의 진짜 비용은 과연 얼마일까? 농축수산업의 식량 생산과 유통, 소비의 구매와 사용, 사용 후 폐기에 이르는 전 과정, 특히 오늘날 개인과 가정이 식품을 구매하고 있는 소비 시장의 구조는 애초부터 낭비를 전제로 설계되어 있다고까지 볼 수 있습니다. 그러면 왜 쓰레기가 현대 식품 시스템의 안타까운 부산물이 아니라, 시스템 그 자체에 내재된 근본적이고 구조적인 구성 요소인지를 이번 장에서 알아보고자 합니다.

지구상에 이미 충분한 식량이 생산되고 있음에도 지속되고 있는 기아와 영양부족 문제는 더 이상 생산량에 의한 것이 아니라, 접근성과 가격(구매력)에 의해 크게 영향받는 것으로 볼 수 있으며, 이는 음식물 쓰레기 문제와도 연결되어 있습니다.

마지막으로 음식물 쓰레기 재활용과 같은 보편적인 해결책들이 그 선한 의도에도 불구하고 왜 비판적으로 검토되고 개선되어야 하는지, 왜 혹자들은 '재활용'이라는 '신화'가 결과적으로 소비에 대한 부채감을 덜어주고 과잉 소비를 부추긴다고 주장하는 것인지 그 이유를 알아보고자 합니다.

결국, 궁극적인 해법은 쓰레기를 줄이고 재활용하는 '관리'가 아니라, '소비' 그 자체가 얼마나 큰 책임이 요구되는 무게 있는 선택이자 행동인지 '소비자'로서 다 함께 돌아보는 기회가 필요하다는 판단으로 4장 '풍요의 시대, 그리고 그 대가'를 시작하겠습니다.

1. 시장

1) 생산 혁명, 소비의 표준화

현대 식품 시스템을 이해하기 위한 첫걸음은 인류가 식량 부족의 공포를 어떻게 극복했는지 살펴보는 것이다. 불과 수십 년 전까지만 해도 폭발적인 인구 증가에 따른 식량 위기론이 지배적이었으나, 농업, 축산업, 수산업 분야에서 일어난 비약적인 기술 발전은 이러한 우려를 불식시켰다. 녹색 혁명으로 상징되는 품종 개량, 화학 비료와 농약의 보급, 기계화를 통한 대량생산 체계의 확립은 식량 생산량을 극적으로 증대시켰다. 인류는 역사상 처음으로 정량적 기준에서 식량이 부족할 것이라는 고민에서 벗어나게 되었다.

그러나 이 위대한 승리는 새로운 종류의 문제를 초래했다. 이제 도전 과제는 '어떻게 충분히 생산할 것인가'에서 '어떻게 이 모든 것을 팔 것인가'로 전환되었다. 공급이 수요를 초과하는 '잉여'의 시대가 도래한 것이다. 여기서 잉여는 단순히 남아도는 식량을 의미하는 것을 넘어, 현대 소비 시장을 형성하고 유지하는 핵심 동력이 되었다. 생산력의 발전이 낳은 풍요는 역설적으로 낭비를 구조화하는 시스템의 씨앗이 되었다.

2) 시장 개념의 탄생과 전통시장의 형성: 생산과 소비의 교차점

시장은 생산과 소비라는 두 축을 중심으로 발전해 왔다. 초기 인류 사회에서 음식을 획득하는 것은 생존과 직결된 생산 활동 그 자체였다. 농업, 축산업, 수산업은 각기 다른 지리적, 환경적 조건 속에서 발전했으며, 생산자들은 자신들이 속한 자연환경에 최적화된 방식으로 식재료를 생산했다. 예를 들어, 어부는 바다나 강가에, 농부는 넓은 평야 지대에, 목축업자는 고산지대에 삶의 터전을 잡아 주어진 여건하에서 가능한 생산 활동에 집중했다.

그러나 이러한 생산의 분화는 필연적으로 교환을 필요로 한다. 소비자들은 과일, 생선, 육류, 곡물 등 다양한 식재료를 소비하는 잡식 동물이기 때문이다. 소비자들은 필요한 모든 것을 한 번에 구매하고자 했고, 생산자들 역시 단일 품목의 구매자가 아닌 다양한 수요를 가진 다수의 소비자를 만나야만 그들이 생산한 작물을 타 생산자와 교환하거나 판매하기 수월했다.

이러한 양측의 필요와 욕구가 만나는 지점에서 '시장(Market)'이라는 물리적, 개념적 공간이 탄생한다. 시장은 단순히 물건을 사고파는 장소를 넘어, 각기 다른 곳에서 생산한 식재료가 모이고, 정보가 교환되며, 가격이 형성되는 복합적인 사회경제적 시스템의 시작점이었다.

초기 시장은 생산자와 소비자의 지리적 간극을 메우고 거래의 편의성을 높이는 1차원적 역할을 수행했다. 하지만 시간이 흐르면서 시장은 단순한 유통의 장을 넘어, 특정 지역의 소비 문화를 형성하고, 새로운 삶의 방식을 만들어 내는 데 중요한 역할을 했으며, 더 나아가 사회적 관계를 형성하는 중심지로 발전하게 된다. 오늘날 우리는 '식품 시장', '외식 시장'과 같은 개념을 구분하는 표현으로 쓰면서, '시장'이라는 개념을 특정 산업의 수요와 공급이 만나는 물리적 장소를 넘어 포괄하는 의미로 확장해서 사용하고 있다.

초기의 '시장'은 생산자가 자신이 기른 농산물을 교환하거나 소비자에게 직접 판매하는 소통과 관계의 공간이었다. 생산자는 동시에 소비자였으며, 소비자는 다른 생산자와의 소통을 통해 물건의 가치를 배우고, 생산자는 소비자의 반응을 통해 다음 생산을 계획했다. 음식은 땅과 노동의 산물로서 그 고유한 이야기를 지니고 있었다.

오늘날의 유통, 21세기의 식량이 소비자의 식탁에 오르기까지의 과정은 초기의 시장과는 매우 다르게 변화했지만, 그 기본적인 거래의 개념은 지금까지 유효하다.

2. 마트

1) 시장에서 마트로: 공간의 변화가 초래한 관계의 단절

기간을 두고 열리는 오일장, 삼일장 같은 전통시장을 거쳐, 모든 소비재를 언제나 구매할 수 있는 상설시장이 생겨났고, 귀하고 일상생활의 필수재를 넘어 사치재까지 통합해서 판매하는 복합공간 백화점이 등장했다. 20세기 중후반부터 시작된 현대의

'마트(Mart)'는 생산자와 소비자의 직접적인 관계를 약화하고 유통의 효율성을 극대화하는 데 초점을 맞춘 물류 매개자 역할을 중심으로 한다. 생산자가 만든 제품을 소비자에게 전달하는 유통 기능이 핵심이며, 식품뿐만 아니라 온갖 생활용품을 한 곳에서 구매할 수 있는 편리한 통합 공간으로 진화했다. 이 과정에서 '식품'은 생산의 맥락이 생략된 단순 '상품'으로 변모한다. 소비자는 식품의 생산자와 생산 과정, 그리고 그 외의 특성들과 가치를 들여다보기 어렵게 되며, 유통의 효율성을 중심으로 구성된 정보들 위주로 인지하게 된다.

'소비자'는 '식품'이 어떻게 생산되고 어떻게 가공되어 어떤 특성과 특징을 지녔는지를 충분히 인지할 기회를 얻지 못하게 된다. 이렇게 구매한 '식품'은 '단순한 상품'으로만 인식되고, 내가 지불한 비용, 가격의 크기가 그 식품의 가치를 판단하는 핵심 기준이 된다. 이렇게 인식된 '단순한 상품이자, 식품'은 그것을 먹고 버리는 소비가 쉽고, 낭비나 폐기 같은 손실에도 큰 불편함이나 어려움과 같은 심리적 부담을 느끼지 않게 된다.

2) 대형마트 유통구조의 본질: '폐기'를 품다

글로벌 유통 공룡인 월마트가 본격적으로 시작한 대형마트 비즈니스 모델은 현대 식품 시스템의 본질을 명확하게 보여준다. 이들은 개별 상품 판매에서 얻는 이익률은 매우 낮지만, 막대한 판매량과 초고효율의 물류 시스템을 통해 천문학적인 매출을 올린다. 이 시스템의 최우선 목표는 모든 상품을 남김없이 '판매'하는 것이 아니라, 거대한 '유통'의 흐름을 막힘없이 유지하는 것이다.

이를 위해 진열대는 항상 풍성하게 채워져 있어야 하며, 소비자가 언제 어떤 상품을 원하든 즉시 구매할 수 있도록 표준화된 재고를 확보해야 한다. 이러한 유통 시스템을 지탱하기 위해, 특정 품목들은 팔리지 않을 것을 알면서도 진열된다. 팔리지 않은 상품을 관리하고 가격을 내려 재판매하거나 다른 곳으로 재분배하는 데 드는 비용보다, 그냥 폐기하는 편이 물류 시스템 전체의 효율성 측면에서 더 저렴하기 때문이다. 즉, 이 모델에서 폐기는 실패의 증거가 아니라, 시스템 유지를 위한 '계산된 운영 비용'이다. 이는 대형마트가 단순히 잉여 농산물을 판매하는 중립적인 공간이 아님을 시사한다. 오히려 대형마트의 존재 자체가 농업의 과잉 생산을 부추기고, 그 과정에서 발생하는 폐기물을 구조적으로 양산하는 적극적인 동인으로 작용한다.

FAO의 2011년 발표에 따르면 '인류의 식품 생산량 전체의 약 1/3이 전 과정에서 손실·폐기'되고 있는 것으로 나타났으며, 2024년에 발표된 'Food Waste Index Report'에 따르면 2022년 기준, '소비자 단계(가정·외식·소매)'에서만 10.5억 톤의 음식물이 폐기(가정 60%, 외식 28%, 소매 12%)되고 있다.

○ 표 1 전 세계 음식물 쓰레기 부문별 배출량

항목	수치	비고
총 식품 폐기량	10억 5000만t	소비 가능 식품의 19%
1인당 폐기량 (소비 단계 전체)	132kg/연	가정·외식·소매 합계
가정 부문	6억 3,100만t (60%), 79kg/인	하루 최소 10억 인분의 음식이 가정에서 버려짐
외식(식품 서비스)	2억 9,000t (28%)	
소매 부문	1억 3,100만t (12%)	

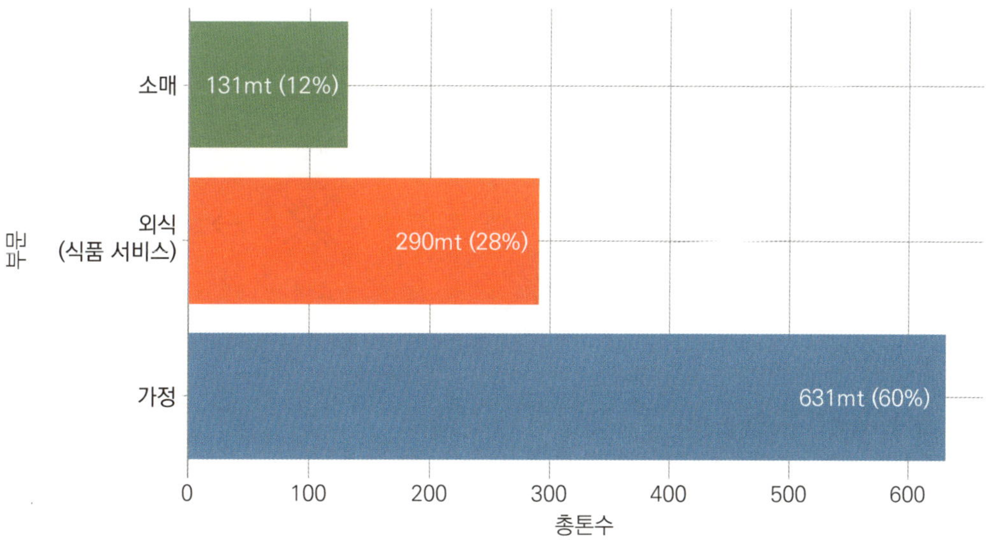

주: metric ton=1,000kg

출처: FAO(2024)

결국, 소비자가 마트에서 지불하는 저렴한 가격에는 이런 시스템을 운영하기 위해 발생하는 기타 사회경제적 비용(폐기물 처리 비용, 과잉 생산으로 인한 자원 고갈과 환경 오염 비용 등)이 모두 반영된 것이 아니므로, '판매가격'은 왜곡된 것이라 할 수 있다. 따라서 식품 낭비로 인한 배출량을 줄이는 것이 필수적이다.

마지막으로 식품 손실 및 낭비로 인한 온실가스 배출량은 전체 온실가스 배출량의 약 10%로 추정되는데, 이는 항공 부문의 온실가스 총배출량의 약 5배에 달하는 수치이다. 이렇게 '외부화된 비용'은 국가(매립지 운영비)와 환경(매립지 메탄가스 배출, 자원 손실), 그리고 우리의 자녀들에게 조용히 전가된다. 현대 식품 유통의 경제 모델 전체가 이처럼 보이지 않는 폐기 비용과 환경 부담, 다음 세대로의 책임 전가 위에 세워져 있다.

3. 보이지 않는 비용: 유통 시스템이 감추고 있는 음식물 쓰레기

○ **표 2 음식물 쓰레기 주요 발생원인**

단계	주요 발생원인
생산	못난이 농산물, 과잉 생산
유통	파손, 유통기한 초과
소비	과도한 구매, 조리 후 잔반

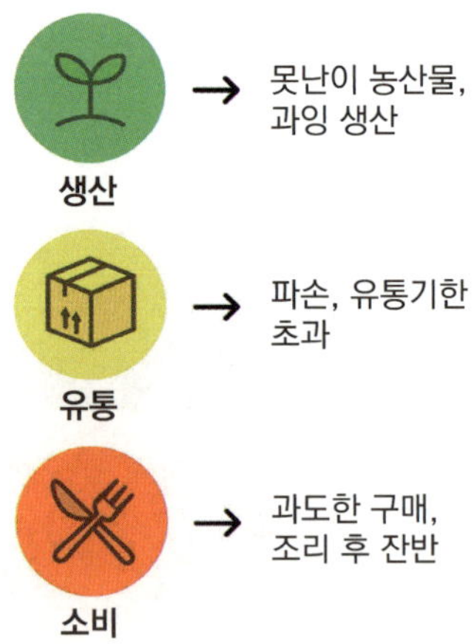

1) 유통될 수 있는 자격 _ 못난이 농산물

우리가 마트에서 구매할 수 있는 농산물은 매우 엄격한 시장의 기준을 통과한 작물이다. 제주도의 특산물 감귤을 예로 들면, 당도가 최소 8.5Brix에서 10.0 Brix를 넘어야 하고, 크기는 45~70mm 범위 안에 들어야 하고, 착색도는 기준에 따라서 50% 이상이 부합해야 한다. 위에 언급한 당도와 크기, 착색도 중 하나만 미달해도 해당 귤은 시장에서 유통될 수 없다. 이렇게 부적합 판정을 받은 감귤은 '상품 외 감귤'이라 하여 수매 신청을 하면, 일정 금액으로 판매할 수 있게 되는데, 매수가는 2023년에 kg당 180원, 2024년에는 210원이었다. 수매를 통해 유통되지 못한 감귤류는 음료나 가공식품 제조에 활용될 수도 있겠으나, 그러지도 못한 경우에는 폐기된다. '상품성이 조금 떨어진다는 이유로 먹는 음식을 폐기한다고?'라는 의문을 품을 수도 있지만, 품질이 떨어지는 감귤류가 시장에 흘러들어 낮은 가격으로 유통되면, 전체 감귤류 농가들의 농가소득에 악영향을 끼치는 시장 교란을 가져올 수 있기 때문이다. 이런 '상품 외 감귤'은 제주도의 경우 전체 재배량의 약 8%로 가공 및 자가소비에 활용되고, 실제 폐기되는 비율은 약 3% 수준으로 추정하고 있다. 결과적으로 전체 재배량의 11% 정도는 시장에 유통될 자격조차 얻지 못하게 된다.

착색도가 낮은 감귤

착색도가 높은 감귤

비단 감귤만 그럴까? 사실 우리가 시장에서 구매할 수 있는 모든 농산물은 그야말로 선별된 것들이다. 가장 대표적으로 농사를 시작할 때부터 병충해를 예방하고자 비닐봉지에 넣어서 기르는 채소가 있다. 바로 애호박이다. 대부분의 애호박은 마치 코팅된 것처럼 딱 들어맞는 비닐 팩 안에 담겨서 유통된다. 이러한 애호박은 맨 아래 꽁지부터, 가장 위 꼭지까지 두께가 균일하므로 전체 부위를 통일성 있게 손질하기 쉽고, 조리도 균일하게 잘된다. 그리고 결정적으로 버리는 부분 없이 거의 모든 부위를 사용할 수 있다. 하지만 이렇게 균일한 두께의 애호박은 농사를 짓는 과정에서 필연적으로 비닐 팩을 사용해야 한다는 단점이 있다.

비닐 팩에 담긴 채로 균일한 두께로 재배된 애호박

출처: Gpx-evo, Wikimedia Commons.

동일한 두께와 크기로 가지런히 손질된 애호박과 오이

그럼 '굳이 비닐봉지 속에 가두면서까지 그 가지런한 모양을 만들어야 할까요?' 이런 질문이 자연스럽게 나올 수밖에 없다. 그 이유는 간단명료하다. 아래의 사진을 보자. 오리 모양의 호박이다. 무슨 예술작품처럼 일부러 이런 모양을 만들어 낸 듯 귀여워 보인다. 하지만, 이런 호박을 주방에서 손질해서 조리한다고 해 보자. 오리 몸통 쪽은 상대적으로 너무 두껍고, 오리 머리 쪽은 너무 작다. 균일한 크기로 예쁘게 손질할 수 없는 것이다. 특히 머리와 몸통을 연결하는 목 부위는 어떻게 전처리해야 할지 판단이 잘 서지 않아 작업속도도 느려질 것이다. 마지막으로 이런 호박 10개로 애호박전을 만든다고 생각해 보면, 크기와 모양이 일정하지 못한 만큼 전을 균일한 품질로 부치기가 어려울 것이다. 따라서, 가정주부, 조리사, 그리고 식품 생산기업에서는 이와 같은 농산물을 업무시간, 인건비, 식품 활용도, 제조 식품의 품질까지 통일성을 해친다고 하여 '못난이 농산물'이라 부르며 피하게 된다.

오리 모양을 한 호박(Commander Zucchiduck)

출처: Gee, A. (2007), Flickr.

2) 편리함의 대가: 재고는 곧 비용이자 쓰레기

오늘날 소비자는 계절이나 지리적 제약 없이 전 세계의 식재료를 언제든지 구매할 수 있다. 이러한 무한한 선택의 편리함은 그 이면에 막대한 양의 음식을 필연적으로 폐기해야만 유지되는 시스템에 의해 지탱된다. 이 논리는 오프라인 매장에만 국한되지 않는다. 최근 급성장한 온라인 식품 플랫폼 역시 마찬가지다. 이들은 대형 물류 창고를 자신들의 '마트'로 삼아, 판매 예측에 기반한 재고를 항상 준비해 둔다. 그리고 팔리지 않은 재고는 유통기한이 다가오면 폐기할 수밖에 없는 동일한 구조를 따른다.

이러한 유통 구조는 만일의 경우를 대비하는 매출 극대화 정책을 바탕으로 한다. 유통업체의 관점에서는 재고 부족으로 단 한 명의 고객이라도 놓치는 것보다, 10%의 잉여 재고를 감수하고 모든 수요를 충족시키는 것이 훨씬 이득이기 때문이다. 하지만 기대만큼의 판매를 올리지 못할 경우의 잉여 재고는 '잠재적 쓰레기'가 된다. 소비자가 원하는 편리함을 충족시키고 판매를 극대화하려는 소비유통 시장의 구조 자체가, 그 이면에 보이지 않는 쓰레기를 품고 시작되는 것이다. 편리함은 기술 발전의 공짜 혜택이 아니라 구조적 식량 손실을 직접적으로 전제하여 얻어지고 있다.

3) 포장, 보존일까? 낭비일까?

포장재는 장거리 운송 과정에서 식품을 보호하고 위생을 유지하며, 유통기한을 늘리는 필수적인 역할을 한다. 그러나 현대 유통 시스템은 종종 과도한 포장을 요구하며, 이는 그 자체로 거대한 쓰레기 문제를 일으킨다. 특히 1인 가구가 증가하는 사회적 변화와 맞물려 이 문제는 더욱 심각해진다.

예를 들어, 1인 가구 소비자가 2.5리터짜리 대용량 우유를 구매한다고 해보자. 이는 효율성을 위해 대량으로 생산하고 표준화된 단위로 포장하는 산업의 규모와 소량을 소비하는 개인의 현실 사이에 발생하는 '규모의 불일치'를 보여주는 전형적인 사례다. 소비자는 자신의 필요보다 더 많은 양을 구매하도록 강요받고, 결국 유통기한 내에 다 마시지 못한 우유는 음식물 쓰레기가 된다. 이러한 문제점을 해결하고자 작은 단위로 소분하여 포장한 음식들은 쓰레기 문제로부터 자유로운가 하면, 소분된 음식을 하나하나 포장하는 그 자체로 생산 시점부터 더 많은 포장재, 즉 쓰레기를 만들어 낼 수밖에 없다. 이처럼 식품의 부패를 막고 폐기를 최소화하며, 유통을 효율적으로 하기 위한 보존 수단인 포장재가 그 자체로 막대한 폐기를 전제로 하는 역설이 발생하며, 이는 일차적인 음식물 쓰레기 문제에 더해 이차적인 포장재 쓰레기 문제를 낳는다.

신선도 유지와 위생적 유통을 위한 '다층 포장(트레이, 필름, 보냉재 등)'은 오늘날의 대형마트와 온라인 판매에 필수적 요소로서 식품의 폐기율을 낮추지만, 결과적으로는 플라스틱과 다양한 형태의 복합재 폐기물을 증가시킨다. 현재, 전 세계적으로 플라스틱 재활용률은 약 9% 수준에 머물러 있다. 결과적으로 식품 포장재를 지속적으로 재활용한다는 '자원 순환'의 목표에는 아직 한참 모자란 수준의 한계를 넘지 못하는 상황이라 할 수 있다.

○ 표 3 주요 식품군의 보존 포장과 배출 특성

식품군	대표 포장	목적	주 폐기물	재활용 난점(요지)
신선 채소/과일	트레이+랩	선도·수분 조절	PS/PET 필름	오염·다층 소재 분리 어려움
유제품·음료	멸균팩(종이+폴리머+Al)	장기 보존	복합재	섬유 회수·분리 비용 부담
육가공	트레이+필름+흡수패드	위생·누수 방지	다층필름/패드	이물·혈액 오염으로 저품질화

출처: OECD Global Plastics Outlook(재활용률·경향), 복합재 재활용, 저자 재구성

4) 낭비의 다각화: 구매 후 버려지는 자원

쓰레기는 유통망에서만 발생하는 것이 아니다. 과잉 구매, 유통기한 내에 사용하지 못해 발생하는 부패, 혹은 잘못된 보관 방식으로 소비 과정에서도 막대한 양의 식량 자원이 낭비된다. 이처럼 구매 후 소비자가 적절하게 사용하지 못해서 발생하는 식품 폐기물 문제를 단순히 소비자의 부주의 탓으로만 돌릴 수는 없다. 오히려 이는 오늘날의 유통 구조에 의해 유도된 탓이 매우 크기 때문이다.

대형마트의 '1+1' 행사와 같은 공격적인 마케팅, 필요 이상으로 큰 포장 단위, 그리고 종종 오해를 불러일으키는 '유통기한'과 '소비기한' 표기는 모두 소비자가 필요 이상의 물건을 사도록 부추긴다. 기업은 많이 팔아야 이윤이 커지므로 제품을 많이 만들고, 어떻게 하면 더 많이 팔 수 있을지에 몰두한다. 오늘날의 시장구조 아래에서 모든 기업이 원하는 엄청난 매출 목표의 총합만큼, 혹은 그보다 더 엄청나게 생산되는 식품들은, 모든 기업이 만족할 만큼의 매출을 올릴 때까지 최대한 소비자들을 유혹한다.

결국, 생산-유통-소비로 이어지는 전체 사슬은 단계마다 서로 다른 형태의 낭비를 구조적으로 유발하는 거대한 컨베이어 벨트처럼 연결되어 있다. 이렇게 폐기되는 식품들의 쓰레기는 크게 두 종류로 분류할 수 있는데, 첫 번째, 음식물 쓰레기와 두 번째, 플라스틱이다.

● 그래프 1 수요와 재고의 불일치

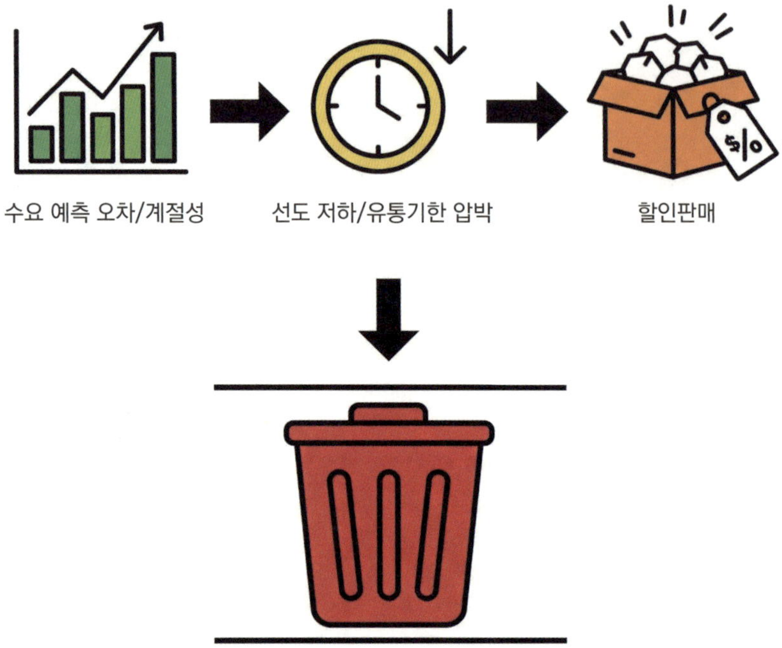

출처: AI 생성 이미지

4. 음식물 쓰레기의 신화

1) 낡은 기준, 잘못된 전제: 목적을 잃은 재활용

여러 국가와 지역에서 음식물 쓰레기 분리배출은 환경 보호를 위한 시민의 중요한 의무로 여겨진다. 이 때문에 우리는 음식물 쓰레기를 매우 효율적이고 낭비 없이 활용하고 있다고 믿고 있다. 그러나 현재 우리가 따르는 음식물 쓰레기 분류 기준의 근간에는 더 이상 유효하지 않은 낡은 전제가 깔려 있다. 바로 분리수거된 음식물 쓰레기가 가축, 특히 잡식성 동물의 사료로 재활용될 것이라는 가정이다. 뼈다귀, 조개껍데기, 딱딱한 과일 씨앗 등을 일반 쓰레기로 버리도록 하는 지침은 가축이 먹을 수 없는 것을 걸러내기 위한 기준이다.

문제는 오늘날 수거된 음식물 쓰레기 중 가축의 사료로 활용되는 비율이 극히 미미하다는 점이다. 광우병, 아프리카돼지열병(ASF) 등 가축 전염병에 대한 우려와 사료의 안전성 및 품질 관리 문제로 인해, 음식물 쓰레기를 사료로 만드는 과정은 매우 엄격하게 관리되거나 사실상 중단된 경우가 많다. 그런데도 시민들은 여전히 '가축 사료화'를 전제로 한 낡은 기준에 따라 음식물 쓰레기를 분류하고 배출하는, 목적을 상실한 행위를 반복하고 있다. 이는 비효율을 낳을 뿐만 아니라, 재활용 시스템 전체에 대한 불신을 낳고 있다. 현재는 '사료화'와 '사료화 후 활용'으로 이어지지 못하고 있는 한계와 '품질 안전 이슈(염분·수분·이물 등)'로 사료화, 퇴비화, 에너지화가 병존하고 있으며, '분류 목적'과 '활용 방법' 간 일치가 이루어지지 못하고 있다.

2) 재활용의 배신: 땅을 망치는 퇴비

사료화의 대안으로 제시되는 것이 퇴비화(Composting)다. 음식물 쓰레기를 발효시켜 농사에 쓸 수 있는 유기질 비료로 만드는 것인데, 이론적으로는 완벽한 자원 순환처럼 보이지만, 문제점은 여기에도 존재한다.

우리가 버리는 음식물 쓰레기는 조미료 등 다양한 불순물들이 섞여 있다. 특히 우리나라의 음식문화에서 빠질 수 없는 국, 찌개, 탕과 같이 국물이 많은 음식은 간을 맞추는 데 볶음이나 구이와 같은 음식보다 훨씬 더 많은 양의 소금, 즉 염분이 들어간다. 이런 음식에서 비롯된 음식물 쓰레기 역시 염분이 매우 높으므로 농사에 사용하는 퇴비를 만들기에 부적합하다.

또한, 전처리 및 설거지 과정에서 섞여 들어간 주방 세제와 주방 청소를 위한 화학 약품들도 농작물과 토양을 오염시킬 수 있다. 간척지와 같은 바닷물이 남아 있을 수 있는 토양에서 벼농사를 짓기는 어려운 일이며, 실제 벼농사를 지을 수 있는 땅의 염분은 최대 0.3%로 알려져 있다. 한마디로 소금, 염분이 다량 포함된 퇴비는 오히려 농작물과 땅을 망치는 독이 될 수 있는 것이다.

국·찌개 등 고수분·고염분 식문화, 대량 급식·세척 과정의 세제 혼입은 퇴비화 시 염류 집적·거품·토양 악화 등의 품질 저하를 유발할 수 있다. 이러한 까닭에 음식물 쓰레기를 안정적으로 재활용할 수 있도록 단계별로 분리, 건조, 탈염 등 전처리 강화가 필요한 상황이다.

음식물 쓰레기 발생 단계별 추가적인 '세분화' 방안은 ① 전처리물(껍질·뿌리 등 비가식부), ② 섭취 후 잔반, ③ 세척·청소 잔여물로 나누어, 세 번째 단계(세제 혼입·고수분·염류)로 인한 품질 저하를 예방하는 것도 하나의 대안이 될 수 있다. 하지만 가정과 업장에 수고를 요하고, 행정 절차에서 이를 확인하여 수거하는 데에는 여전히 어려움이 있다.

○ **표 4 단계별 발생 특성, 오염 요인, 권장 처리 방안**

단계	주요 내용	오염 요인	권장 경로(예시)
① 전처리물	껍질, 비가식부위	토사·섬유	바이오가스/사료 전용 설비(사전 건조)
② 잔반	남긴 음식	염분·수분	바이오가스/사료 혼입 제한 및 전처리
③ 세척 잔여	거름망·세척수	세제·유분	일반쓰레기로 수거(자원화 제외) 및 하수처리

출처: 국내 VBWF(종량제)·분리배출. 서울정책아카이브, 저자 정리

농가에서 농업은 생계를 위한 경제 활동이다. 이렇게 중요한 '생업'인데, 출처가 불분명하고 유독 물질이 포함될 수 있는 퇴비를 그들의 논과 밭에 뿌리는 것은 한 해 소득을 망칠 수도 있는 위험한 도박처럼 느껴지기까지 한다.

결국 우리가 음식을 소비하는 과정에서 발생한 쓰레기를 온전하게 재활용하여 자원 순환을 이뤄내는 것은 생각만큼 단순하거나 쉽지 않다. 고도로 가공된 음식을 소비하고 남은 쓰레기를 폐기·처리하는 방식은, 그것을 재활용할 수 있는 순수한 형태로 되돌리는 것을 매우 어렵게 한다. '재활용'이라는 정의가 뜻하는 '높은 효율성과 경제성'을 기준으로 본다면, 사실상 애초에 새로운 자원을 사용하는 것만큼의, 혹은 그 이상의 노력과 비용이 투입될 수도 있는 상황이다. '일단 폐기'된 후 새로운 '원료화' 과정을 거쳐 자원화된 후 재활용할 수밖에 없는 현재의 음식물 쓰레기 재활용 방식은 이러한 한계가 있다.

3) '자원화'라는 개념의 재검토

음식물 쓰레기 봉투와 음식물 쓰레기, 불순물을 분리하는 과정

AI 생성 이미지

앞서 언급한 문제점들을 통해 '모든 음식물 쓰레기는 자원으로 재활용될 수 있다'는 식의 '자원화(Resourcification)' 개념에는 근본적인 한계가 있음을 알 수 있었다. 자원화라는 구호는 매력적이지만, 오염 문제, 처리 과정의 경제적 타당성, 그리고 투입되는 에너지 비용 등 현실적인 장벽에 부딪힌다.

특히 음식물 쓰레기를 봉투에 넣어 분리 배출하는 제도는, 인력이 투입되어 가용할 수 있는 음식물 쓰레기와 그렇지 않은 일반 쓰레기를 분류해야 한다. 그런데 이 작업이 이루어지는 환경은 악취는 물론, 불순물로 벌레나 쥐와 같은 동물의 사체가 나오는 등 충격적이고 트라우마가 생길 수 있을 정도로 열악하다. 우리는 이러한 노동환경에서 재활용이라는 제도를 운영하고 있다.

더욱 심각한 문제는 불완전한 재활용 시스템이 일종의 '도덕적 해이(Moral Hazard)'를 유발한다는 점이다. 정부와 언론이 음식물 쓰레기 분리배출과 재활용을 적극적으로 홍보하면 대중은 자신이 버린 쓰레기가 책임감 있게 처리되고 있다고 믿게 된다. 이러한 믿음은 쓰레기를 버리는 행위에 죄책감을 덜어주고, 나아가 음식물 낭비 문제의 심각성이 희석된다. 결과적으로 '과잉 생산과 과잉 소비'라는 문제의 근원을 해결하려는 사회적 압력과 정치적 의지는 약해질 수 밖에 없다. 역설적으로 결함 있는 '해결책'이 진짜 문제의 심각성을 인지하지 못하게 하고, 오히려 문제를 더 키울 수 있는 것이다. 따라서 이제는 배출된 쓰레기를 어떻게 처리할 것인가라는 '사후 처리' 중심의 접근에서 벗어나, 애초에 쓰레기 발생을 원천적으로 줄이는 '사전 예방'으로 패러다임을 전환해야 한다.

5. 재활용이라는 위안: 플라스틱

1) 플라스틱, 너무나 고마운 물질

1863년 미국 상류사회에서 '당구'가 유행했는데, 당시에는 코끼리 상아로 당구공을 만들었다. 당구의 유행으로 안 그래도 비쌌던 당구공 가격이 폭등했다. 당구를 즐기는 소비자들의 수요를 맞추면서, 동시에 저렴한 원재료로 당구공을 만들고자 했던 기업들은 당구공의 원재료인 상아의 대체 원료를 찾고자 상금을 걸고 신물질을 공모했다.

이때, 존 하야트(John Wesley Hyatt)라는 미국인이 '셀룰로이드(celluloid)'라는 물질을 발명해 당구공을 생산했다. 초기에는 때때로 폭발을 일으키는 치명적 단점이 있었으나 시장 가능성을 확인하기에는 충분했다. 1907년 벨기에 출신의 발명가 '베이클랜드(Leo Hendrik Baekeland)'가 셀룰로이드의 단점을 보완한 '베이클라이트(Bakelite)'를 개발했는데, 이것이 현재 우리가 사용하고 있는 플라스틱의 시초이다. 그리고 1909년, 미국에서 최초의 합성수지 플라스틱 특허가 등록되었다.

생각해 보면, 플라스틱이 탄생한 배경은 당구공 제조를 위해 너무 많은 코끼리가 희생되자, 이를 대체하고자 한 노력이었고 결과적으로 당시 많은 코끼리의 생명을 살려내는 역할을 한 고마운 물질이었으리라. 오늘날에는 플라스틱이 없는 세상을 상상하기 힘들 정도로 인류는 플라스틱에 큰 신세를 지고 있다. 우리 주변에 플라스틱이 포함되지 않은 제품이 없을 정도다. 가전제품, 주방 도구, 건설자재, 그뿐만 아니라 내가 입는 옷과 신발, 안경, 가방에도 모두 플라스틱이 필요하다.

마지막으로 우리가 먹는 식품까지도. 플라스틱은 거의 '식품 그 자체'라고 할 만큼

식품의 유통에 섞여 있다. 왜냐하면, 플라스틱은 원유만 있으면 만들어 낼 수 있고, 싸고 가벼워서 생산자와 소비자 모두가 활용하기 쉽다. 심지어 버리는 데에도 아무 부담이 없다. '재활용'이라는 '기적'이 '우리가 버리는 플라스틱'을 '낭비'하거나 '폐기'하더라도 되살려낼 것이라는 믿음이 있기 때문이다.

2) 플라스틱이라는 재활용이라는 이름의 '신화' 혹은 '신기루'

탄생한 지 공식적으로, 약 116년(1909~)밖에 안 된 이 물질이 이제는 전 인류가 끊어내야 할 환경 오염의 주범으로 부상했다. 음식물 쓰레기와 마찬가지로, 포장재 재활용 역시 대중의 인식과 실제 현실 사이에 큰 괴리가 존재한다. 특히 플라스틱의 경우는 더욱 그렇다. 소비자들은 재활용 마크가 있는 플라스틱을 분리 배출하면 모두 새로운 제품으로 재탄생할 것이라고 믿는 경향이 있다. 그러나 현실은 복잡하다.

플라스틱을 효과적으로 재활용하기 위해서는 재질에 따라 PET, PP, PE, PS 등으로 정밀하게 선별하는 과정이 필수적이지만, 일반 소비자는 여러 재질을 구분하지 못하기 때문에 플라스틱은 모든 종류가 뒤섞인 채로 배출되어 수거된다. 설령 선별이 잘 되더라도, 재활용 과정에서 품질이 저하되는 '다운 사이클링(Down-cycling)'이 일어나는 경우가 대부분이다. 예를 들어, 투명한 생수병(PET)은 다시 생수병이 되기보다는 품질이 낮은 섬유나 부직포 등으로 재활용된다. 이는 진정한 의미의 '순환'이 아니라, 폐기물로 가는 과정을 한 단계 늦추는 것에 불과하다. 또한, 식품에 직접 닿았던 플라스틱은 위생 및 안전 문제로 인해 다시 식품 용기로 재활용되기 어렵고, 다양한 색상이 첨가된 플라스틱은 균일한 품질의 재생 원료를 만드는 데 큰 걸림돌이 된다. 특히 식품접촉용 재생 원료 사용에는 '엄격한 안전·추적성 요건(EU 2022/1616)'이 요구된다.

따라서 지금과 같은 플라스틱 분리배출 체계 아래에서는 여러 플라스틱의 혼재와 오염을 예방할 수 없고, 안정적인 재활용이 어렵다. 결국 우리가 믿는 플라스틱의 '무한 순환'은 현실에 존재하지 않는 신기루에 가깝다.

3) 종이팩은 종이인가?

우유나 주스를 담는 종이팩은 친환경적인 이미지를 가지고 있지만, 재활용의 대표적인 딜레마를 보여주는 사례다. 종이팩은 순수한 종이가 아니라, 방수 기능을 위해 내부에 폴리에틸렌(PE) 플라스틱 필름을 얇게 코팅한 '복합재질'인 경우가 대부분이다. 이 종이와 플라스틱 복합재를 분리하는 과정은 복잡하고 높은 비용이 발생한다.

2019년 EU의 음료팩 재활용률은 약 51%(산업단체 통계)로 보고되고 있으나, 멸균팩 같은 경우, '섬유+폴리머(+알루미늄)'의 복합 구조로, 이를 재활용하기 위해서는 '수거-세척-분리-섬유 회수'와 같은 여러 복잡한 과정을 거쳐야 하며, 음료팩을 재활용하려면 폐지와 분리하여 수거해야 한다.

○ 표 5 포장재별 재활용 공정과 제약(요지)

포장 유형	핵심 공정	병목/손실 포인트	정책·기술 쟁점
단일수지(PET 투명)	세척→분쇄→재생 펠릿	내용물 오염	식품접촉 등급 확보를 위한 공정관리
착색·혼합수지	분류→다운 사이클	색상·수지 혼합	고순도 분리 기반 시설(EPR 고도화)
복합재(멸균팩)	펄핑→섬유 회수→Poly Al 처리	섬유 75% 한계·Poly Al 처리 비용	설계단계(Design for Recycling), 분리수거 체계

출처: Robertson, G. L. (2021), 저자 재구성

복합재질 포장재의 재활용은 경제성의 논리에 가로막힌다. 만약 재활용에 드는 총비용(수거, 선별, 분리, 가공)이 새로운 원료를 사용하여 제품을 만드는 비용보다 비싸다면, 기업은 재활용을 선택할 이유가 없다. 소비자들이 아무리 열심히 분리 배출하더라도, 이를 받아 처리할 수 있는 경제적·기술적 시스템이 뒷받침되지 않으면 결국 대부분은 매립되거나 소각될 수밖에 없다. 이는 재활용의 성패가 시민에게 요구되는 노력을 넘어, 제품의 유통을 기획하는 업계에서부터 세심하게 고려되어야 하고, 이러한 업계의 노력을 지원하고 감독할 수 있는 정부의 정책과 법률이 마련되는 등 전방위적인 개혁이 필요한 상황이다.

○ 표 6 주요 포장재별 재활용의 현실과 한계

포장재	소비자의 일반적 인식	실제 재활용 과정	재활용의 현실적 한계
투명 페트병 (PET)	플라스틱이므로 재활용될 것	이물질(라벨, 뚜껑) 제거 후 세척, 분쇄하여 재생 칩(Chip) 생산	라벨이나 유색 뚜껑 등이 섞이면 고품질 재활용이 어려움. 다운사이클링 되는 경우가 많음
기타 플라스틱류 (OTHER)	플라스틱이므로 재활용될 것	여러 재질이 혼합되어 기계 선별이 어렵고, 수작업에 의존	재질이 다양하고 복잡해 실질 재활용률이 매우 낮음. 대부분 소각 또는 매립 처리됨
종이팩 (멸균팩, 살균팩)	종이류로 배출하면 재활용될 것	종이와 플라스틱/알루미늄 필름을 분리하는 해리(解離) 공정 필요	복합재질로, 분리 공정이 가능한 전문 시설이 부족하고 처리 비용이 높아 재활용이 어려움
비닐류 (필름류)	분리 배출하면 재활용될 것	음식물 등 이물질에 오염된 경우가 많아 세척에 높은 비용과 자원 소모	이물질 오염이 심하고, 가벼워 운반/선별 효율이 낮으며 경제성이 떨어져 재활용률이 낮음

4) 재활용이라는 부메랑: 소비를 위한 면죄부

재활용이라는 제도가 가진 가장 치명적인 단점은, 그것이 역설적으로 소비를 부추기고 낭비와 폐기에 대한 부채감까지 덜어준다는 것이다. 심리학에서는 이를 '도덕적 허가(Moral Licensing)' 효과라고 설명한다. 소비자가 분리배출이라는 바른 행위를 하고 나면, 스스로가 환경을 위하는 책임을 다했다는 느낌이 든다. 이러한 긍정적인 자아상은 이후의 소비 활동에 대한 심리적 장벽을 낮추는 역할을 한다. 결과적으로 재활용 가능성의 강조가 과소비를 정당화한다는 가능성이 지적되고 있으며, '이 제품은 재활용할 수 있으니 구매해도 괜찮아'라는 생각이 소비를 더 쉽게 만드는 것이다. 결과적으로 재활용은 쓰레기 문제를 해결하는 근본적인 대안이 아니라, '일단 소비하고, 나중에 처리하면 된다'는 소비 인식을 유지하는 심리적 안전장치가 된다.

따라서 소비를 줄이고 한 번 사용한 제품을 재사용하는 것을 우선하는 가운데, 재활용은 보조라는 우선순위 원칙이 필요하다. 재활용은 순환 경제로 가는 관문이 아니라, 오히려 일회용품 사용을 지지하는 제도가 될 수 있다는 비판을 다시 한번 돌아보아야 한다.

6. 그래서 우리는?: 소비 다시 생각하기

1) 문제의 종합: 오늘날의 '소비 활동'

쓰레기는 단순히 개인의 부주의나 실수의 산물이 아니라 현대 사회의 소비문화라는 거대한 시스템이 만들어 내는 필연적인 결과물입니다. 농장에서 공장으로, 공장에서 시장으로, 시장에서 가정으로, 그리고 마침내 쓰레기통으로 이어지는 소비의 여정을 다른 말로 하면, 하나의 통합된 폐기물 생성 과정으로 보이기도 합니다.

수익을 극대화하기 위해 과잉 생산하고, 물류 효율성을 중심으로 폐기는 비용으로만 계산되며, 편리함과 효율을 위해 과대 포장되고, 마케팅을 통해 과잉 소비를 부추기는 이 시스템의 논리적 귀결은 폐기물, 쓰레기입니다.

2) 해법의 전환: '처리'에서 '예방'으로

이처럼 문제가 구조라면, 그 해법 역시 구조적 차원에서 모색되어야 합니다. 이미 발생한 쓰레기를 더 잘 분리하고 더 효율적으로 재활용하려는 '사후 처리' 방식의 노력은 명확한 한계가 있습니다.

열린 수도꼭지에서 흘러나오는 물을 수도꼭지는 잠그지 않은 채 바닥에 흘러넘칠까 계속 걸레로 닦아내는 것 같은 느낌입니다. 진정한 해결책은 문제의 원인으로 거슬러 올라가, 애초에 쓰레기가 발생하지 않도록 하는 것이라고 생각합니다. '쓰줍인'이라는 환경단체의 '다운'님께서 '지속 가능한 제품은 내가 사지 않은 제품'이라는 말씀하셨던 게 생각납니다. '재활용' 이전에 '안 사용'부터 생각해 보는 건 어떨까요?

3) 재활용을 넘어, 제로 웨이스트(Zero Waste)로

'제로 웨이스트'라는 개념이 있습니다. 단순히 쓰레기를 줄이는 생활 습관이나 실천 팁의 목록이 아니라, 소비라는 행위와 맺는 관계를 근본적으로 재설계하기 위한 새로운 사고방식인데요. '구매-사용-폐기'로 이어지는 단순한 소비 과정을 조금 더 들여다보고, 어떤 물건을 구매하기 전에 그것의 전 생애주기(생산, 유통, 사용, 폐기)를 먼저 생각하는 소비 개념이라고 할 수 있을 듯합니다. 이는 『바른 먹거리 착한 소비』라는 이 책의 제목이 지향하는 바와 같이, 우리가 벌어들인 자원을 가지고 음식물을 사들이는 소비 활동을 어떤 태도와 원칙을 기준으로 수행해야 하는지에 대한 기본적인 지침이 될 수 있다고 생각합니다. 이런 '제로 웨이스트' 대해서는 이후 '제6장 제로 웨이스트'에서 자세히 다루도록 하겠습니다.

4) 인간으로 태어났다는 것: 똥오줌을 싸고 쓰레기를 만든다는 것

본 장에서는 오늘날의 식품 유통이 어떻게 구조적으로 쓰레기를 양산하는지, 그리고 재활용이라는 제도적 해결책이 왜 근본적인 대안이 될 수 없는지를 알아봤습니다. 이처럼 문제의 구조를 깊이 이해하는 것은 실질적인 해결책을 모색하기 위한 시작이라고 생각합니다.

제가 근무하는 대학에서 명절쯤에 교수자들과 대화를 하던 중 나온 말입니다.

저자: 참, 효도한다는 게 어려운 것 같아요. 명절 때 잘 찾아뵙고, 용돈도 충분히 드리고 해야 하는데 그게 어렵네요. 이럴 때 불효하는 것 같아요. 지금처럼 살면서 하는 효도라는 건 어떤 걸까요?

선배 교수님: 태어난 게 불효지. 부모님께는 항상 감사한 마음, 그냥 죄송스러운 마음으로 부모님 돌아가실 때까지 사는 게 자식이야.

먼저 '태어난 게 불효'라는 말씀에 빵! 터졌습니다. 참 예스럽고 어떻게 보면 꼰대 같은 답변이라는 생각도 들었지만, 돌아보면 틀린 말은 아닌 것 같았습니다. 인간은 태어난 순간부터 자식으로서 부모님께 전적으로 의지하는 유아기를 보내고, 그렇게 자라면서 습득하는 지식과 경험으로 성장하면서 독립적인 한 인간, 성인이 되지요.

지구와 인류의 관계도 매우 흡사합니다. 지구라는 별 위에서 인류는 우리 주변의 동식물과 무기물, 태양열과 바람, 눈에 보이지 않는 산소까지 우리가 활용할 수 있는 모든 것들을 최대한 사용하고 의지하며 살아왔습니다.

하지만 인류와 지구의 관계가 부모 자식 관계와 다른 점이 하나 있다면, 인류는 시간이 가면 갈수록, 역사가 지나면 지날수록 지구상의 모든 것들을 더더욱 소모하고 의

지하게 되었다는 거죠. 이제는 그 정도가 지나쳐, 지구가 열받은 게 아닌가 싶을 정도로 온난화가 지속되고 있습니다. 이렇게 화가 오른 지구는 '기후 위기'라는 표현을 넘어, 극심한 변화가 반복되는 '기후 진동'이라는 표현이 나오고 있습니다. '화가 나면 감정의 기복이 심해지는데…. 그래서일까?'라는 엉뚱한 상상도 한번 해봅니다.

'지구를 위해', '지구를 살리자'라는 말은 참 오만하게 들립니다. 지난 오랜 시간 동안 지구에 의지해서 살아온 '인류'가 막고자 하는 '기후 위기'는 당연하게도 '인류'를 위한 것이니까요. 지구는 인류가 생겨나기 전에도, 인류가 사라진 후에도 지금과 같을 것입니다. 그저 '인류라는 생물체가 내 위에 있었지'라며, 지구가 추억하는, 사라진 존재가 되지 않기 위한 노력, 그리고 우리 자신을 위한 노력이 필요한 시점이 아닐까? 생각해 봅니다.

오늘날의 '외식업'이라는 개념은 1799년 프랑스 혁명을 통해 만들어진 소비시장을 기원으로 보기도 합니다. 특히, 음식을 다루는 전문인들의 모임인 길드가 해체되고 요리사들의 독자적인 부상과 사회적 역할의 시작은 지금까지 이어지고 있습니다. 하여, 이렇게 생겨난 외식시장과 셰프의 역사를 돌아보는 것으로 오늘날의 소비문화를 돌아보고자 합니다.

뉴욕 델모니코스's 레스토랑의 주방

5장

변화하는 음식 문화

들어가기 전에

앞서 1~3장에서 알아본 축산업과 수산업, 농업은 1~2차 산업을 중심으로 하는 생산자 중심의 산업이라 볼 수 있습니다. 뒤이어 4장에서는 유통을 중심으로 한 2차 산업을 들여다보았습니다. 대부분의 식품과 음식물 쓰레기는 가정에서 소비하고 배출하기 때문입니다. 하지만, 개인의 가정 내 식생활과 밖에서의 외식은 3차 산업인 서비스, 외식업계의 트렌드에 영향을 많이 받습니다. 오늘날 '외식업계'라는 개념은 레스토랑을 이용하는 외식, 집에서 주문해 먹는 배달 음식, 여러 매체를 통해 제공되는 다양한 음식 관련 콘텐츠를 광범위하게 포함합니다. 우리가 외식업계의 다양한 서비스를 소비할 때는 전통적인 평론, SNS와 유튜브처럼 개인화된 뉴 미디어, 그리고 다양한 소통방식을 바탕으로 한 정보 플랫폼과 인플루언서들에게 큰 영향을 받게 되죠. 이것은 단순히 맛집을 찾아가는 것, 어떤 음식의 유행에 그치지 않고 식품을 소비하는 방법과 태도에도 관여하게 됩니다. 이런 시대 전반의 소비자들과 공급자들이 상호작용하는 방식을 통칭하여 '식문화'라고 부릅니다.

이번 장에서는 오늘날의 식문화가 만들어지기까지의 흐름을 '역사적인 셰프'들의 업적을 살펴보며 왜 그들이 시대를 대표하는 셰프인지 알아보고 그들의 업적을 평가하며, '미식 평론의 역사'를 간단히 돌아본 후, 오늘날의 우리는 '식문화'를 어떻게 만들어 가고 있는지 생각해 보겠습니다.

1. 외식 산업의 태동

시장에서 식재료를 구매하고 가정에서 조리해 먹는 방식은 인류의 오랜 음식 소비 형태였다. 그러나 사회가 복잡해지고 경제가 발전하면서, '외식'이라는 소비 형태가 등장하고 본격적으로 산업화되기 시작했다. 1차 산업인 농·축·수산업에서 생산된 원재료가 시장에서 유통되는 것이 1차적 흐름이라면, 외식 산업은 이 원재료를 '조리'라는 2차 가공 절차를 거쳐 완제품 형태의 '음식'으로 만들고, 여기에 '서비스'라는 3차 산업의 절차를 거쳐 소비자에게 제공하는 복합적인 형태로 진화해 왔다.

외식 산업의 발전은 끼니를 때우는 기능적인 역할을 넘어, 음식에 대한 새로운 가치 부여와 사회적 인식의 변화를 의미한다. 특히 서구 사회에서는 '프랑스 혁명(1789~1799)' 이후 귀족 계급이 해체되고 '부르주아'라는 새로운 시민 계층이 등장했다. 이들은 충분한 소비력을 바탕으로 사회 각 분야에 큰 영향을 끼쳤는데, 외식 문화 역시 부르주아라는 소비주체의 등장으로 변화하기 시작했다. 화려한 연회와 고급 요리는 왕과 귀족의 전유물이었는데, 혁명으로 지배계급이 해체되자 상류층의 식문화를 생산했던 요리사들도 일자리를 잃게 되었다. 동시에, 그들이 제공하던 높은 수준의 음식문화를 향유할 만큼의 부를 축적한 소비자 집단, 부르주아들이 등장한 것이다.

혁명 전까지 왕실과 귀족에 소속되어 일해온 '요리사'들은 '장인(artisan)'으로 분류되어 예술가로서의 독립적 지위를 갖지 못했었고, 자기 창작물을 일반 대중에게 판매할 수 없었다. 하지만 혁명 이후, 길드 시스템이 해체되었고 누구나 요식업에 종사할 수 있게 되었다. 물론, 알라르드 칙령(Décret d'Allarde, Allarde Decree. 1791.03.02.)으로 길드가 통제하던 직업사회의 기득권은 약화되었고 개개인의 권리주장이 거세짐에 따라, 르 샤플리에 법(Loi Le Chapelier, Le Chapelier Law. 1791.06.14.)이 제정되어 개인화된 노동자들이 다시금 단체를 만들거나 집단적인 주장을 할 수 없게 되어 노동자들의 권리는 다시 통제되는 제약이 생기기도 했다. 하지만 동시에 요리사라는 장인들이 독립적으로 활동할 수 있는 계기가 마련됨으로써 '셰프(Chef)'의 시대가 새롭게 시작된다.

이제, '누군가를 위한 요리'를 만들던 요리사들이 '자신을 위한 요리'를 만들어 판매할 수 있게 되었고 자신의 이름을 걸고 레스토랑을 열기 시작하면서 일반 대중도 수준 높은 요리를 경험할 수 있는 시대가 열린 것이다. 이는 음식이 생존을 위한 기본 수단에서 식문화라는 개념을 바탕으로 사교와 비즈니스, 그리고 미학적 즐거움을 주는 '가치재'로 진화하게 된 결정적 계기였다.

공교롭게도 프랑스 혁명이 일어나게 된 촉매제 또한 음식, 정확하게는 '빵'이었다. 빵은 프랑스인의 주식, 즉 한국인의 쌀과 같은 필수재였는데, 1800년 전후의 흉작으로 곡물 가격이 폭등했고, 이런 곡물을 재료로 만들어지는 '빵'의 가격이 당시 노동자 평균 일당의 88%에 육박할 만큼 치솟은 것이다. 2025년 현재, 대한민국 최저시급은 10,030원이다. 일 평균 8시간 근무를 하면 일당으로 80,240원을 받는데, 여기서 88%면 약 70,612원이 된다. 지금 우리와 비교해 봐도, 매일 식비로 최소 70,612원을 써야 한다면, 아마 대한민국도 혁명이 일어나지 않을까? 그 당시 사람들이야, 수도·광열비나 핸드폰, 인터넷, 각종 구독제 서비스를 이용하지 않았겠으나, 식비 외에 추가적인 생활비용이 없었을 리 만무하니 사회구조를 개혁해야 할 만큼의 충분한 동인이 '빵 가격의 폭등', 바로 '식품 소비의 불안정성'에서 시작되어 '빵 혁명'까지 일어난 것이다. '의식주', 그중에서도 먹는 것이 얼마나 중요한지를 엿볼 수 있는 역사적 사건이다.

프랑스 혁명은 소수의 특권층만 독점적으로 누릴 수 있었던 과시적 소비, 그리고 낭비라는 '쾌락'을 더 많은 부르주아, 중산층들도 접근하고 만끽할 수 있는 전환점이 되었다. 오늘날 대한민국의 식문화는 서구의 사회제도에 큰 영향을 받았다. 우리나라 외식업계와 외식 시장의 형성, 셰프의 역할, 음식을 평가하고 소비하는 방식 등 많은 부분이 서구에서 정립된 개념과 형태를 받아들여 만들어졌다. 따라서 지금 우리의 음식 문화를 깊이 있게 이해하기 위해서, 이 외식업을 탄생시키고 그 패러다임을 주도해 온 실체이자 상징인 '셰프(Chef)', 식문화의 대중화를 주도해 온 그들의 역사를 알아보고자 한다.

들여다 보기

까뜨린느 드 메디치(Catherine de Médicis, Catherine de Medici, 1519~1589)

까뜨린느 드 메디치의 초상화

출처: Boyer d'Argent, J.-B. (1747).

먼저 우리가 프렌치 퀴진의 역사를 공부하면 가장 먼저 접하게 되는 이름이 '까뜨린느 드 메디치'입니다. 당시 유럽에서 교황을 배출하고 르네상스 시대를 대표하는 대부호 메디치 가문에서 태어나 프랑스 왕가로 시집을 가게 된 여성이죠.

당시 이탈리아의 식문화는 고대 로마의 가공·보존 기술부터 이슬람과 지중해를 아우르는 교류 경험과 르네상스 시대에 정리된 궁정 요리서, 근대 도시의 식문화까지 모여들고 상호작용하여 다채롭게 발전했습니다. 이런 식문화를 그녀가 프랑스로 시집을 오면서 '포크, 아이스크림, 소르베, 마카롱, 정찬 예법' 등을 가져왔다는 통설이 있죠.

하지만 이를 반박하는 연구도 다수 존재하는데요. 그녀가 프랑스에 보급했다는 포크와 아이스크림 그리고 향신료 등은 정식으로 도입된 시기가 다르며, 한 번에 전수되고 보급된 것이라기보다는 이탈리아와 프랑스가 왕실과 성직자, 장인들의 상호 교류가 일어나고 있고 식문화를 비롯한 다양한 문화적 공명이 일어나고 있었음을 보여주는 것이라는 견해도 있습니다.

한 예로, 이때 까뜨린느 드 메디치가 프랑스에 가져온 대표적 귀족문화로는 '발레'가 있다고 합니다. 이처럼 양국 간의 문화교류가 일어난 것은 틀림없는 사실이고, 식문화 역시 영향을 받았겠지요. 문화적 교류란 서로 주고받는 소통을 기반으로 하며 정착까지는 오랜 시간이 요구되는 일일 테니, 그녀의 결혼을 통해 오늘날의 프랑스 식문화가 피어나는 씨앗이 심어졌다고 볼 수도 있겠지요?

2. 셰프(Chef): 식문화의 상징이자 선구자

외식 산업의 역사는 곧 셰프의 역사라 해도 과언이 아니다. 이들은 단순히 음식을 만드는 기술자를 넘어, 시대가 요구하는 맛과 스타일을 창조하고 주방을 효율적으로 조직하며, 나아가 음식에 대한 철학을 정립해 온 리더들이다. 이들은 1, 2차 산업의 생산재인 식품을 더욱더 높은 가치를 지닌 3차 산업의 상품인 '음식'으로 만들고, 그 음식을 단순한 소비재를 넘어 사람들의 삶과 태도에 영향을 주는 문화적 차원으로 발전시켜 왔다. 직접 소비하는 식생활에서 다양한 문화 콘텐츠의 소재이자 주제가 된 식문화의 재탄생 과정에서 핵심적인 역할을 한 예술가들. 이제부터 식문화 패러다임의 전환, 그리고 새로운 시대를 열었던 역사적인 셰프들을 시간의 흐름에 따라 알아보자.

마리 앙투안 카렘의 초상화

출처: Chevalier de Cussy, Wikimedia Commons.

1) 왕의 요리사, 마리 앙투안 카렘(Marie Antoine Carême, 1784~1833)

까뜨린느 드 메디치 사후 약 200년이 흐른 뒤에야, 오늘날 우리가 부르는 근대적 의미의 'Chef, 셰프'가 탄생한다. 이 직업을 '새롭게 정의한 자'이자 '시초'로 꼽히는 대표적 인물이 마리 앙투안 카렘이다.

그는 13세기부터 18세기까지 약 400년이 넘게 이어져 온 '길드(Guild, 협회)'의 세분화되고 배타적인 직업체계가 프랑스 혁명(1789~1799) 이후 혼란기 속에서 약화되면서 다양한 요리를 통합적으로 진두지휘하는 셰프의 개념이 태동하는 가운데 요리사가 되었다.

빛나는 재능과 열정으로 당대의 왕과 귀족들에게 요리사이자 예술가로서 인정받은 그는, 나폴레옹 1세와 탈레랑(CHARLES MAURICE DE TALLEYRAND-PÉRIGORD, 1754~1838)과 같은 당대 최고 권력자들의 연회를 책임지며 '왕의 요리사'로 불렸다.

카렘은 당시 파리에서 가장 명성 높은 파티시에였던 '실뱅 바이이(Sylvain Bailly)'의 제과점에서 경력을 쌓았는데, 그의 명성은 최초의 음식 평론지로 기록된 '알렉산드르 그리모 드 라 레니에르(Alexandre-Balthazar-Laurent Grimod de La Reynière)'의 미식 안내서 『미식 연감(Almanach des Gourmands, 1803~1812)』에서 찬사를 받을 정도로 높았다.

카렘의 '라미네이션 기법'으로 만들어진 '퍼프 페이스트리' 도우

출처: Popo le Chien(2015).

카렘은 바이이에서 수련했으며, 특히 퍼프 페이스트리(puff pastry) 기법을 독자적으로 발전시켰다. 그의 라미네이션(lamination) 기법은 1,000개 이상의 극도로 얇은 반죽과 버터 층을 만들어내는 것이었다. 카렘의 기법은 온도 조절에 대한 과학적 이해, 버터 누출 방지법, 그리고 보다 가볍고 섬세한 질감을 만들어 낼 수 있었다.

볼로방의 다양한 형태

출처: Hautbois(2014).

해산물을 서비스하는 데 현대적 방식으로 활용된 볼로방

출처: Seafood vol-au-vent at The Rook, Wikimedia Commons.

카렘의 라미네이션 기법으로 만들어 낸 '볼로방(Vol-au-vent)'은 그의 대표 작품이다. '볼로방'은 프랑스어로 '바람에 날리는(windblown)'이라는 뜻으로, 가볍고 사르르 녹는 질감을 표현한 것이다.

볼로방은 퍼프 페이스트리 두 개를 원형으로 잘라, 한쪽에 구멍을 뚫어 고리 모양을 만들고 다른 원형 위에 올려서 구워 만든 그릇 모양의 빵이다. '먹을 수 있는 그릇'이라는 새로운 발명을 한 카렘은 건축학적 개념을 요리에 적용하여 실용적이면서도 근사하게 연회를 빛낼 수 있었다.

이후 귀족들의 연회를 책임지는 예술가로 자리매김한 카렘에게 '연회'는 단순히 음식을 제공하는 자리가 아니라, 외교와 정치가 이루어지는 무대였다.

카렘의 주요리이자 주요 장식품을 '피에스 몽테(pièces montée, set piece)'라 한다. 피에스 몽테는 설탕, 페이스트리, 마지팬, 누가로 조각한 정교한 '식용 장식품'으로, 이는 연회를 카렘의 예술작품들을 위한 무대로 변화시키고 빛나게 하는 혁신이었다.

카렘의 피에스 몽테들

(좌) Carême, Le maître d'hôtel français, 1822. ('프랑스 집사' 속 삽화)
(우) Carême, Le livre de cuisine d'Antoine, 1833. ('앙투안의 요리책' 속 삽화)

출처: Wiki Commons.

카렘은 음식의 맛에 충실함과 동시에 시각적인 아름다움, 서비스의 흐름까지 총괄하는 '연회 디자이너'로서 '왕의 요리사'라는 별명에 걸맞은 '셰프'의 역할을 성공적으로 완성하고 정의했다.

카렘이 영국의 조지 4세(웨일스 왕자)의 수석 요리사로 일하던 당시의 주방(1826).

출처: Nash, J. (1826). The Great Kitchen, Royal Pavilion, Brighton.

카렘을 고용했던 왕족들

❶ 러시아, 알렉산더 1세(Alexander I of Russia),
❷ 영국, 조지 4세(George IV)
❸ 영국, 찰스 윌리엄 (베인) 스튜어트, 런던데리 3대 후작(Charles William Stewart, Charles William Vane, 3rd Marquess of Londonderry)
❹ 러시아, 캐서린 바그라티온 공주(Princesse Bagration of Russia)

출처: Chevalier de Cussy. (1855).

카렘이 역사적인 셰프로 기록된 중요한 이유는 셰프의 업무를 정의하고 프렌치 퀴진의 기본이 되는 조리법과 중요한 조리 개념, 기술들을 정리하여 후대에 전했기 때문이다. 그는 '최초의 실험 주방 연구소'를 창설하고 복잡했던 기존 요리를 체계화했다. 이 과정에서 『파리 왕실의 제과장(Le Pâtissier Royal Parisien, 1815)』, 『그림 같은 페이스트리 셰프(Le Pâtissier Pittoresque, 1815)』, 『파리의 요리사, 또는 19세기 프랑스 요리의 예술(Le Cuisinier parisien, ou l'art de la cuisine française au dix-neuvième siècle, 1842)』과 같은 대표적인 저서를 총 11권 집필했다.

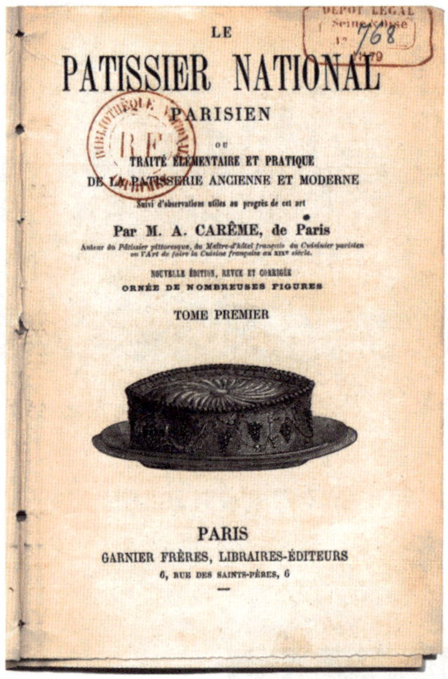

카렘의 대표적인 저서, 『파리의 국민 페이스트리 셰프(Le Pâtissier national parisien, 1833)』

출처: Carême, M.-A. (1833). Wikimedia Commons.

카렘은 프랑스 요리를 표준화하고 발전시키는 데 결정적인 역할을 했다. '프랑스 요리의 기본이 되는 네 가지 모체 소스(Mother Sauces)'[1]를 체계적으로 정리했다. 그는 주방의 위생, 요리사의 복장에 대한 규율을 강조하여 요리사의 직업적 위상을 높이고 주방을 전문적인 작업 공간으로 진화시켰다.

1 1. 벨루테(Velouté), 2. 베샤멜(Béchamel), 3. 에스파뇰(Espagnole), 4. 알망드(Allemande)

카렘이 묘사한 요리사의 복식

출처: Carême, Le maître d'hôtel français, 1822. ('프랑스 집사' 속 삽화)

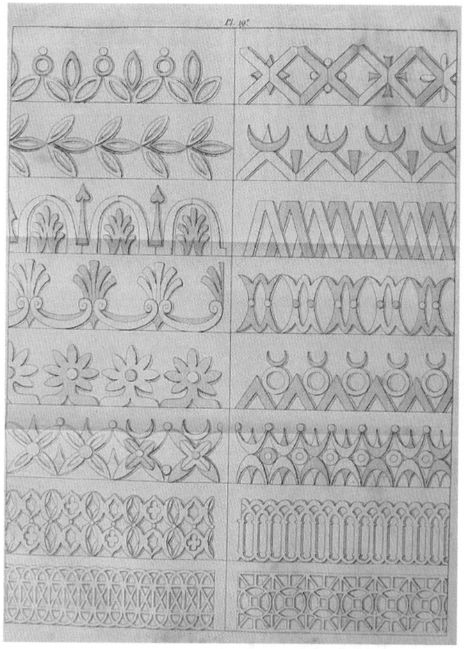

빵 테두리의 장식 패턴

출처: Carême, Le cuisinier parisien, 3rd, 1842. ('파리의 요리사, 또는 19세기 프랑스 요리의 예술' 속 삽화)

카렘이 남긴 기술적·직업적 유산, 요리에 총체적 예술(Total Art) 개념을 도입한 업적을 총칭해 '그랑 퀴진(Grand Cuisine)'이라 한다. 그가 고안한 조리장의 높고 곧은 모자 '토크(Toque)'는 조리 장인들이 갖는 혹은, 갖추어야 하는 자부심, 즉 그랑 퀴진의 상징이라 볼 수 있다. 그는 실제로 '왕의 요리사'였으며, 요리를 예술의 경지로 끌어올리고 셰프라는 직업을 규정하여 '셰프'가 주방의 경영자이자 중심이 될 수 있도록 하는 기틀을 마련했다. 왕의 요리사, 카렘의 삶을 통해서 우리는 음식문화의 소비자들이 그를 고용했던 왕족, 혹은 독점적 특권을 누렸던 소수 계층이었음을 확인했다. 카렘의 예술적 음식들은 그의 경험과 노하우를 정리한 다양한 기록들과 저서, 그리고 그의 제자들을 통해서 보다 많은 사람들을 위한 식문화로 전파되고 진화하게 된다.

그리고 그 결과가 바로 오늘날의 외식시장, 합당한 금전적 가치를 지불할수만 있다면 누구나 특별한 요리, 혹은 그것을 넘어서 즐기는 쾌락재로서의 음식을 소비하는 것이 가능한 외식문화의 대중화, 외식시장이 피어나는 계기가 된다.

2) 요리사들의 왕, 조르주 오귀스트 에스꼬피에(Georges Auguste Escoffier, 1846~1935)

카렘이 귀족과 왕을 위한 요리를 완성하고, 예술가로서의 요리사가 독립적인 레스토랑을 운영하는 셰프라는 개념을 정의하고 타계한 지 약 13년 후, 오귀스트 에스꼬피에가 태어난다. 그는 카렘의 유산을 이어받아 현대적 의미의 '오너 셰프'라는 개념을 정립한, 오늘날 외식업계를 대표하는 '오너 셰프'의 진정한 시초이자 셰프들을 대표하는 진정한 '요리사들의 왕'이다.

세자르 리츠(호텔리어), 맥스 프피퍼(스위스의 건축가이자 호텔 경영자, 군인), 오귀스트 에스꼬피에

출처: 스위스 호텔 산업의 선구자들: 스위스 교통청, 1976.

당시는 왕정이 무너지고 부르주아 계급이 새로운 소비 주체로 떠올라 시대적 변화의 중심이 된 시기였다. 세자르 리츠(César Ritz)는 현대적인 럭셔리 호텔을 세워 운영하면서 그 개념을 정립하고 있었는데, 최고급 호텔에서 제공하는 통일성 있고 일관된 주방 시스템이 필요했다. 이와 같은 시스템을 만들고 운영해낸 셰프가 바로 에스꼬피에다. 그는 런던의 사보이 호텔(Savoy Hotel, 에스꼬피에의 근무 기간, 1890~1899), 런던의 칼튼호텔(Carlton Hotel, 1899~1940)과 같은 최고급 호텔의 주방을 총괄하며 현대적인 상업 레스토랑과 호텔 주방 시스템을 확립했다.

조르주 오귀스트 에스꼬피에

출처: Newnham-Davis, N. (1914), Wikimedia Commons.

사보이 호텔(Savoy Hotel): 1889년에 시작해 지금까지 운영되고 있음

출처: Richards, S. (2013), Wikimedia Commons.

칼튼 호텔(Carlton Hotel, 1903): 1940년까지 운영됨

출처: Unknown. (1903), Wikimedia Commons.

에스꼬피에의 '주방 브리게이드 시스템(Kitchen Brigade System)'은 대규모 인원이 효율적으로 일할 수 있게 고안된 직급체계이다. 그는 군 요리사로 복무한 경험이 있는데, 이에 영감을 받아 브리게이드 시스템을 만들었다. 이 시스템은 명확한 직급으로 역할을 분담하여 거대한 주방 조직이 일관된 품질로 음식을 신속하게 만들어 내는 것을 가능하게 했다.

○ 표 1 **주방 브리게이드 시스템의 간략한 구조와 기능**

계층	불어·영어	한국어 역할	기능
1	Chef de cuisine (Head chef)	총주방장	메뉴개발 구매·인사
2	Sous-chef	수석 부주방장	조리·서비스 운영 감독
3	Chef de parties	파트장 (스테이션별)	소스(saucier), 육류(Rotisseur), 어류(poissonnier), 전채·차가운 요리 (GardeManger) 등의 파트장
4	Commis	조리사 (수습 요리사)	파트별 보조·기초 작업
5	Apprentice	견습생	준비·세척·물류

브리게이드 시스템

AI 생성 이미지

이러한 업무 체계화는 주방에 규율과 질서를 도입하는 근간이 되었다. 깨끗한 유니폼을 입어야 하며, 주방 내에서 음주나 흡연은 허용되지 않고, 고함을 지르는 등의 과격한 행동을 금지해, 전문가로서 조리사가 갖추어야 할 태도와 행동양식도 가다듬고 정립했다.

에스꼬피에와 리츠의 파트너십은 단순히 요리사와 경영자의 협력을 넘어, 오늘날의 파인 다이닝 레스토랑, 주방(back-of-house)과 다이닝 홀(front-of-house)이 유기적으로 결합한 '통합 시스템'으로 작동하는 개념을 창조해 냈다.

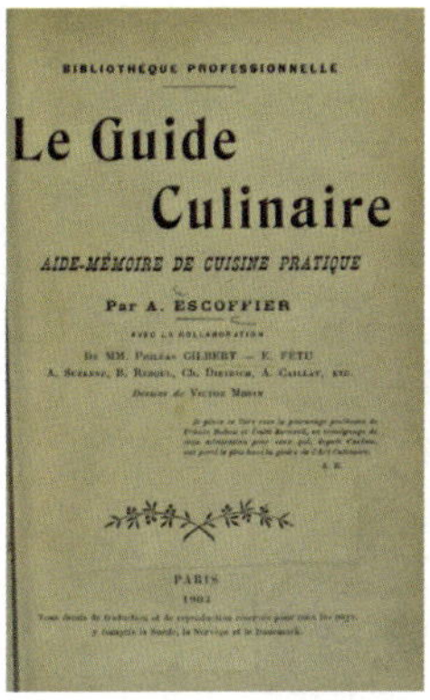

Escoffier, Le Guide Culinaire(현대 요리 안내, A Guide to Modern Cookery, 1903)

출처: Escoffier, A. (1903), Wikimedia Commons.

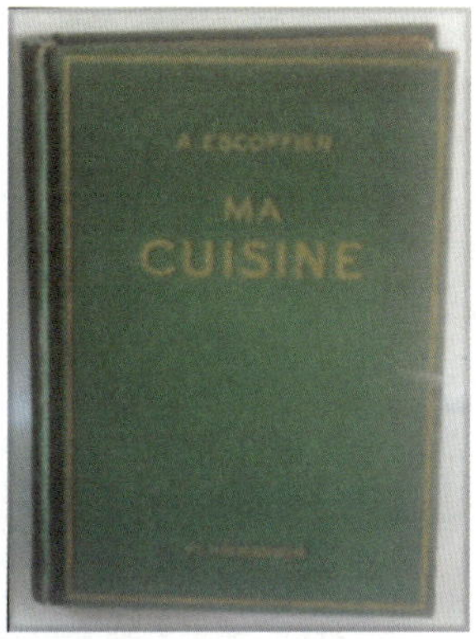

Ma Cuisine(나의 주방, My Kitchen, 1934)

출처: Escoffier, A. (1934), Wikimedia Commons.

에스꼬피에의 대표 저서로는 『Le Guide Culinaire』(현대 요리 안내, A Guide to Modern Cookery, 1903, 영문판 1907), 『Le Livre des Menus』 (메뉴 책, The Book of Menus, 1912), 『L'Aide-mémoire Culinaire』 (요리의 비서, The Culinary Aide-Mémoire, 1919), 『Ma Cuisine』 (나의 주방, My Kitchen, 1934) 등인데, 그의 저서에는 카렘이 정리한 4대 마더 소스에서 '알망드 소스'를 '홀랜다이즈(혹은 올랑대즈, Hollandaise) 소스'로 대체하고, '토마토소스'를 추가함으로써, 오늘날 양식의 기본이 되는 '5대 마더 소스(Five Mother Sauces)'를 완성하고 육수(Stock) 조리법을 표준화했다. 이러한 업적들은 현대 외식업의 근간을 마련한 것으로 평가되며, 그의 조리법(방식)을 '오트 퀴진(Haute Cuisine, High-Class Cusine, 고급 요리)'이라 한다.

요리를 예술의 영역에서 고도로 체계화된 산업으로 발전시킨 에스꼬피에는, 'A la Carte menu system(단품 식사 방식)'을 레스토랑 비즈니스에 성공적으로 도입시킨 핵심 경영자이자 시초로서, 현대적 셰프라는 직업을 정의하고 구현해 낸 장본인으로서 지금까지도 '요리사들의 왕'으로 불리고 있다.

프랑스 최고의 셰프인 오귀스트 에스꼬피에를 기리기 위해 오르세궁전에서 열린 연회에 에두아르 에리오(프랑스 총리를 3번 역임한 정치가)가 에스꼬피에와 인사를 나누는 모습

출처: Agence Meurisse(1928). Banquet au Palais d'Orsay en l'honneur d'Auguste Escoffier, meilleur cuisinier de France, ici avec Edouard Herriot

3) 누벨 퀴진(Nouvelle Cuisine)의 아버지, 폴 보뀌즈(Paul Bocuse, 1926~2018)

폴 보뀌즈(Paul Bocuse)

출처: Arnaud 25(2007), Wikimedia Commons.

'오트 퀴진(Haute Cuisine)'은 카렘이 시작하고 에스꼬피에가 정립하여 약 150년 동안 프렌치 퀴진을 대표해 온 조리법이었다. 그다음 시대를 열었다고 평가받는 '폴 보뀌즈'는 1973년 10월, 오트 퀴진과는 매우 다른, 새로운 철학을 담은 '누벨 퀴진(Nouvelle Cuisine)'을 선언했다.

누벨 퀴진의 셰프들은 오트 퀴진의 무겁고 진한 소스 대신, 재료 본연의 맛과 향을 살리는 가볍고 섬세한 조리법을 강조했다. 버터를 적게 사용하고 조리 시간을 단축하며, 신선한 재료를 사용하여 자연스러운 맛을 극대화하는 것이 누벨 퀴진의 특징이다.

폴 보뀌즈는 1926년, 리옹의 요리사 가문에서 태어나 10대부터 주방에서 일을 익혔다. 특히 파리의 미슐랭 3스타 레스토랑 '라 피라미드'에서 근무하면서, 그곳의 오너

셰프 '페르낭 푸앙(Fernand Point)'에게 큰 영향을 받았다.

폴 보퀴즈는 1959년, 고향인 리옹으로 돌아가 '오너셰프'로서의 인생을 시작했다. 그는 주방에만 머물지 않고 서비스 공간으로 나와 고객들과 직접 소통하며 셰프의 새로운 모습을 보여주었다. 1965년, 전후 최연소로 미슐랭 3스타를 획득했으며, 이후 레스토랑의 이름을 'Paul Bocuse'로 바꾸어 지금까지도 운영하고 있다. 미슐랭 3스타를 55년간(1965~2020) 유지하여 역사상 가장 오랫동안 미슐랭 3스타 기록을 가진 레스토랑이 되었다.

폴 보퀴즈 레스토랑 홈페이지

출처: Institut Paul Bocuse.

그가 역사적인 셰프로 기록된 이유는 '누벨 퀴진 선언(Vive la Nouvelle Cuisine Française)'이라고 할 수 있는데, 그 선언문의 핵심, '누벨 퀴진 십계명'은 다음과 같다.

1. Tu ne cuiras pas trop. (과도하게 조리하지 말라): 재료 본연의 맛을 보존하는 짧은 조리 시간 강조
2. Tu utiliseras des produits frais et de qualité. (신선하고 높은 품질의 재료를 사용하라): 계절성과 품질 우선 원칙
3. Tu allégeras ta carte. (메뉴를 가볍게 하라): 복잡함보다는 단순함과 명확성 추구
4. Tu ne seras pas systématiquement moderniste. (무조건적인 현대화를 지양하라): 현대화를 위한 현대화, 새로움을 위한 새로움 경계
5. Tu rechercheras cependant ce que t'apportent les nouvelles

techniques. (그럼에도 불구하고 새로운 기법이 가져다주는 것을 탐구하라): 유익한 혁신은 수용하고 지속적인 노력 요구

6. Tu éviteras marinades, faisandages, fermentations, etc. (양념에 재우기, 염장하기, 발효 식품 등을 피하라): 재료의 과도한 변화를 거부
7. Tu élimineras les sauces riches. (진한 소스를 배제하라): 크림과 버터 기반의 묵직한 소스에서 탈피, 소스는 음식의 맛을 받쳐주는 것이지, 지배하는 것이 아님을 강조
8. Tu n'ignoreras pas la diététique. (영양학을 무시하지 말라): 건강과 영양 중시
9. Tu ne truqueras pas tes présentations. (음식의 표현을 속이지 말라): 인공적이거나 과도한 장식을 피하고 단순하게 신선한 재료의 아름다움을 드러내도록 강조
10. Tu seras inventif. (창의적이어야 한다): 요리사 개인의 창의성과 혁신 장려

폴 보퀴즈를 '요리계의 교황(Pope of French Cuisine)'이라 불리게 해준 누벨 퀴진은 단순한 요리 트렌드를 넘어 하나의 사회 운동이자 새로운 식문화로 평가된다. 즉 백 년 넘게 지배적인 요리 전통이었던 '퀴진 클라시크[2]'와는 매우 다른 혁신적인 방식으로, 요리가 사회의 변화를 끌어내는 도구이자 상징이 될 수 있다는 중요한 상징으로서 오늘날까지도 그 영향력을 끼치고 있다.

○ **표 2 퀴진 클라시크와 누벨 퀴진의 특징 비교**

구분	퀴진 클라시크(에스꼬피에)	누벨 퀴진(보퀴즈 외)
핵심 철학	법전화, 복잡성, 식재료의 변형	단순함, 가벼움, 식재료 본연의 맛 존중
셰프의 역할	기술자, 경영자의 고용인	창조자, 예술가, 사업가
식재료 조달	장기 보관된 재고, 고급 식재료 의존	시장 중심의 신선한 제철, 지역 식재료
소스 기법	무겁고 밀가루로 농도를 맞춘 소스	가벼운 리덕션, 비네그레트, 채소 퓌레
조리 시간	장시간 조리	짧은 조리 시간, 식재료 강조
담음새	서비스 아 라 뤼스 (Service à la russe), 테이블 사이드에서 완성, 정교한 서비스	서비스 아 라시에트 (Service à l'assiette), 주방에서 완성, 간결해진 서비스

2 카렘의 크랑 퀴진과 에스꼬피에의 오트 퀴진을 통칭하는 개념

4) 본질에 충실하게_팜 투 테이블의 시작, 앨리스 워터스(Alice Waters, 1944~)

앨리스 워터스

출처: Sifry, D. (2007), Wikimedia Commons.

20세기 중반, 음식의 본질, 즉 '식재료' 자체의 가치에 주목하는 새로운 움직임으로 나타난 프랑스의 누벨 퀴진과 궤를 같이하는 '캘리포니아 퀴진'이 탄생했다. 그리고, 이 중심에는 미국의 셰프이자 환경 운동가인 앨리스 워터스가 있었다.

앨리스 워터스는 1971년, 그녀의 나이 27세 때 캘리포니아 버클리에 '쉐 파니스(Chez Panisse)'라는 프렌치 레스토랑을 열고, '지역에서 환경친화적인 방법으로 제철에 재배된 신선한 식재료가 최고의 요리를 만든다'라는 철학을 바탕으로 레스토랑을 운영했다. 그리고 그녀의 철학은 '팜 투 테이블(Farm-to-table)'이라는 이름으로 외식업계에 널리 알려졌다.

Edible Schoolyard Project

출처: Edible Schoolyard Project(2025).

앨리스 워터스는 셰프의 역할이 단순한 주방의 업무를 넘어, 좋은 식재료와 그것을 제공하는 농부와의 관계 형성까지 확장되어야 한다고 주장했다. 1995년 '먹을 수 있는 학교 텃밭(Edible Schoolyard) 프로젝트'를 시작하고, 1996년에는 '쉐 파니스 재단(Chez Panisse Foundation)'을 설립하여 음식을 소비하는 소비자와 그 가정의 아이들에게 음식 교육의 중요성을 알렸다.

또한 그녀는 '슬로푸드 인터내셔널'의 부회장으로서 '팜 투 테이블' 운동을 세계 여러 나라에 알리는 데에도 큰 공헌을 한 것으로 인정받고 있다.

폴 보퀴즈와 앨리스 워터스는 복잡한 기교에서 벗어나 식재료의 본질적 가치로 돌아가야 한다는 공통된 메시지를 던졌다. 이들은 요리의 맛과 형식에만 집중한 기법을 중심으로 한 셰프들과 레스토랑 업계의 트렌드를 '음식'과 '식재료' 그 자체를 잘 표현하고 전하는 방향으로 전환하는 계기를 만들어 낸 셰프이자 운동가로서 중요한 위치를 차지하고 있다.

들여다 보기

Chez Panisse

Chez Panisse Restaurant에서 'Externship' 기간 중 저녁 서비스 준비 회의

출처: 저자 소장

저는 뉴욕에 있는 CIA(Culinary Institute of America)라는 요리학교를 나왔습니다. 해당 교과과정 중에 'Gastronomy(미식학)'라는 과목을 수강하면서, 앨리스 워터스를 처음 알게 되었죠. '요리한다는 것은 무엇일까?' 고민하던 당시의 저는 뭔가 해답을 찾은 것 같은 느낌을 받았습니다.

당시에는 조리를 공부하는 친구들이 '요리를 하는 이유'로 "내가 만든 요리를 누군가 먹고 행복해하는 모습을 보는 게 좋아요."라고 말하고는 했는데요. 하지만 저는 그것만으로는 부족하다는 생각이 들었습니다.

요리는 아무리 정성을 기울여 만들더라도 먹어 치우는 순간 사라지는, 영속성이 없는 작품입니다. 내가 아무리 잘 만들었다고 생각하더라도, 음식을 먹는 사람의 취향에 맞지 않으면 평가 절하되기 일쑤이며, 언제나 독립적인 가치를 갖기 어렵고, 누군가에게 평가를 받아야만 하는 것이 음식과 요리, 그리고 그것을 만들어 내는 사람인 셰프라는 것도 한계가 뚜렷하게 느껴졌지요.

하지만, 앨리스가 구현하는 음식과 환경운동은 음식이 오늘날 우리에게 얼마나 중요한 것인지를 돌아보게 했습니다. 유기농, 농업부터 시작되는 우리 식탁 위의 음식, 음식을 만들고 먹는 사람 모두를 위하는 그녀의 철학은 제가 생각하던 음식과 조리, 식문화의 한계를 넘어선다는 생각이 들었습니다.

저는 재학 중에 '엑스턴십(Externship)'이라는 현장 실습을 약 4개월 동안 다녀와야 했는데요. 앨리스 워터스의 레스토랑을 직접 경험해 보고 싶었던 저는, 뉴욕이 아닌 캘리포니아 버클리에 있는 'Chez Panisse'로 엑스턴십을 다녀왔습니다. 이를 통해 많은 경험을 했고, 새롭고 다양한 아이디어를 얻을 수 있었는데요. 간단하게 그 내용들을 정리, 공유해 드리고자 합니다.

1) 팜 투 테이블 운동(Farm-to-Table Movement)

우리나라의 '얼굴 있는 먹거리' 운동과 닮아있는 '팜 투 테이블'은 생산자와 레스토랑(유통) 그리고 소비자를 연결하는 매우 중요한 역할을 합니다. 예를 들어, '최준석 농장의 당근을 이용한 당근 샐러드'와 같은 식으로 메뉴를 표기합니다. 제철에 생산되는 지역 농장의 식재료로 음식을 만들고 해당 농장과 농부님의 이름을 표기하며, 공급자 리스트(Purveyors' List)를 만들어 레스토랑에 식재료를 제공하는 농장들의 특징과 재배하고 있는 식재료들도 공개하죠. 이는 소비자들이 어떤 식재료를 먹는지, 그 식재료는 어떤 환경에서 어떻게 재배되는지를 확인할 수 있게 하고, 동시에 레스토랑이 항상 지역의 제철 식재료를 사용하고 있음을 알리는 역할도 합니다.

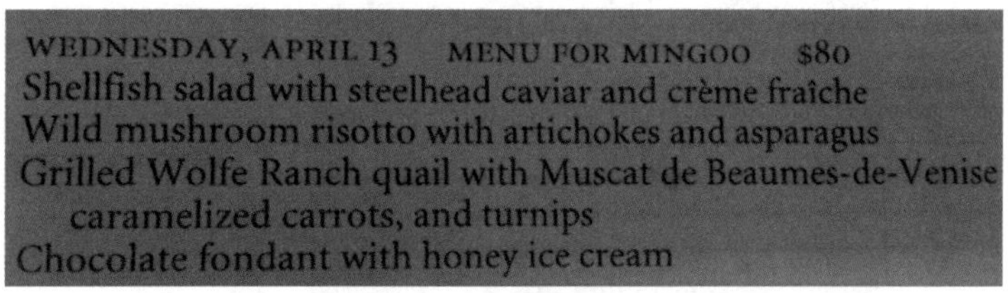
WEDNESDAY, APRIL 13 MENU FOR MINGOO $80
Shellfish salad with steelhead caviar and crème fraîche
Wild mushroom risotto with artichokes and asparagus
Grilled Wolfe Ranch quail with Muscat de Beaumes-de-Venise
caramelized carrots, and turnips
Chocolate fondant with honey ice cream

2011년 4월 13일, 저자의 엑스턴십 마지막 날 Chez Panisse의 메뉴
중간에 "Wolfe Ranch"는 메추리(Quail) 농장의 이름이다.

출처: 저자 소장

이렇게 투명하게 공개되는 정보들은 고객의 신뢰를 얻을 수 있는 좋은 방법이 됩니다. 한번은 레스토랑에 소고기를 공급하고 싶어 하는 농장의 시제품을 받아서 시식한 적이 있습니다. 당시 셰프 장 삐에르(회의 사진 오른쪽 아래)는 품질에는 만족했지만, 해당 농장의 육류를 사용하지 않기로 했습니다. 그 이유인즉슨, 해당 농장이 유기농업을 하고는 있지만, 소들에게 여물로 주는 건초를 중국에서 수입하고 있었기 때문입니다.

현행법상 EU나 우리나라에서는 GMO 작물을 사료로 해서 사육된 가축의 고기에서는 GMO가 검출되지 않기 때문에 GMO 표기를 하지 않아도 됩니다. 또한, 중국은 GMO 재배가 금지된 나라로 GMO와 같은 문제에서는 자유롭지요. 하지만 중국에서 건초가 건너오면서 발생하는 탄소와 어떤 농약이 사용되고 잔류됐을지 모르는 건초로 키운 소의 고기를 사용하는 것은 Chez Panisse의 원칙에 어긋난다는 판단이었습니다. 법은 최소한의 기준일 뿐이고, 레스토랑에서 자체적으로 설정한 까다로운 원칙을 지키는 자세를 확인하면서 Farm to Table이 무엇인지 경험할 수 있었습니다.

2) 먹을 수 있는 학교 텃밭 프로젝트(ESY, Edible School Yard Project)

마틴 루터 킹 주니어 중학교에서 시작한 ESY 프로젝트는 학생들이 직접 정원을 가꾸면서 농사와 식재료에 대해 경험할 수 있도록 한 활동입니다. 단순한 텃밭 가꾸기를 넘어, 정원의 식재료들을 활용하여 과학, 수학, 문화, 사회 정의와 같은 다양한 주제들과 연결하여 교육을 진행합니다.

ESY에 걸려있는 앨리스 워터스의 철학

식물을 통해서 생물 공부를 하는 학습 교재

출처: 저자 소장, 마틴 루터킹 주니어 미들스쿨, 2011.

학생들이 직접 재배한 농작물들을 조리하고, 그것들의 제철과 조리법까지 쉽게 이해할 수 있도록 하는 생산부터 소비까지의 과정도 학습합니다.

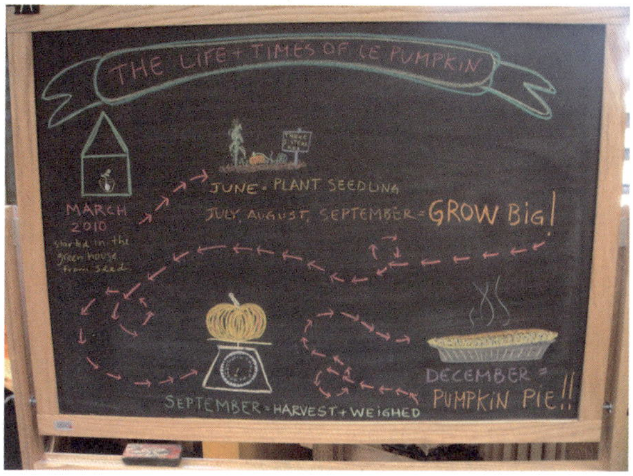

호박의 재배와 조리 후 음식으로 만들어지는 과정

출처: 저자 소장, 마틴 루터킹 주니어 미들스쿨, 2011.

❶, ❸, ❹ : 직접 텃밭에서 농사를 짓는 학생들과 블루베리 텃밭
❷ : 자유롭게 돌아다닐 수 있게, 자연 방목되고 있는 모습이 인상적이었던 닭

출처: 저자 소장, 마틴 루터킹 주니어 미들스쿨, 2011.

이런 실질적인 경험을 바탕으로 한 교육은 단순한 지식 전달을 넘어, 농사와 작물들, 음식을 바라보는 깊은 이해를 제공해 주는 듯합니다. 2025년에 발표된 연구에 따르면, 환경 지속 가능성(ES, Environmental Sustainability) 요소를 포함한 체험형 활동을 받은

5~12세 사이의 어린이들은 과일과 채소를 섭취하는 양과 다양성이 그렇지 않은 어린이들보다 유의하게 높은 결과를 보였습니다.
이런 긍정적인 결과는 단순히 지식을 습득하는 것을 넘어, 건강과 자연을 바라보는 관점, 함께 일하는 협동심을 길러주는 등 어린 학생들에게 유익한 교육이 됩니다.

3) 복지: 오랫동안 함께 일할 수 있도록 만드는 '존중'의 표현

주방의 일꾼들은 장기간 서서 강도 높은 노동을 하는 것으로 유명합니다. 그래서인지, 외식업계는 이직률이 매우 높습니다. 앨리스 워터스는 이런 점을 해결하는 방법으로 직원들의 대우와 복지를 매우 높은 수준으로 끌어올렸습니다.
일단 중요한 주방 스텝들을 모두 'Co-Chef'라는 형식으로 2인이 근무하도록 하여, 레스토랑의 운영과 직원들의 건강과 삶의 균형을 고려한 경영을 했습니다. 특히, 헤드 셰프는 제가 근무할 당시는 '데이비드 테니스'와 '장 삐에르' 두 명이 1년을 상하반기로 나누어 각각 6개월씩 근무하고 있었습니다. 주방에서 근무한다는 것은 길게 보면 매우 반복적이고 지루한 일이기도 합니다. 매일 좁은 공간에서 같은 사람들과 숨 막히는 열기 아래에서 시간에 쫓기는 노동을 반복하죠. 이런 강도 높은 일에서 각자의 삶을 위한 시간을 갖도록 안배해 주는 Co-Chef 제도는 매우 신선했습니다.
또한, 미국의 직장에서는 의료보험이 매우 중요한 복지혜택입니다. 의료비용이 엄청나게 비싸기 때문이죠. 일반적인 의료보험 혜택에 더하여, 치과 보험까지 제공하는 복지는 매우 수준이 높은 것으로 평가받고 있었습니다.
이런 복지혜택은 낮은 이직률과 장기근속을 할 수 있는 업무환경이었습니다. 제가 엑스턴십을 했을 당시에는 약 7년 정도 근무한 '애론'이라는 조리사가 가장 근무 기간이 짧았는데요. 이는 외식업계에서 매우 이례적인 수치입니다. 우리나라 외식 업장의 연간 평균 이직률은 수백퍼센트에 달합니다. 매년 모든 스태프가 몇 번씩 교체되는 것이죠. 물론 미국의 다른 파인다이닝 레스토랑들도 크게 다르지 않습니다. 하지만, Chez Panisse는 함께 일하는 직원들의 복지혜택을 매우 높은 수준으로 끌어올려, 그 구성원들을 아끼고 존중을 표한 것이라 생각합니다. 물론 저 같은 견습생에게까지 그런 혜택을 제공하지는 않았지만, 정직원들에게는 업계 최고의 대우를 해주면서, 이직률을 낮추었습니다. 이런 안정적인 고용구조가 농장 상황에 따라 수시로 변경되는 식재료 수급 상황에도 기복 없이 높은 수준의 음식을 만들어 내고 서비스할 수 있게 하는 거름이 되어주고 있었습니다.

(좌) 셰프 제롬, 약 20년 넘게 근무 중, 수셰프이면서 헤드 셰프 역할을 종종 맡고는 했다.
(우) 에이미, 20년에 가까운 세월 동안 근무 중, 수셰프 역할을 맡고 있었다.

출처: 저자 소장 (2011).

주방의 스태프들은 첫 번째 저녁 서비스를 마친 후, 당일 고객들에게 제공한 것과 같은 음식을 직원 식사로 먹는다. 직원 식사는 레스토랑 뒤편에 마련된 독립된 회의 공간에서 온전하게 식사에만 집중할 수 있는 분위기에서 하며, 첫 번째 서비스는 어땠는지 스스로 평가하고 두 번째 서비스에서 개선해야 할 점은 없는지 점검하는 시간을 보낸다. 이때는 항상 와인을 페어링해서 당일의 코스와 잘 어울리는 와인과 품종은 어떤 것인지 한 번 더 확인하는 과정을 필수적으로 거친다.

출처: 저자 소장

마지막으로, 저 개인적으로는 가장 놀랍고도 학생으로서 중요한 혜택이었는데요. Chez Panisse의 저녁 코스는 예약제로 운영하고 있습니다. 저녁은 두 타임으로 구분하여, 저녁의 첫 서비스는 약 6시쯤부터 한 시간 반 동안 진행하고, 두 번째 서비스는 약 8시쯤부터 한 시간 반 동안 진행하는데요. 이때 주방 스태프는 첫 번째 서비스를 마친 후 두 번째 서비스를 시작하기 전에 당일 고객들에게 제공한 것과 같은 코스 저녁을 먹습니다.

저녁 식사를 하기 좋은 시간에 철갑상어알이면 철갑상어알, 랍스터면 랍스터. 그날 그들이 저녁 식사로 조리한 음식을 직원들도 똑같이 식사하게 되죠. 저는 이것이 바로 Chez Panisse가 함께 일하는 동료들을 어떻게 생각하고 대우하는지를 상징하는 가장 중요한 혜택이라고 생각합니다.

음식을 만들고 제공하는 사람들은 그 음식이 얼마나 맛있고 즐거움을 줄 수 있는지, 스스로도 즐길 수 있는 기회가 있어야 합니다. 주방은 항상 전쟁터 같고 거친 말이 난무하는 숨 막히는 공간으로 묘사되고는 하지만, 사실 조리사가 좋아하는 음식을 기쁘게 만들 때 가장 좋은 음식이 나올 수 있음을 앨리스와 동료들은 오래전부터 경험해 왔고, 이를 그들의 일에 자연스럽게 결합하는 고민을 거듭해 온 결과가 '고객과 같은 것을 함께 먹는다.'로 실천되는것 같았습니다.

약 4개월의 시간 동안, 한 번도 고성이나 소위 영어 욕설인 'F 워드'는 들어본 적이 없습니다. 엑스턴십 초기에는 업무에 빨리 익숙해지려고 한 시간씩 일찍 가고, 쉬는 날에도 나가 일을 돕고는 했지요.

그런 저에게 어느 날 헤드 셰프 장 삐에르가 이야기했지요. "민구, 너는 젊어, 여기 캘리포니아 해변은 날씨도 좋아, 서핑도 하고 수영도 하고, 그렇게 자기 시간을 갖고 건강관리도 해야 오래 일할 수 있어. 알겠지?"라고 말입니다.

사실 그 말을 들은 후에도 저는, 며칠 더 전과 같이 일했지만, '이런 게 전문가들의 사고방식인가 보다'라고 어렴풋이 느낄 수 있었습니다. 이후, 나름의 시간도 갖고 동네도 둘러보면서 그야말로 즐겁고 값진 경험을 할 수 있었고, 14년이 지난 지금까지도 좋은 배움이자 추억으로 남아 있습니다.

(좌) 엑스턴십 초기의 저자와 앨리스 워터스
(우) 엑스턴십을 마칠 무렵의 저자와 앨리스 워터스

출처: 저자 소장

5) 과학과 미식의 만남_분자요리(Molecular Gastronomy), 페란 아드리아 (Ferran Adrià, 1962~)

누벨 퀴진과 팜 투 테이블의 중심이 되었던 단순함, 식재료 본연의 맛을 강조하는 흐름이 시작된 지 얼마 지나지 않아, 또 다른 트렌드가 일어났는데, 20세기 후반, 스페인의 셰프 페란 아드리아가 이끈 '분자 요리(Molecular Gastronomy)'의 등장이다.

'카탈루냐 고급 요리가 미식에 미친 영향'이라는 강연을 하고 있는 페란 아드리아 (2024. 10.)

출처: Government of Catalonia(2024), Wikimedia Commons.

페란 아드리아는 요리에 과학적 원리를 적극적으로 적용하여 그의 전설적인 레스토랑 '엘 불리(El Bulli)'를 단순한 식사 공간이 아닌, 음식의 질감과 온도, 형태를 해체하고 재구성하는 창조적인 실험실로 만들었다.

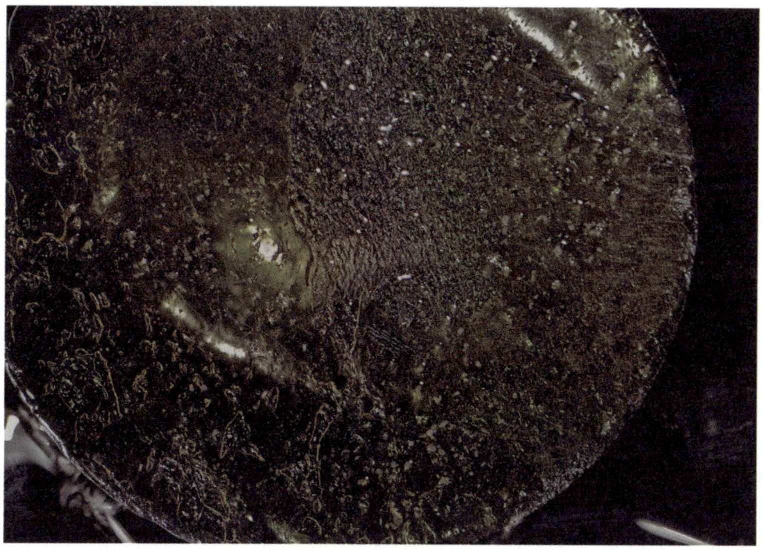

페란 아드리아가 만든 분자 요리, '올리브 오일 칩' (El Bullie, 2011)

출처: Bartelme, N. (2011).

분자 요리는 식재료가 조리 과정에서 겪는 물리적, 화학적 변화를 과학적으로 이해하고, 이를 활용하여 기존에는 상상할 수 없었던 새로운 형태와 식감을 표현하는것이 특징이다. 예를 들어, 액체를 구체(Sphere) 형태로 만들어 입안에서 터뜨리거나, 재료를 거품(Foam)이나 에어(Air) 형태로 만들어 맛은 유지하되 무게감은 없애는 등 그야말로 요리사가 완전히 새롭게 창조해 낸 작품들로 전에 없던 경험을 제공했다.

페란 아드리아는 그의 조리 기법이 분자 기술을 조리 방식에 단순히 도입한 '분자요리'로 불리는 것을 거부했고, 새로운 음식을 만들어 내는 '도구'로서 과학적 원리를 적용한 것이라는 의미로 '모더니스트 퀴진(Modernist Cuisine)'이라 부른다.

아드리아는 스페인을 대표하는 셰프이자, 요리의 새로운 지평을 연 선구자로 인정받게 된다. 요리가 과학적 원리를 적용해 어떤 놀라운 것들을 창조해 낼 수 있는지를 보여준 그는 새로운 차원을 개척한 셰프가 되었다.

6) 지속 가능성을 향한 도전: 다니엘 훔(Daniel Humm, 1976~)

다니엘 훔 초상화

AI 생성 이미지

21세기에 들어서면서 셰프의 역할은 조리 기법을 넘어, 또 다른 차원으로 확장되고 있다. 기후 위기와 환경 문제가 인류가 당면한 주요 과제로 떠오르면서, 음식의 사회적·환경적 책임을 고민하는 셰프들이 등장하기 시작했는데, 그 대표적인 인물이 바로 뉴욕의 '일레븐 매디슨 파크(Eleven Madison Park)'의 오너셰프 다니엘 훔이다.

일레븐 매디슨 파크는 세계 최고의 레스토랑 중 하나로 '미슐랭 가이드' 별점 세 개와 '월드 베스트 50 레스토랑 어워드'에서 세계 1위를 기록한 곳이다. 그러나 다니엘 훔은 2021년, 돌연 레스토랑의 모든 메뉴를 100% 식물성(Plant-based)으로 전환하겠다는 파격적인 선언을 했다. 이는 육류와 유제품이 중심이 되는 양식 파인 다이닝(Fine Dining) 업계에 엄청난 충격을 안겨주었다.

일레븐 메디슨 파크 레스토랑의 코스 메뉴

저자 소장, 2011

그도 그럴 것이, 2025년 지금도 전 세계의 수많은 미슐랭 스타 레스토랑 중에서 완전 채식(Vegan 혹은 Vegetarian) 레스토랑은 7개 정도밖에 없는데, 비건요리는 동물성 식재료의 전적인 배제라는 제약이 크고, 풀코스 디너에 와인을 곁들이면 우리나라 돈으로 백만 원을 호가하는 최고급 레스토랑의 코스 메뉴를 채식 요리로만 구성한다는 것은 매우 어려운 일이기 때문이다.

하지만, 다니엘 훔은 '현대의 식품 시스템은 지속 가능하지 않다'고 지적하며, 외식문화를 이끌어 가는 최고 수준의 레스토랑들이 먼저 육류 소비를 줄이고 채식의 새로운 가능성을 보여주어야 할 책임이 있다고 역설했다. 일레븐 메디슨 파크 레스토랑은 1년 이상의 준비기간을 거쳐 완전 채식 레스토랑으로 기대와 걱정 속에서 서비스를 재개했고 얼마 지나지 않아 바로 미슐랭 가이드에서 별 세 개 만점을 받는 성공을 거두었다.

일레븐 메디슨 파크 레스토랑의 채식 메뉴 _ 호밀빵과 양념을 곁들인 당근 타르타르
(Carrot Tartare with Rye Bread and Condiments, 2013)

출처: City Foodsters. (2013, June), Wikimedia Commons.

특히, 다니엘 훔은 코로나19 위기를 겪으면서 환경에 관심이 생겼다고 한다. 대체 어떻게 전 세계적인 전염병이 발생한 것인가, 이러한 문제를 해결하는 방법은 무엇인가에 대한 고민 끝에 그는 '지속 가능성'의 중요함을 돌아보게 되었다고 한다.

그의 의미 있는 도전은 예술가로서 창의적이고 맛있는 음식을 만들어 내는 것을 넘어, 셰프가 사회적·환경적 의제를 설정하고 변화를 만들어 내는 '활동가(Activist)'가 될 수 있음을 보여주었다. 이를 계기로, 다니엘 훔은 국제기구의 환경 관련 활동에 적극적으로 참여하는 등 식문화를 바탕으로 한 환경 활동들을 이어가고 있다.

지금까지 서양 외식업계에서 새 시대를 열고 패러다임을 진화시켜온 셰프들에 대해서 알아보았다. 카렘의 치열한 노력과 예술적 완성도로 상징되는 '그랑 퀴진', 에스꼬피에의 체계화, 전문화를 거쳐서 완성된 '오트 퀴진'. 폴 보뀌즈의 '누벨 퀴진'과 앨리스 워터스의 식재료에 대한 존중과 가치 추구를 담은 '뉴 아메리칸 퀴진'. 그리고 과학기술을 '조리'라는 영역에 극한까지 적용한 페란 아드리아의 '모더니스 퀴진'까지….

약 200년이 넘는 세월 동안 지속되어온 셰프들의 끊임없는 노력은 2025년 현재, 코로나19 위기, 기후변화, 환경오염과 생물다양성 파괴와 같은 문제들을 돌아보고, 이에 대한 해답으로 '지속 가능한 음식, 식문화'를 추구하는 패러다임을 새롭게 만들어가는 것으로 보인다.

식문화에 정답은 없다. 하지만, '어떤 방향성을 가지고 어떤 제품, 서비스를 만들어 소비자들과 소통하고 메시지를 전할 것인가?'가 외식업을 끌어가는 리더 '셰프'의 역할이라고 할 때, '우리의 식문화는 어디로 향해야 하는가?'와 같은 질문은, 그들이 추구하는 바와 음식들을 통해, 그 해답을 확인할 수 있을 것이다.

3. 미식 평론의 역사: '고용주'의 시대에서 '소비자'의 시대로

셰프의 완성도 높은 작품과 이를 만들어 내기 위한 노력은 소비자가 존재해야 빛을 발할 수 있다. 그리고 소비자는 수많은 선택지 앞에서 '어떤 것이 훌륭한지' 판단할 수 있는 객관적인 정보가 필요해졌다.

'음식 평론'은 외식 시장의 본격적인 출현과 거의 동시에 등장했다. 구매력과 시간, 식사 횟수는 제한적이므로, 한정된 외식 기회를 효율적으로 사용하고자 하는 바람은 당연하다. 이에 발맞추어 시작된 '미식 평론'은 그러한 필요에 대한 증거이다.

초기의 미식 평론은 소수 전문가의 영역이었지만 시대가 변하고 기술이 발전함에 따라 자연스럽게 소비자에게 그 역할이 나누어진다. 외식업계에서 커다란 영향력을 행사했었던 파워블로거, SNS의 음식점 사진들과 인플루언서들의 맛집 포스팅, 모바일 지도의 외식업 정보와 배달 애플리케이션의 별점·식사 후기, 음식을 주제로 하여 만들어지는 다양한 미디어 콘텐츠들과 개인 유튜버들의 먹방까지….

소비자들의 선택에 중요한 변수로 작용해 온 미식 평론의 역사를 돌아봄으로써 우리의 음식 소비는 어떻게 변해왔고, 앞으로의 식문화는 어떻게 흘러갈 것인지 한번 알아보자.

1) 최초의 미식 안내서: 미식 연감

미식 연감(Almanach des Gourmands, 1803)

출처: Grimod de La Reynière(1804), Wikimedia Commons.

음식 평론의 역사는 프랑스 혁명 직후 파리에서 시작된다. 법률가이자 미식가였던 '알렉상드르 발타자르 로랑 그리모 드 라 레니에르(Alexandre Balthazar Laurent Grimod de La Reynière, 1758~1837)'는 1803년, 『미식 연감(Almanach des Gourmands)』을 출간한다. 이 책은 파리에 우후죽순 생겨난 레스토랑들을 직접 방문하고 평가하여 독자들에게 추천한 역사상 최초의 레스토랑 안내서다. 그는 평론의 객관성을 확보하기 위해 '시식 위원회(Jury Dégustateur)'를 조직하여 이들의 음식 평가를 취합하는 등 현대적 미식 평론의 원형을 제시했다.

2) 미슐랭 가이드: 전문가 평론의 역사이자 상징

미식 연감이 처음으로 출간된 지 약 100년 후인 1900년, 프랑스의 타이어 회사 미슐랭(Michelin)은 자동차 여행객들을 위한 새로운 형태의 가이드북을 창간하는데, 이것이 바로 『미슐랭 가이드'(혹은 미슐랭 기드, Michelin Guide)』의 시작이다.

처음에는 타이어 교체법, 주유소 위치와 같은 내용을 레스토랑 정보와 함께 실어 무료로 배포했으나, 차츰 레스토랑 평가에 집중하면서 알려지기 시작했다. 특히 별

(Star)을 이용한 등급 시스템[3]은 미식 평가의 세계적인 기준으로 자리 잡게 된다.

미슐랭 가이드는 각 나라의 도시를 정하여, 해당 도시의 우수한 레스토랑들을 익명의 평가원이 비밀리에 방문, 평가하여 미슐랭 스타를 부여한다. 소수 전문가에 의한 정교한 평가 시스템으로 그 객관성과 신뢰도를 인정받고 있으며, 오늘날까지도 가장 영향력 있는 레스토랑 평론지로서 전 세계에 널리 알려져 있다.

최초의 미슐랭 가이드(1900)

출처: Guide Michelin, Wikimedia Commons.

3) 르 누보 가이드: 1969년 출범한 Gault & Millau 가이드

Gault & Millau 가이드는 '헨리 골트(혹은 앙리 고, Henri Gault)'와 크리스티앙 미요(Christian Millau)가 시작한 음식 가이드로, 프랑스 요리계에서 중요한 위치를 차지하고 있다. 이는 1969년 3월 『르 누보 가이드(혹은 르 누보 기드, Le Nouveau Guide)』라는 월간지로 먼저 출간되었으며, 1972년에 『Gault & Millau(고-미요) 가이드』라는 이름으로 '연간' 출간되는 방식의 평론지로 변경되어 지금까지 발간되고 있다.

Gault & Millau 가이드는 오직 음식의 창의성과 담음새, 재료의 품질처럼 음식 자체에 중점을 두어 평가하고 1~20점의 척도를 바탕으로 평론을 제공한다. 이는 미슐랭 가이드가 레스토랑의 분위기와 서비스를 종합적으로 고려하여 별 세 개를 기준으로 평가하는 것과 차별화되는 지점이다. 또한 1973년의 누벨 퀴진 선언이 게재된 것으로도 유명하다.

4) 일상의 맛을 대중의 목소리로 담다: 자갓 서베이

미슐랭 가이드가 소수의 파인 다이닝 레스토랑에 집중했다면, 1979년 미국 뉴욕에서 시작된 '자갓 서베이(Zagat Survey)'는 평론을 대중과 일상으로 확장했다. 변호사

3 별 1개(요리가 훌륭한 레스토랑), 별 2개(요리가 훌륭하여 멀리 찾아갈 만한 레스토랑), 별 3개(요리가 매우 뛰어나 특별한 여행을 떠날 가치가 있는 레스토랑)

부부였던 '팀 자갓'과 '니나 자갓'은 전문가의 평가가 아닌, 레스토랑을 실제 이용하는 수많은 소비자들의 설문 결과를 바탕으로 미식 가이드북을 발간했다.

응답자들은 음식, 실내 장식, 서비스, 가격 등 네 가지 항목에 점수를 매기고 짧은 후기를 남겼으며, 자갓은 이 데이터를 통계 처리하여 순위를 매기고 재치 있는 문장으로 요약하여 제공했다.

자갓 서베이의 등장은 미슐랭 가이드와 같이 미식의 평가가 '전문가'에서 '일반 대중'으로 이동하는 중요한 전환점이 된다. 소비자들은 더 이상 최고의 레스토랑뿐만 아니라, 그들이 일상적으로 즐겨 찾는 동네 식당까지 평가의 대상으로 삼음으로써 미식 평론의 대중화를 끌어냈다. 여행자를 위한 특별한 미식이 아닌, 현지인의 일상적인 미식을 다루었다는 점에서 자갓 서베이는 그 의미가 크다.

2011년, 인터넷 기업 구글은 자갓 서베이를 인수했는데, 이는 오늘날의 구글 지도와 같은 온라인 플랫폼 서비스에서 외식 사용자 리뷰 데이터와 미식 평론을 남기는 정보 구조에 큰 영향을 미치게 된다. 자갓 서베이의 소비자들을 통한 레스토랑 평론이 인쇄매체라는 한계를 넘어, 온라인으로 실시간 업데이트되는 본격적인 출발점이 된다.

5) 1인 미디어의 부상: 소비자의 경험이 평론이 되다

2000년대 초반, 인터넷의 보급은 음식 평론의 지형을 다시 한번 근본적으로 바꾸어 놓았다. 개인 홈페이지와 블로그의 등장은 누구나 자신만의 미디어 채널에서 자기 경험과 의견을 대중에게 직접 전달할 수 있는 '1인 미디어' 시대를 열었다. 더 이상 인쇄된 가이드북이나 소수의 평론가에 의존할 필요 없이, 개인들은 자신의 취향과 경험을 바탕으로 레스토랑 방문 후기를 상세하게 작성하고 사진과 함께 공유하기 시작했다.

초기에는 일부 개인의 주관적인 기록으로 치부되기도 했지만, 특정 블로거가 깊이 있는 분석과 일관된 취향을 보여주며 신뢰를 얻기 시작하자, 이들은 기존 미디어 못지않은 영향력을 갖게 되었고, 단순히 맛을 평가하는 것을 넘어, 레스토랑의 철학, 셰프의 이야기, 분위기 등 다층적인 경험을 전달하며 새로운 형태의 평론을 만들어 냈다. 소비자들은 자신과 취향이 비슷한 미디어, 블로거, 인플루언서들을 찾아내 커뮤니티를 형성하고, 그 안에서의 추천은 신뢰도가 더 높고 영향력이 커지는 현상으로 이어진다.

PC를 통한 인터넷 접속의 한계를 극복한 스마트폰의 보급은 개인화된 이용과 1인 미디어 플랫폼 급증의 바탕이 되고, 이러한 발전은 평론의 주체가 전문가에서 소비자로, 일방적 정보 수용에서 상호작용하는 소통으로의 진화를 만들어 냈다.

6) 플랫폼 시대의 여론: 알고리즘과 집단지성

스마트폰의 등장과 소셜 미디어(SNS)의 확산으로 시작된 1인 미디어 플랫폼의 시대. 인스타그램, 유튜브, 네이버 지도, 구글 지도와 같은 플랫폼들은 모든 사용자를 잠재적인 평론가로 만들었고, 이제 모든 소비자는 식사를 마친 후 즉시 별점을 매기고, 사진을 올리고, 짧은 후기를 남겨 또 다른 소비자들에게 영향을 미친다.

오늘날의 평론은 개별적인 텍스트를 넘어, 별점, 후기의 개수, '좋아요'와 같은 아이콘, 자세히 검증된 구매과정과 후기, 서비스 과정 전체, 텍스트와 이미지, 영상을 결합한 '소비자 평론의 총합'으로 공유된다.

미식 평론은 이제 특정 전문가나 기관이 아닌, 플랫폼에 참여하는 소비자들의 규모와 특징, 그 안에서 형성되는 개개인 평론의 합과 그 방향성에 크게 영향을 받고 있으며 이러한 현상은 지속적으로 강화되는 추세에 있다.

4. 오늘날의 음식 소비

본 장에서는 약 200년 전으로 거슬러 올라가 외식 시장의 형성에서부터 시작해, 역사적인 셰프들의 조리법과 요리 철학을 통하여 시대별 식문화의 변천사를 돌아보았다. 이어서 미식 평론의 등장과 발전사를 짚어보면서 우리가 음식을 인식하고 소비하는 기준과 방식이 어떻게 변해왔는지 주요 매체를 소개하고 각각이 가지고 있는 특징과 차이점을 알아 보았다.

1) 필수재로서의 음식에서 쾌락재로서의 음식으로

경제적 풍요와 글로벌 식품 시스템의 발달은 음식을 '필수재(Essential Goods)'에서 '쾌락재(Hedonic Good's')'로 전환했다. 과거 상류층의 전유물이었던 미식 경험은 이제 대중에게 보편화되었으며, 소비자들은 단순히 배를 채우는 것을 넘어 음식을 통해 즐거움, 위안, 그리고 특별한 경험을 추구하고 있다. 이러한 경향은 외식 시장의 폭발적인 성장으로 이어졌는데, 현대 사회에서 음식은 더 이상 생존을 위한 에너지 공급원에 머무르지 않고, 다층적, 복합적인 의미를 지닌 하나의 '문화'로 진화했다.

미식 평론의 변천사는 음식을 '먹는 것'에서 '경험하는 것', 혹은 '즐기는 것'으로, 즉 하나의 즐길 거리로 인식하게 하는, 전에 없던 식문화가 탄생하는 데 커다란 역할을 했다.

셰프들이 출연하여 요리법을 소개하는 방송 프로그램, 맛집을 탐방하고 평가하는 콘텐츠, 그리고 '먹방'과 같이 먹는 행위 자체를 오락으로 삼는 1인 방송에 이르기까지, 음식은 미디어 플랫폼에서 가장 인기 있는 주제 중 하나가 되었다. 사람들은 더 이상 직접 먹지 않아도 타인의 미식 경험을 보며 만족하기도 하고, 이를 통해 새로운 소비 욕구를 자극받기도 한다. 이처럼 음식이 콘텐츠화되는 현상은 음식 소비의 외연을 확장시키는 긍정적인 측면이 있다. 하지만, 동시에 음식을 삶과 생존을 위한 필수재로서의 가치보다는 쾌락적인 소비를 부추기고 눈과 귀를 만족시키기 위한 감각적 도구로서의 역할만 강조된다는 우려도 낳고 있다.

특히 유튜브와 같은 동영상 플랫폼은 '먹방(Mukbang)'과 같이 새로운 성격의 음식 콘텐츠들을 유행시키며, 음식 소비를 시각적, 청각적 즐길 거리, 미디어 상품으로 변화시켰다.

이제 소비자들은 타인의 경험을 통해 단순히 정보를 얻는 것을 넘어, 타인의 식사 행위를 보며 대리 만족을 느끼고, 그 경험을 따라 소비하기도 한다. 현대 사회에서 음식, 식문화는 더 이상 생존을 위한 에너지 수급 방식에 그치지 않으며, 다층적이고 복합적인 의미를 지니게 되었다.

2) 풍요롭게 즐기는 식문화의 명과 암

오늘날 우리가 누리는 풍요로운 음식 문화는 인류 역사상 그 어느 때보다 다양한 선택과 편리함을 제공하고 있다. 그러나 그 이면에는 여러 가지 문제점과 우려가 제기되고 있다. 특히 '먹방' 콘텐츠에서 나타나는 과시적인 대량소비는 음식에 대한 소중함을 흐리게 하고, 음식을 유한한 자원이 아닌 무한정 소비해도 되는 대상으로 인식하게 만들 위험이 있다.

소비가 미덕처럼 여겨지는 사회 분위기 속에서, 우리는 소비 행위가 필연적으로 만들어 내는 그림자, 즉 '과소비'와 '낭비' 문제에 직면하게 된다. 이렇게 증가하는 소비는 자원의 낭비를 넘어, 불필요한 유통의 증가로 인한 식품 폐기물의 증가와 탄소 배출, 차마 다 먹지 못해 폐기되는 잉여 음식물 쓰레기를 만들어 낸다. 또한, 필수재로서의 식량자원이 얼마나 소중한 것인지를 잊게 함과 동시에 그 결과로 일어나는 식량자원의 낭비는 심각한 환경 문제로까지 이어지고 있다.

그러나 셰프의 역사를 돌아보면서 희망을 발견하기도 한다. 카렘에서 에스꼬피에, 폴 보뀌즈에서 앨리스 워터스, 그리고 페란 아드리아에 이어 다니엘 훔까지의 변천사를 보면 귀족적이고 화려한 식문화가 간소화되고 거추장스러운 장식을 덜어내고 본질에 충실하게 진화 중인 것을 확인할 수 있다. 때론 파격적인 실험도 하지만, 점점 더 환경친화적인 변화를 이끌어내는 목소리와 실천이 식문화의 선구자들인 셰프와 외식업계에서 일어나고 있다는 점은 분명히 고무적인 부분이다.

5. 어떤 것을 얼마나 어떻게 먹을까?

1장부터 5장까지 음식의 생산, 유통, 조리, 평가, 소비의 방식이 어떻게 변화해 왔는지를 돌아보았습니다.

부르주아, 그리고 수많은 대중을 위한 외식시장은 '셰프'라는 조리 전문가 집단의 등장으로 시작되었으며, 미식 평론의 변화를 통해 식문화는 소수에게 독점되었던 것이 다수에게로, 그리고 이제는 지역적 한계를 넘어서, 전 세계적 플랫폼을 이용하는 모든 소비자에게로 이동해 왔습니다. 그러나 오늘날, 풍요 속의 우리는 중요한 질문을 마주하게 됩니다.

'지금과 같은 풍요는 우리가 진짜 원했던 것인가? 그리고 이 풍요가 지속 가능할까?'

음식 소비가 필수재를 넘어 즐길 거리로 변모하고 쾌락을 주는 소재이자 수단으로까지 확장되면서, 우리는 음식의 본질적 가치와 그것이 우리에게 오기까지의 과정을 잊어버리고 있는 것은 아닌지 고민해 보게 됩니다. 대량생산이 소비를 낳고, 이렇게 발생한 과잉 소비가 다시 대량 생산을 부르고, 이 악순환은 점점 그 덩치를 불려 왔습니다.

이제는 식품 유통을 위해 부수적으로 발생하는 쓰레기를 넘어, 음식 그 자체를 쾌락적 즐거움을 위해서 마음껏 쓰고 낭비해 버리는 왜곡된 사고방식과 소비행태가 재생산·확대되고 있는 것은 아닌지 걱정까지 됩니다.

우리가 매일 행하는 '먹는 행위'가 예전에는 얼마나 상상도 할 수 없었던 것인지, 그리고 이러한 환경자원의 소비는 어떠한 노력과 희생이 있어야 하는 것인지에 대한 돌아봄, 재인식이 필요한 때 같습니다.

이제는 단순히 '어떤 것을 얼마나 어떻게 먹을까?'를 넘어 '어떤 것을 얼마나 어떻게 먹어야 오늘날의 문제들이 완화되고 해결될 수 있을까?'까지, 조금 더 깊고 넓은 안목을 가져야 하지 않을까요?

6. 다음 장을 향하여: 소비의 그림자, 쓰레기

우리가 음식을 소비하는 모든 과정에는 필연적으로 남는 것들이 있습니다. 식재료를 기르고, 음식을 만들고, 포장하고, 먹고 난 후에 발생하는 모든 것, 바로 '쓰레기'와 '폐기물'입니다. 풍요로운 식생활이 만들어 낸 화려한 식탁 아래에는, 나도 모르게 외면하거나 모른 척 해왔던 그림자가 짙게 드리워져 있습니다.

본서의 마지막, 제6장 '먹거리 소비자의 필수 교양, 푸드 리터러시 & 제로 웨이스트'에서는 음식의 생산과 소비과정에서 발생하는 문제점들을 자세히 알아보고, 기후위기 시대를 슬기롭게 극복하기 위해서는 어떻게 해야 할지에 대한 여러 방법, 도움이 될 만한 해결책에 대해 논의해 보려고 합니다.

이런 해결책은 물론 식문화를 중심으로 하되, 우리 각자의 자리에서 각자의 상황에 맞게 각자의 삶을 개선할 방법은 어떤 것들이 있는지, 세상의 다양한 선생님들과 본받을 만한 사례들을 찾아서 종합 정리해보겠습니다.

들여다 보기

추천할 만한 작품들

이 장에서 서술한 역사적 셰프들과 평론가(지)들은 식문화 전체 역사의 극히 일부밖에 되지 않습니다. 그리고 개인적인 가치 판단하에서 선별한 인물과 사건, 매체들만 다루고 있으므로 본 장에서 미처 다루지 못한 내용들을 간단하게나마 보충할 수 있는 자료들을 소개해 드리고자 합니다.

1. 셰프의 테이블_Netflix 다큐멘터리
   - 댄 바버(Dan Barber), Blue Hill 레스토랑
   - 그랜트 애커츠(Grant Achatz), Alinea 레스토랑
   - 토마스 캘러(Thomas Keller), French Laundry 레스토랑
   - 가간 아난드(Gaggan Anand), Gaggan 레스토랑
   - 정관 스님, 백양사 천진암
   - 제이미 올리버, fifteen 레스토랑(파산)
   - 앨리스 워터스(Alice Waters), Chez Panisse 레스토랑
   - 소금 지방 산 열, 사민 노스랏
2. 스시 장인: 지로의 꿈 (2011)_다큐멘터리
3. 미식예찬_ 한국 출판명 (PHYSIOLOGIE DU GOÛT, ou MÉDITATIONS DE GASTRONOMIE TRANSCENDANTE, 미각의 생리학 또는 초월적 미식 명상, 1825): 브리야 사바랭(Jean Anthelme Brillat-Savarin, 1755~1826)
4. Food, Inc. (2008) _ 다큐멘터리
5. 슈퍼 사이즈 미 (2004) _ 다큐멘터리

음식 소비자로서 '우리는, 그리고 나는 어떤 실천을 할 수 있을까?'에 대해서 생각해 보고자 합니다.

6장

먹거리 소비자의 필수 교양, 푸드 리터러시&제로 웨이스트

들어가기 전에

지금까지의 내용들을 한번 돌아보면, 1~3장 우리가 소비하는 식재료들은 어떻게 생산되는가? 4장에서는 생산된 식품들을 우리는 어떻게 소비하는가? 특히 '어떻게 재활용하거나 폐기하는가'에 대한 내용을 다루었습니다.

그리고 바로 이전 5장에서는 1~2차 산업의 결과물로서 생산되고 유통된 식품들을 구매한 것의 다음 단계인 3차 산업, 주로 서비스업의 영역에서는 어떻게 외식 시장을 만들었는지, 그리고 소비자들은 외식 서비스 이용을 위해서 어떤 매체를 통해 어떤 정보를 제공받았는지. 마지막으로 소비자들이 단순히 피동적인 역할에 머물지 않고, 자신에게 필요하고 가치가 있다고 판단하는 정보를 수집하고, 능동적인 소비자로 변하는 과정에 대해서 간단히 이야기했습니다.

결과적으로 오늘날의 소비자들은 분절된 개인을 넘어 집단으로 커뮤니티를 형성하고 의미 있는 식품-외식 시장의 정보를 수집, 분석하여 재가공하는 등 '의미 있는 소비 경험'의 제공자로서 외식 시장의 정보 사용자이자 제공자로 진화하게 되었죠. 언제나 그랬었지만, 특히 오늘날 식문화의 중심에는 '소비자'가 핵심적인 역할을 담당하게 되었습니다. 소비자의 역할이 커진 만큼, 현명한 소비활동을 하기 위해서 요구되는 것들도 많아지고 있습니다.

전 세계에서 수입되고 있는 농·축·수산물들과 이름도 들어본 적이 없는 낯선 향신료와 식품들…. 어떻게 재배된 것인지, 그 원료가 무엇인지, 어떤 성분을 가지고 있는지, 어떻게 포장된 것을 구매해서 어떻게 보관하고 어떻게 조리해서 먹어야 하는지, 어떻게 재활용하고 폐기해야 하는지…. 또, 내가 이미 알고 있고, 익숙하게 먹던 것들도 1인분 소포장, 완전 조리 간편식, 전혀 새로운 인증으로 유통되는가 하면, 아무 문제 없이 잘 먹어왔던 음식들인데도 하루아침에 시장에서 사라지거나 유통이 금지되는 경우도 생기죠. 매우 다양한 제품과 마케팅 정보들이 오히려 혼란을 일으키는 듯한 느낌까지 받습니다.

새로운 식재료와 식품, 음식과 음식점, 레스토랑에 관심을 두게 되면, 업계 관계자나 소상공인도 아닌데, 돈이 아깝지 않게 소비하기 위해서는 제품 특성, 포장단위, 가격 비교, 판매처와 구매 조건, 외식업체의 경우에는 영업일시와 프로모션, 예약 가능 여부까지 일정 수준 이상의 연구와 시장 조사가 필수인 요즘입니다.

이런 세상에서 식재료와 식품, 외식 서비스를 구매하고 소비할 때 우리가 갖춰야 할 기본적인 지식체계, 사고의 틀은 무엇일까요? 전 세계의 많은 사람이 고민하고 조사, 분석하여 제시한 여러 개념이 있을 텐데요. 저는 딱 두 가지를 여러분에게 소개하고 싶습니다.

그 첫 번째는 '푸드 리터러시(Food Literacy, 음식 이해력)'이고, 두 번째는 '제로 웨이스트(Zero Waste, 쓰레기 없애기)'인데요.

먼저 '식품을 소비한다는 것'은 재료의 원산지, 식품의 생산 방식, 식품 제조사와 제품의 특징, 그리고 해당 제품의 소비와 폐기에 이르는 전체 과정을 고려해야 하는 행위를 뜻합니다. 이를 지식, 기술, 태도, 행동으로 자세히 구분하여 정리한 것이 '푸드리터러시'입니다.

다음으로 알아볼 개념은 '제로 웨이스트', 순우리말로 '쓰레기 없애기'라는 것입니다. 단순하게 폐기물을 줄이거나 없애는 것이 아니라, 애초에 우리가 생산하고 소비, 사용한 후, 폐기하는 것을 직선적인 흐름으로 보지 않고, 폐기와 재활용, 생산과 소비가 연결되어 있음을 염두에 두는 것으로 시작하는 '생활 습관' 혹은 '생활 철학'이라고 할 수 있는데요. 본서의 마지막 내용인 이 '제로 웨이스트'를 그동안 다루었던 먹거리 산업과 생산, 소비와 폐기, 그리고 식생활과 음식문화 각각에서 발생하는 모든 문제점들의 해결책이자 삶의 방식으로서 제시하고자 합니다.

특히 이 '제로 웨이스트'라는 개념을 들여다보는 것이 '먹거리 소비'라는 일부분을 넘어서, 우리가 소비하는 모든 것들에 대하여 돌아보는 기회가 될 수 있기를 바랍니다. 애초에 우리는 너무 많은 것들을 만들어 내고 있습니다. 그리고 그것들은 인류 삶에 필수 불가결한 요소들이기에 더욱 그 문제가 심각하지요. 하여 6장의 두 번째 제로 웨이스트에서는 먹거리 소비를 넘어 우리가 살아가는 데 필요한 생활 전반의 소비를 모두 둘러보고자 합니다.

이와 관련한 정보를 오랫동안 조사, 분석하여 발표해 온 미디어가 있는데요. 『Ethical Consumer(윤리적 소비자, 1989~)』라는 영국의 대표적인 소비자 정보지입니다. 2024년 8월, Ethical Consumer는 비윤리적 기업을 발표했는데요. 그 기업들은 다음과 같습니다. 아마존(온라인 유통, 100점 만점에 8점), ASDA(슈

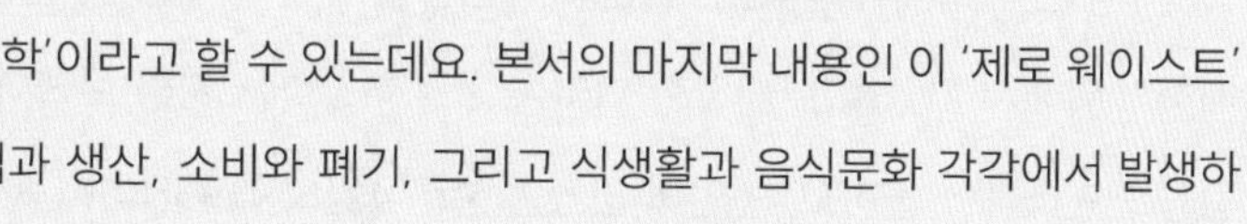

Ethical Consumer 홈페이지 갈무리

퍼마켓 체인, 100점 만점에 6점), 네슬레(식품 제조, 100점 만점에 0점), 테스코(슈퍼마켓 체인, 100점 만점에 20점), 코카콜라(식음료 제조, 100점 만점에 2점). 이 평가 기준은 복합적이지만, 우리가 그동안 들여다본, 식품 산업과 그로 인한 문제에 대해서 돌아볼 때 참고할 만한 의미가 있습니다. 그리고 이들 기업은 우리의 일상생활과 밀접하게 관련되어 있지요.

이 외에도 환경 친화적인 기업이 되고자 노력하고, 그 노력을 열심히 마케팅하는 것으로 유명했던 애플도 점수가 매우 낮았는데요. 아이폰의 수리 용이성 부족이 가장 큰 지적 포인트이며, 품질 보증기간이 매우 짧은 것이 두 번째 문제로 지적되었습니다.

재활용 원재료를 사용하는 노력은 긍정적으로 평가되는 포인트이지만, 저도 한 사람의 소비자로서 개인적인 평가를 덧붙이자면, 매년 커다란 기능적 변화나 혁신이 없음에도 불구하고, 리페이스 수준의 개선으로 넘버링만 새롭게 하여 출시되는 아이폰은 대규모 마케팅을 통해서 유행을 추종하는 소비심리를 부추겨 지속적인 재구매를 일으키는 것으로 보입니다. 이미 충분한 완성도를 가지고 대부분의 기능도 모자람이 없지만, '신제품, 신상'이라는 유혹으로 불필요한 소비를 지속적으로 일으키고 있는 것 자체가 이미 환경 파괴적인 기업활동은 아닐까요?

우리는 애초에 너무 많은 식품과 제품들을 만들어 내는 것 같습니다. 그리고 그런 제품들을 판매하기 위해서 기업들은 다양한 의미 부여를 하고 메세지를 보냅니다. 2월에는 초콜릿, 3월에는 사탕을 연인에게 선물하고, 연인이 없었던 분은 4월의 블랙데이에 짜장면을 먹어야 합니다. 가을쯤에는 새로 나오는 아이폰도 사야 하고, 입시철에는 찹쌀떡과 엿도 사주고요. 나를 위해, 남을 위해, 또 무언가를 기념하기 위해서 우리가 꼭 하는 행동은 무언가를 '사는 것'입니다. 오늘날 우리들이 맞닥뜨린 문제점을 해결하기 위해서는 '소비' 자체를 단순화하고, '정량'적인 소비의 빈도와 양을 줄여나가는 것이 가장 중요하다고 생각합니다.

물론, 소비는 선(善)이라고 합니다. 경제가 활성화되기 위해서는 소비가 지속적으로 일어나야 하고, 소비가 멈춘 사회, 돈이 돌지 않는 사회는 위기라고 하지요. 누군가 좋은 제품을 사면 부러워하기도 하고, 축하해 주기도 합니다. 어떤 성취와 성공의 상징이 뭔가 근사한 소비로 단순하게 상징되기도 합니다.

하지만 내가 가지고 있는 경제적 자원은 한정적이고, 이 자원을 조금 더 값어치 있게 사용하는 것, 많은 양을 소비하는 것보다는 비용이 조금 더 들더라도, 값이 조금 더 비싸더라도, 나뿐만 아니라 타인과 환경까지 고려하는 방식으로 생산된 '바른 제품'을 현명하게 나와 타인 환경까지 고려하는 방식으로 소비하는 '착한 소비'가 필요한 시점 아닐까? 생각해 봅니다.

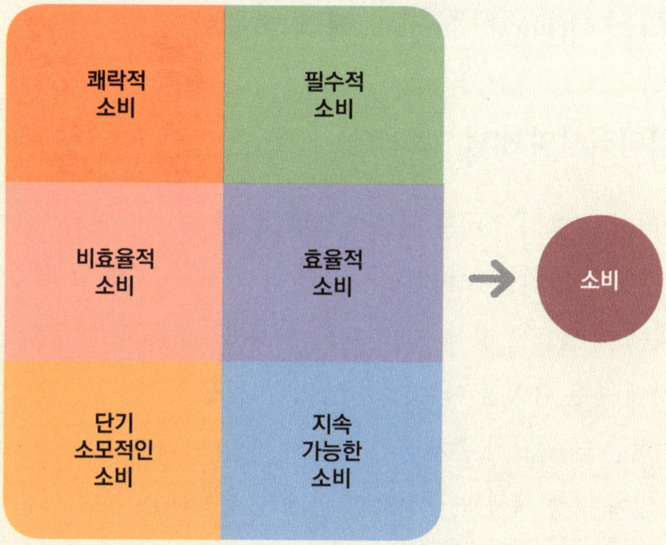

다양한 소비의 구분과 정의, 무엇이 더 나은 소비인가에 대한 해답은
어쩌면 '소비' 자체를 단순화하고 정량적으로 줄이는 것일지도 모릅니다.

저는 개인적으로 더 이상 소비를 어떻게 구성하고 유지할 것인가가 아니라, 소비 그 자체를 단순화하고 절대적인 빈도와 양 자체를 줄이는 것이 오늘날 우리가 누리고 있는 산업화의 혜택에 따른 부작용을 최소화할 수 있는 최선의 방법이라고 생각합니다.

하여, 6장의 2. '제로 웨이스트'에서는 이러한 '바른 먹거리 착한 소비'를 실천할 수 있게 해주는 개념이자 기준, 실천 지침이자 방법들을 사례를 중심으로 소개하겠습니다.

1. 푸드 리터러시(Food Literacy, 음식 이해력)

1) 푸드 리터러시의 개념

'푸드 리터러시'는 음식 소비를 얼만큼 잘할 수 있을 것인가에 대한 기초적인 능력이라 할 수 있는데, 먹거리를 소비하면서 건강과 환경, 사회에 미치는 영향을 고려하여 결정을 내리는 데 필요한 지식, 기술, 태도, 행동을 포괄하는 통합적인 개념이다. 이는 단순히 건강에 좋은 음식을 아는 것을 넘어, 식품을 계획하고, 관리하며, 선택하고, 준비하고, 섭취하는 데 필요한 총체적인 지식과 기술, 그리고 가치관을 포함한다. 푸드 리터러시는 개인이 평생 식품과 긍정적인 관계를 형성하고, 복잡한 현대 식품 시스템을 효과적으로 탐색하며, 참여하고, 현명한 의사결정을 내릴 수 있도록 돕는 역량이다.

(1) 푸드 리터러시의 핵심 구성 요소

- **지식**: 식품의 영양 성분, 생산 방식(농업, 축산업, 수산업), 환경적 영향(탄소 발자국, 물 사용, 토지 이용), 사회적 영향(노동 조건, 공정무역), 그리고 식품 라벨을 정확히 이해하는 능력 등을 포함한다.
- **기술**: 식사 계획, 식품 구매(현명한 선택), 식품 준비 및 조리, 안전한 식품 보관, 그리고 식품 폐기 및 재활용에 이르는 실질적인 능력을 의미한다.
- **태도**: 지속 가능성, 윤리적 책임, 개인 건강에 대한 깊은 의식, 식품 낭비 최소화에 대한 의지, 그리고 농부와 생산자의 노고를 존중하는 가치관 등을 포함한다.
- **행동**: 지식, 기술, 태도를 바탕으로 정보에 기반하여 식품을 선택하고 지속 가능한 소비를 실천하며, 식품 시스템 개선을 위한 다양한 활동에 적극적으로 참여하는 것을 의미한다.

다시 말하자면, 소비자가 식품을 소비할 때, 그 '식품 소비활동'은 위에 나열한 네 영역의 세분된 하위 요소들 모두와 상호작용을 한다고 할 수 있다. 그러므로 '식품 소비활동'을 소비자가 의도한 바대로 행하고, 기대한 결과를 정확히 얻기 위해서는, '푸드 리터러시'라는 통합적 능력을 얼마만큼 갖추고 있느냐가 매우 중요하다고 할 수 있다.

(2) 이해력(Literacy)

푸드 리터러시는 '건강 이해력(health literacy)'이라는 개념에서 발전하였는데, 건강 이해력은 '개인이 적절한 건강상의 결정을 내리는 데 필요한 정보를 획득·이해·활용하는 능력'으로 정의된다. 푸드 리터러시도 식품 관련 정보를 올바르게 이해하고 활용하는 역량을 강조하며, 일상적인 식료품 구매, 조리, 식사에 이르는 계획·관리, 식품 선택, 조리 준비 및 섭취 등의 일련의 과정에 걸쳐 요구되는 지식과 실행 능력을 포괄한다.

푸드 리터러시 개념이 등장하게 된 배경에는 현대 사회의 복잡한 식품 환경과 식생활 문제가 있다. 가공식품의 범람과 잘못된 식습관으로 인한 비만과 영양 불균형 문제가 대두되면서, 각국 정부와 보건 기구는 국민의 식생활 역량을 높이는 방안을 모색해 왔고, 푸드 리터러시 측정 도구를 개발하고 관련 교육 프로그램을 시행하고 있으며, 우리나라에서도 이와 같은 측정 지표와 교육 프로그램을 개발하고 있다.

최근의 연구 결과들은 높은 푸드 리터러시가 건강한 식습관을 형성하고 음식물 쓰레기가 감소하는 등 지속 가능한 소비와 관련되어 있음이 밝혀지고 있다. 푸드 리터러시 수준이 높은 소비자가 식료품 구매를 체계적으로 하고 낭비를 적게 하는 반면, 푸드 리터러시가 낮은 소비자는 계획적 소비를 어려워하고, 불필요한 식품을 구매하며 적절하게 보관하지 못해 낭비와 폐기를 많이 한다는 연구 결과도 있다. 이처럼 푸드 리터러시는 식생활 관련 문제들을 해소하기 위한 주요 능력으로 평가되고 있다.

생각해 볼 문제

개인 위생과 식품 안정성 관련한 푸드 리터러시

사회

무 닦은 수세미로 발 닦은 족발가게…후폭풍 시달리는 인근 먹자골목

수정 2021.08.03 10:38

이두리 기자 유선희 기자

주변 식당 '무 직접 씻지 않는다' 안내문
배달 앱에는 "안심하라" 문구 남기기도
"족발집 이미지 타격" 방배동 상인들 한숨

2021년 7월, 전국을 떠들썩하게 만들었던 뉴스가 하나 있었습니다. 서울의 한 음식점에서 주방 직원이 깍두기를 담글 무를 수세미로 세척하는 작업을 하면서, 자기 발도 세척통에 함께 담그고 닦는 것이 포착된 것입니다. 지금도 포털이나 유튜브에서 '무 닦던 수세미로 발….'이라고 검색하면 관련 영상과 기사들을 확인할 수 있는데요. 왜 이런 일을 저질렀냐는 질문에 그 직원이 한 대답은 "더워서 그랬다."였습니다.

커다란 대야에 깍두기용 무를 세척하면서 자기 발도 함께 닦은 음식점 직원

AI 생성 이미지

음식을 다루는 직원이 가져야 하는 위생, 건강, 공중보건 측면에서의 푸드 리터러시는 상상 이상으로 부족한 경우가 많습니다. 알고 있다고 하더라도 매일 반복되는 고된 근무를 하다 보면, 이 정도까지는 아니겠지만, 늘상 하던 일도 소홀하고 부주의해지기 마련이죠. 그러다 보면 무심코 상식 밖의 일을 저지르기도 합니다. 이런 일이 외식업계라고 하는 전문가들의 영역에서도 일어납니다. 너무나 비상식적인 경우라 극단적인 사례라고 치부하실 수도 있겠지만, 음식점 아르바이트 같은 경험을 해보신 분들은 종종 이렇게 경악할 만한 일상과 업무처리 방식을 맞닥뜨린 경험이 있으실 겁니다. 푸드 리터러시가 음식을 소비하는 모든 사람들에게 필수 역량인 이유가 되고, 이와 같은 사례에서는 아주 절실히 요구되는 직업윤리라고도 할 수 있겠습니다.

생각해 볼 문제

비용 효율성 우선에 무시된 푸드 리터러시

사회

온도기록지 조작 냉동탑차 운전기사 대거 적발

입력 2015.05.20 09:05

권기정 기자

냉동탑차를 상온 상태로 운송하면서 낮은 온도에서 운송한 것처럼 기록을 조작한 화물차 운전기사들이 대거 적발됐다.

앞의 족발집과는 다른 경우지만, 식품 유통과정에서 품질관리를 허술하게 한 의도적인 불법, 태만이 일어나기도 합니다. 이 사건은 우발적인 게 아니라, 비용 효율성을 식품위생과 건강, 공중보건보다 우선시하는 사고방식으로 인해 벌어진 사건인데요.

주목할 만한 점은, 2015년, 2020년, 2024년에도 반복적으로 일어나고 있다는 것입니다. '기름값 아끼려고 & 온도 조작'이라는 키워드를 검색하시면 이 안타까운 식품 관리 실태의 역사를 돌아보실 수 있습니다.

이와 같은 사건을 통해서, 우리는 푸드 리터러시가 단순한 지식수준이 아니라, 음식을 이해하고, 그에 맞게, 자신의 가치관에 부합하는 방식으로 음식을 다루는 실천과 태도까지 포함하는 개념으로 정의되어야 함을 확인할 수 있습니다.

냉동식품을 구매하는 경우 적절한 온도 아래에서 유통이 되었는가와 같은 품질 확인 능력을 갖추는 것도 요구됩니다.

AI 생성 이미지

식품을 냉동차로 유통하는 배송 기사님은 해당 분야의 전문가이십니다. 그래서 어느 정도까지 냉동장치를 켜지 않아도, 우측의 사진에 보이는 것처럼 품질의 외적인 변화가 일어나지 않는다는 경험을 바탕으로 반칙을 쓴 것이죠. 그래서 먹거리를 이해하는 능력은 식품위생, 공중보건에 대한 인지와 이를 중요한 원칙으로 여기는 가치관의 형성, 그리고 이러한 가치관을 원칙에 맞게 지켜나갈 수 있는 의지 등이 합쳐져야 합니다.

(3) 푸드 리터러시는 왜 중요한가?

푸드 리터러시의 정의는 지난 10년간 크게 확장되었다. 초기에는 주로 식품 기술과 영양 지식에 초점을 맞추었으나, 오늘날에는 환경과 시스템 전반, 그리고 사회문화 및 경제적 요인에 대한 영향까지 포함한다. 이러한 개념의 확장은 오늘날의 식품 소비를 개인의 건강 문제를 넘어, 사회적 책임과 지속 가능성까지 염두에 두고 소비를 해야 함을 뜻한다. 즉, 식품 시스템이 복잡해지고 상호 연결성이 강해지면서, 자신의 소비활동이 만들어내는 다양한 상호작용을 이해하는 능력이 요구되고 있는 것이다.

최근에는 공정한 식품 접근성, 거대 기업의 기업윤리, 그리고 누가 식품 시스템에서 이득을 얻고 누가 착취를 당하는지와 같은 '권력 불균형'을 고려하는 비판적 관점의 푸드 리터러시가 주목받고 있다. 이는 인류 생활의 필수 요소인 '건강'과 '먹거리'에 대한 '이해력'이 '공정'과 '평등'같이 사회문제를 완화하고 해소할 수 있을 것으로 기대되기 때문이다.

푸드 리터러시의 부족은 건강 악화나 사회적 불평등을 심화하는 주요 원인이다. 특히 빈곤, 신선 식품 접근성 저하, 영양 교육 프로그램 부족과 같은 문제들은 먹거리에만 그치지 않는다. 따라서 푸드 리터러시는 단순히 식품에 대한 이해를 넘어 오늘날의 사회구조 전반을 이해하는 개념으로 확장되고 있다.

이러한 흐름은 단순한 지식을 넘어 사회의 구조적 문제를 인식하고, 이를 해결하려는 노력을 통하여, 나와 내 이웃의 식품 접근성을 개선하고, 우리의 평균 건강 수준을 증진하는 동시에 사회 전반의 여러 문제를 해결하는 데에도 매우 긍정적이다.

생각해 볼 문제

채식주의자 혹은 비건은 건강할 것이라는 막연한 기대, 환상

채식주의와 비건은 오늘날 굉장히 광범위한 개념으로 확장되고 있습니다. 단순히 동물성 식품과 동물로부터 생산되는 식품들을 배제하는 것에 국한되지 않고, 우리가 사용하는 옷, 신발과 같은 의류제품을 구매할 때 동물의 가죽과 털로 만들어진 것들을 피하거나, 동물성 원료가 사용된 화장품이나 동물 실험을 통해 개발된 미용, 의약품들을 거부하는 등 동물 자원을 활용한 모든 제품군을 가려서 구매하는 것, 그리고 그와 관련된 다양한 활동에 참여하는 삶의 방식으로까지 그 정의가 넓어지고 있습니다.
그만큼 비건 라이프를 지향하는 것은 그것을 따르기 위한 다양한 준비와 학습, 실천 의지까지 요구되는데요. 그 때문에 비건 식생활을 실천하는 분들은 대부분 자기관리에 엄격한 편입니다. 하여, 비건 식생활 을 우수한 건강 상태와 연관 짓고는 하죠. 하지만 비건도 단순히 '동물성 식품을 피한다'로만 식습관을 바꾸는 경우, 양호한 건강 상태를 보장할 수 없습니다.

**다양한 식물성 재료들을 직접 조리해서 온전히 먹는 것이
비건 식단이 건강할 수 있는 중요 포인트입니다.**

왜냐하면, 여러 간편식과 정제 곡물, 설탕이 다량 함유된 비건 가공식품들을 주로 소비한다면, 이것들 또한 가공, 정제된 것이므로 식물성 식단의 장점을 살리지 못하기 때문입니다. 즉 가공식품으로 기획된 비건 식단을 실천한 결과는 오히려 건강을 악화시키는 것이죠. 이런 식습관을 간단하게 'Unhealthy Plant-based diet(건강하지 못한 식물성 식단)'이라고 합니다. 여기서도 단순하게 '채식', '육식', '잡식'으로 구분하는 것이 아니라, 채식을 어떻게 실천해야 환경에 위해를 덜 끼치며 동물복지에도 기여하고, 본인의 건강까지 얻을 수 있는지가 모두 주요 내용입니다. 이처럼 음식에 관한 깊이 있는 이해와 체계적인 실천을 가능하게 하는 능력이 푸드 리터러시라고 할 수 있습니다.

고기는 참 맛이 있어서 많은 사람들이 즐겨 먹고 좋아합니다. 저는 한우를 감히 사 먹어 본 적이 거의 없지만, 우리 아이들이 태어났을 때는 좋은 한우만을 골라 사서 이유식을 만드는 아내를 칭찬했습니다. 그뿐만 아니라, 신생아는 대부분 모유를 먹다가 분유와 우유 같은 소젖으로 만든 식품을 소비하며 유아기를 보내죠. 오늘날 우리는 거의 전 생애에 걸쳐 동물성 식품들을 자연스럽게 소비하면서 살고 있습니다. 그만큼 육류와 동물성 식품은 친근한 것인데, 이를 식단에서 배제하는 것은 쉽지 않은 일이죠. 담배를 끊는다고 하면 사람들은 응원과 박수를 보내고 장기간 금연에 성공한 사람들을 축하해 줍니다. 하지만 비건 식단에 관심을 갖고 지향하려고만 해도, 불편해하는 주변 사람들이 적지 않습니다. 비건은 여러 가지를 따지고 가려야 하니까요. 이런 수고의 결과로 건강까지 해치게 된다면 참 슬플 것 같습니다. 하여, 내가 의도하는 수준에 맞는 푸드 리터러시를 갖추는 것은 매우 중요합니다.

관련하여, 우리 이웃의 사례를 쉽게 소개하는 다큐멘터리가 있습니다. 'KBS 생로병사의 비밀: 좋은 뜻으로 시작한 채식, 건강하게 먹는 방법은?'인데요. 관심 있는 분들은 꼭 한번 찾아보시길 추천합니다.

(4) '지속 가능한' 푸드 리터러시

푸드 리터러시는 최근 개인의 건강 증진을 넘어 기후 변화 대응 및 사회적 불평등 해소라는 거시적 목표에 기여하는 방향으로 '지속 가능한' 푸드 리터러시로 개념이 확장하고 있는데, 유엔 식량농업기구(FAO)는 기아 퇴치, 식량 안보 및 영양 강화를 목표로 삼아 그 필요성을 강조하고 있다.

지속 가능한 푸드 리터러시는 사회, 공동체, 환경, 그리고 개인 건강을 종합적으로 고려하는 식품 선택 능력을 뜻한다. 학계에서는 지속 가능한 푸드 리터러시가 유기농 식품 소비, 기후 변화 인식 및 우려와 강한 양의 상관관계를 보인다는 연구가 발표되었다. 이 외에도 소비자의 교육 수준과 소득 수준, 환경 인식, 그리고 유기농 식품 선호가 유의미한 상관관계가 있음도 보고되고 있다.

특히, 선진국에서는 사회경제적 배경에 따른 건강 불평등이 심화되고 있다. 이를 더 이상 개인의 문제로 보지 않고 푸드 리터러시 교육을 통해 정책적, 구조적으로 식품체계를 개선하고 변화를 유도하려는 움직임이 활발하다.

아동 청소년기에 푸드 리터러시 역량이 어떻게 발달하는지에 관한 연구가 활발한 가운데, 특히, 어린이들을 교육하는 것은 미래 사회의 지속 가능성에 기여할 수 있을 것으로 기대된다. 이는 성인을 대상으로 한 단기적인 개입을 넘어, 미래 세대가 복잡한 식품 시스템을 비판적으로 탐색하고 참여할 수 있는 역량을 조기에 함양함으로써, 장기적으로 식품 체계를 개선할 수 있는 전략적 중요성도 있다. 즉, 푸드 리터러시 향상은 인류의 지속 가능성을 위한 투자로 인식되어야 한다.

2) 식품 서비스 소비자가 갖추어야 할 '기초 푸드 리터러시'

(1) 축산물

농업은 전 세계 온실가스 배출량의 약 4분의 1을 차지하는 기후 변화의 중요한 동인인데, 전 세계 농경지의 4분의 3이 가축 사육(방목 및 사료 작물 재배)에 사용된다. 육류 및 유제품이 전 세계 열량의 18%, 단백질의 37%만을 제공함에도 불구하고 축산물 생산을 위해 전 세계 농경지의 75%가 활용되고 있는 것이다. 특히 '소'가 소화하는 과정에서 생성되는 메탄은 식품 체계 온실가스 배출량의 30%를 차지한다. 또한, 축산업은 담수 자원의 70%를 소비하고 있다. 집약적인(공장식) 축산 방식은 비위생적이고 과밀한 환경, 인근 수로 오염 등의 문제점들을 일으킨다. 따라서 소비자가 육류 생산이 가져오는 환경적 영향을 정확히 이해하고 유기농, 방목 등 지속 가능한 생산 방식을 고려한 축산물을 선택하는 것은 개인의 건강과 지구 환경 보존에 도움이 된다. 이는 푸드 리터러시가 '환경 시민 의식'을 형성하는 데 큰 역할을 할 수 있음을 뜻한다.

지속 가능한 축산물을 구매하기 위해서는 소비자가 식품 선택이 개인 건강, 경제, 환경에 미치는 영향을 이해해야 한다. 유기농업은 화학 비료와 살충제 사용을 최소화하여 토양 건강과 생물 다양성을 보존하고 환경 피해를 줄이는 방법이며, 유기농 식품 소비는 지속 가능성 증가에 기여할 수 있다. 예를 들어 'Grass fed' 라벨은 동물이 곡물 대신 풀을 먹고 자랐음을 의미하며, 소가 되새김질을 하면서 발생하는 메탄가스를 줄이고 소의 건강에도 긍정적이다. 이러한 연결고리를 이해하는 푸드 리터러시는 지속 가능성을 고려하는 적극적인 참여를 이끌어 낸다.

(2) 수산물

수산물 소비에 대한 푸드 리터러시는 해양 생태계 보전, 어업 공동체의 지속 가능성, 그리고 개인의 건강까지 아우르는 복합적인 능력을 뜻한다. 소비량이 많지 않은 어종을 구매하는 것은 어업 공동체에 고른 소득을 제공하며, 남획되는 인기 어종의 부담을 줄이고, 소비자는 더 싼 가격에 수산물을 구매할 수 있다. 연체동물(조개, 홍합, 굴, 가리비)과 크기가 작은 어종(청어, 정어리, 멸치)들은 특히 생태 발자국이 작으며 때로는 영양학적으로도 유익하다.

윤리적 어업과 투명한 공급망에 대한 이해도 필수적이다. 식품 라벨의 투명성, 식품 이력 추적성(Food Traceability)을 높여 원산지와 생산 시스템 관련 정보를 명확히 표시하도록 하는 정책적 강화가 필요하며, 추적 시스템 앱(해외 사례: FoodLogiQ Traceability, TRACE)을 활용하여 식품의 원산지에 대한 더 많은 정보를 얻을 수도 있다.

(3) 농산물

농산물 푸드 리터러시는 소비자가 생산자와 환경의 복잡한 상호작용을 이해하고, 인증을 통해 가치 기반의 선택을 할 수 있도록 돕는다. 농업 관련 푸드 리터러시는 농법, 물과 살충제, 비료의 사용, 토양 건강, 그리고 필수 수분 매개자(예: 벌)의 건강과 같은 환경적 요소들을 포함한다.

유기농업은 합성 비료와 살충제 사용을 지양한다. 지역 먹거리는 지역 농업을 지원하여 산업 농업에 대한 의존도를 줄이고 식품 주권에 긍정적이다. 지역 먹거리는 보통 더 신선하고 품질이 좋다. 농업에 필요한 노동, 자원, 전문 지식을 이해하는 것도 중요하다. 이는 농부들이 생산 비용에 상응하는 보상을 받는 것과 식품의 가치에 대한 깊은 이해를 돕는다.

무경운 농법은 토양의 물 흡수 및 보유 능력을 향상시켜 홍수 및 가뭄에 대한 회복력을 높이며, 토양에 탄소를 더 잘 격리한다. 기타 친환경적인 농법을 활용하여 제철에 재배된 농산물을 구분하고 구매하는 것도 푸드 리터러시를 통해 가능하며, 이는 식품의 맛과 식품 구매 비용의 절감에도 도움이 된다.

소비자는 농산물 인증 관련 라벨을 확인함으로써 농업 방식을 확인할 수 있고, 여러 종류의 인증 표식은 어렵고 복잡하지만, 이를 이해하는 능력은 소비자가 자신의 가치관(환경 보호, 사회 정의)을 식품 구매 결정에 반영하고, 궁극적으로 지속 가능한 농업 시스템으로의 전환을 지지하는 데 큰 역할을 한다.

농산물을 소비한 후 폐기하거나 재활용하는 측면에서는 가정에서 음식물 쓰레기를 분리배출하고 퇴비화하는 것이 중요하다. 음식물 쓰레기를 분리배출 하면 유기성 폐기물을 퇴비, 액체 비료 또는 재생 천연가스로 재활용할 수 있다. 가정에서 음식물 쓰레기를 퇴비화하여 사용하면 배출되는 메탄을 줄이고 토양 품질을 개선할 수 있다. 다만, 가정에서 음식물을 퇴비화할 때는 적절한 수분과 통풍, 입자 크기 및 온도를 유지해야 하는데, 이런 것이 쉽지 않아, 발효기기를 활용하는 것도 차선책이 될 수 있다. 음식물 쓰레기에는 불순물이 섞이지 않도록 주의한다. 음식물 쓰레기 퇴비화는 기후 변화 대응, 자원 순환에 직접적으로 기여하는 방법이 될 수 있다.

3) 높은 푸드 리터러시는 어떻게 이로울까?

푸드 리터러시가 높은 소비자는 식품의 생산부터 폐기까지 전 과정에 대한 깊은 이해를 바탕으로 의식적인 선택을 한다. 이러한 가치 기반 소비는 시장에 신호를 보내어 생산자와 유통업체가 더 지속 가능하고 윤리적인 방식을 채택하도록 유도하는 상향식 압력으로 작용한다. 이는 푸드 리터러시가 단순히 개인의 역량 강화 차원을 넘어, 식품 시스템 전반의 혁신을 이끄는 사회적 영향력을 가진다는 것을 의미한다.

(1) 개인 건강 증진

푸드 리터러시가 높은 소비자는 식단과 생활 방식을 결정할 때 충분한 정보에 근거하여 판단한다. 이들은 영양소의 중요성과 식품의 공급원을 이해하며, 식품 정보를 정확히 읽고 해석하는 능력을 통해 건강한 선택을 할 수 있다. 또한, 식품을 안전하게 다루고, 보관하고, 준비하는 방법을 이해하여 식중독을 효과적으로 예방한다. 과식과 감정적 식사를 줄이고, 긍정적인 식생활을 함으로써 전반적인 삶의 질을 높인다. 사회 문화적으로 적절한 식단에 대한 이해는 지역에서 생산된 제철 식품을 기반으로 균형 잡힌 영양 섭취를 돕고, 건강을 유지하는 데 기여한다.

(2) 지속 가능성 기여

지속 가능한 식습관은 푸드 리터러시의 핵심으로, 개인의 건강뿐만 아니라 환경에도 이로운 식품 선택을 포함한다. 푸드 리터러시를 갖춘 소비자는 지역에서 유기농으로 재배하여 최소한으로 가공된 식품을 선택함으로써 '푸드 마일리지'와 관련된 탄소 발자국을 줄일 수 있다. 이들은 음식물 쓰레기를 줄이고 퇴비화하며, 남은 음식을 재활용하는 방법을 이해하여 자원 낭비를 최소화한다. 또한, 식품생산이 기후 변화와 삼림 벌채 같은 전 지구적 환경 문제에 어떤 영향을 미치는지 깊이 이해하고, 이를 바탕으로 환경 친화적인 선택을 한다.

(3) 사회적 책임과 윤리적 소비

푸드 리터러시는 식품생산의 사회적 비용, 즉 생산 노동자의 열악한 조건, 아동 노동, 특정 작물 생산에 사용되는 혹독한 노동에 대해 이해한다. 소비자는 이러한 문제를 인식함으로써 책임감 있는 선택을 하고 현대 식품 시스템이 직면한 과제에 적극적으로 참여할 수 있다. 공정무역 인증 제품을 선택함으로써 생산자에게 공정한 가격이 지급되도록 지원하고, 글로벌 공급망 내의 사회적 정의를 실현하는 데 이바지한다.

(4) 식품 시스템에 대한 영향력 행사와 가치관 표현

푸드 리터러시는 소비자가 자신의 가치와 건강 목표에 부합하는 정보에 입각한 선택을 할 수 있도록 통제력을 부여한다. 소비자는 건강하고 지속 가능한 식품을 선택함으로써 식품 생산자와 소매업체에 자신의 가치를 전달하고, 식품 산업에 지속 가능하고 윤리적인 관행을 장려할 수 있다. 교육과 지식을 통해 자원 제약 내에서도 최대한 건강한 선택을 할 수 있게 되는 것은 푸드 리터러시의 중요한 혜택 중 하나다. '가치관 표현 소비'는 소비 행위가 단순한 경제적 교환을 넘어 개인의 정체성과 사회적 메시지를 전달하는 수단으로 진화했음을 보여준다.

소비자들이 자신의 가치관(예: 환경 보호, 사회 정의)을 식품 구매(유기농, 공정무역, 지역 농산물)를 통해 표현한다는 것은, 소비가 문화적, 윤리적 의사표현 수단임을 뜻한다. 이는 소비자가 특정 브랜드나 제품을 선택함으로써 자신이 지지하는 가치를 세상에 드러내고, 이를 통해 사회적 변화를 추구하는 '소비자 행동주의'의 한 형태로 볼 수 있다. 이러한 경향은 업계에 더 큰 사회적, 환경적 책임을 요구하며, 투명하고 윤리적인 공급망 구축에 도움이 된다. 이렇듯 푸드 리터러시는 가치관 표현 소비를 가능하게 하는 지적 기반이 되며, 소비자가 자신의 신념과 일치하는 방식으로 시장에 참여할 수 있는 역량을 부여한다.

생각해 볼 문제

음식에 대한 가치관은 조리법에 묻어난다.

취사병 시절의 저자와
제이미 올리버 셰프

AI 생성 이미지

저는 군 생활을 취사병으로 했습니다. 외식 경영학을 전공한 후, 입대하면서 조리도 해보자는 결심이 있었고, 직업인으로서의 조리를 처음 시작한 곳이 군대의 병사 식당이었죠. 첨부된 그림에서 왼쪽에 있는 요리사가 저입니다. 특히 제가 조리하는 볶음 요리에 설탕을 붓는 모습이죠. 이때는 볶음에 설탕이 들어가지 않으면, 음식을 배식받은 장병들이 맛이 없다며 불평을 터뜨리고 욕하는 것까지 들어본 적이 있습니다. 아무래도 의무로 군 생활을 하는 20대 초반의 젊은이들은 맵고, 달고, 짠, 자극적인 음식들이 필요했던 것 같습니다. 하지만 그래도 그들이 건강할 수 있는 이유는 규칙적인 생활 패턴과 음주가 제한되고, 세 끼 영양이 잘 고려된 식단을 빠짐없이 먹어야 하며, 남는 시간에는 축구나 농구, 헬스 같은 운동을 열심히 하기 때문인 듯합니다. 그런 그들에게는 힘든 군생활을 잠시 잊게 해줄 달콤함이 매우 필요했던 것 같습니다.

군 전역 후 시간이 흘러 조리학교를 마칠 때쯤에 '제이미 올리버'라는 영국인 셰프가 'Ted Talk'라는 인터넷 미디어에서 강연을 하는 것을 본 적이 있습니다. 그 주제는 'Teach every child about food'였죠. 강연의 끝에 그는 초등학생이 5년 동안 마시는 우유에 함유된 설탕의 총량을 강연장에 가져와 쏟아버립니다. 직접 '양'을 확인하는 것은 충격적이었죠. 설탕이 엄청 많았기 때문입니다. 그때 저는 문득 제가 군대에서 볶음 요리를 할 때마다 열심히 설탕을 부어 넣던 저 자신이 떠올랐습니다. '그래도 됐던 것일까?' 돌아보게 되었죠. 물론 취사병을 마치고 전문적인 조리를 배운 후로는 요리에 직접 설탕을 쓰는 일은 거의 금기시하고 있지만, 지금도 음식에 따라서, 음식을 먹는 목적에 따라서 설탕이나 다양한 감미료들을 사용하곤 합니다.

Teach every child about food

소비자를 강렬한 맛으로 놀라게 해주고 입맛을 돌게 하는 것이 핵심인 음식 시장이 있는가 하면, 맛은 조금 덜 내더라도 건강을 중시하는 음식과 소비자들이 있습니다. 무엇이 옳다고 단정하기는 어려울 것 같습니다. 음식을 만드는 이유가 경제적 성공인지, 사랑하는 사람의 건강인지…. 그 목적에 따라 음식을 만드는 방법과 가치의 우선순위가 다를 테니까요. 중요한 것은 어느 한쪽을 과도하게 추구해서 맛있는 독을 만들면 안 될 것이고, 너무 맛이 없는 영양제를 만들어도 곤란할 겁니다. 이러한 균형을 잘 갖춘 음식을 만들고 소비하기 위해 요구되는 능력이 바로 음식 이해력이라는 생각을 해봅니다.

4) 식생활 & 식문화 측면에서의 푸드 리터러시

푸드 리터러시는 좋은 먹거리를 계획하여 구매하고 알맞게 조리해 소비한 후, 남은 것을 효율적으로 보관하고 폐기물은 최소화하는 방식으로 배출하는 음식 소비 과정 전체를 번거롭고 힘들더라도 의식적으로 수행하고 지켜나갈 수 있는 능력을 뜻하는데, 일상에서 접할 수 있는 푸드 리터러시를 조금 더 세부적으로 설명하면 다음과 같다.

① 음식 준비 및 보관 요령

식사를 계획하고 재료를 필요한 만큼만 구매한다. 특히 상하기 쉬운 식품은 더욱 주의를 기울인다. 식품을 안전하게 다루고 올바른 방법으로 보관하며, 위생적으로 준비하는 방법을 이해하고 적용한다. 남은 음식을 새로운 음식의 재료로 활용하거나, 창의적으로 재사용하는 기술을 익히고 계획을 세워 음식물 쓰레기를 줄인다.

② 지속 가능성을 고려하는 외식 서비스 이용

지속 가능한 식재료를 사용하거나, 환경적/사회적 영향을 고려한 메뉴를 제공하는 음식점에서 외식한다. 외식 업장에서 사용하는 식재료의 유통망에 대한 정보를 확인하고, 이와 같은 원칙이 투명하게 잘 지켜지고 있는지 확인한다.

③ 지역 생산자 및 지역 사회와의 소통

지역 먹거리 판매장을 이용하고 지역 농가, 농업협동조합과 직거래하거나 생산자와 소비자를 유통과정 없이 직접 연결해 주는 커뮤니티와 플랫폼을 활용한다. 커뮤니티 지원 농업(CSA, Community Supported Agriculture) 프로그램과 같이 농작물 일부를 재배되기 전에 구독하는 방식으로 구매하는 것도 생산자들의 안정성을 높이는 좋은 방법이다. 이러한 활동은 지역 농부와 직접 소통하여 식품 생산 과정을 깊이 이해할 수 있는 계기가 되며, 먹거리 전반에 대한 지식수준을 높일 수 있다. 더불어, 농장 방문과 같은 먹거리 생산 과정을 직접 체험함으로써 식품생산 체계 전반에 대한 이해를 넓힌다.

식품 체계에 능동적으로 참여하여 자신이 선호하는 방식으로 생산된 식품을 소비하고, 이를 육성하는 다양한 정책을 지지하거나 관련된 새로운 정책을 직접 제안하는 등 소비자 자신이 바라는 식품과 식품 체계를 위한 활동을 적극적으로 한다.

음식물 쓰레기 최소화, 제품의 특징과 인증 확인, 지역 농산물 구매 등 개별 소비자의 실천 방안은 이미 그 자체로 의미가 있지만, 이러한 실천들이 다수의 소비자에게 확산되고 집단적 수요를 형성할 때 비로소 식품 체계와 정책에 유의미한 결과를 끌어낼 수 있다. 이는 푸드 리터러시 교육이 단순한 개인 역량 강화를 넘어, 개별 소비자들이 모여 사회적, 경제적 의견을 형성하고 확장될 때, 궁극적으로 식품 체계의 구조적 변화를 만들어낼 수 있다.

5) 음식문화 측면에서의 푸드 리터러시

(1) 여가 식품(Leisure Food)이라는 이름의 쾌락재, 이를 넘어선 낭비재

음식 자체를 필수재에서 쾌락재로 그리고 낭비재로까지 인식하고 있는 듯한 오늘날의 오락거리 & 콘텐츠화된 음식을 다시 소중한 자원으로 바라보아야 할 때, 푸드 리터러시는 매우 중요한 역할을 할 수 있다.

오늘날 음식은 사회적 유대와 오락을 위한 매개체 역할을 하며, 문화적 가치와 소비자의 정체성을 드러내는 상징으로 인식되고 있다. 식생활은 사회적 상호작용, 오락, 자기표현과 소통의 중요한 방식이 되었으며, 소비자들은 음식을 즐기고 만드는 과정을 음미하며, 무엇보다 함께 나누는 것에 큰 의미를 둔다.

음식 문화로 규정되는 상징성 있는 식품이나 음식 예법, 음식을 나누는 연회와 같은 행사들은 다양한 사회적 가치를 담고 있다. 그러나 이러한 음식 소비의 흐름, 혹은 식품의 레저화(Leisure Food, 여가 식품화)는 음식 낭비와 경시로 이어질 수 있는 위험성을 내포하고 있다. 따라서 오늘날의 식생활 추세는 식품을 '소중한 자원'으로 재인식해야 하는 사회적 필요성으로 인하여 푸드 리터러시의 역할이 더욱 부각되고 있다.

식품이 오락적 소비의 대상이 될 때, 그 생산 과정에서 사용된 자원(물, 에너지, 토지)과 환경적 영향(온실가스 배출)에 대한 인식은 흐려질 수 있으며, 결과적으로 음식물 쓰레기 증가와 같은 자원 낭비로 이어질 수 있다. 따라서 지금은 음식의 사회적 문화적 가치를 인정함과 동시에, 식량으로서의 음식은 유한한 자원이며 그 낭비가 우리 사회와 미래 환경에 미치는 커다란 영향을 인식하고, 자신의 소비를 돌아보아야 할 때이다.

또한, 소비 행위가 소비자의 가치관을 표현하는 주요 수단으로 부상하면서, 푸드 리터러시는 윤리적, 환경적 가치를 내재화하고 실천하는 '가치관 형성과 강화의 도구'로서의 역할도 하고 있다. 결과적으로 소비자들이 기대하는 바의 '소비'를 가능하게 하는 푸드 리터러시 교육은 단순히 '무엇을 먹을까?'를 넘어, '나는 어떤 가치를 가지고 어떤 소비를 하고 있는가?'와 같은 철학적 질문에 대한 답을 찾는 과정이다.

생각해 볼 문제

먹방과 발우공양

노란색 음식을 먹는 날의 먹방 유튜버

AI 생성 이미지

즐겁게 음식을 먹고 즐기는 콘텐츠들이 많이 있습니다. 특히 먹방이 그렇지요. 음식을 직접 먹고 나누면서 즐기는 것이 아니라, 미디어 콘텐츠의 핵심 소재로 다양한 음식을 색다른 주제로 그 담음새와 먹는 소리 등으로 시각과 청각적인 즐거움을 주는 것을 중심으로 합니다. 이런 먹방 유튜버들은 수많은 구독자들의 사랑을 받으며 지금도 새로운 먹거리를 더 많이, 더 재미있고 맛있게 먹고 있죠. 재미있는 현상이라고 생각합니다. 하지만, 너무 한쪽으로만 치우치는 느낌에 우려가 되기도 하죠. 음식이 가진 본질적인 가치와 소중함이 쾌락적인 즐거움에 가려지고 멀어져 가는 듯합니다.

우리 아이들에게 "저기서 어떤 게 재미있는 거야?"라고 물어보면, 특별한 이유는 없지만, 먹어보지 못한 음식들을 맛있게 먹는 걸 보는 게 재미있다고 하더라고요.

그리고 가끔은 먹방에서 본 독특한 방법을 따라서 음식을 먹어보고, 가지고 논다거나 장난을 치는 모습을 보기도 합니다. 물론 저는 음식을 새로운 방법으로 먹어보고 이런저런 실험을 해보는 경험은 나쁘지 않다고 생각합니다. 하지만 너무 음식이 '즐길 거리', '놀 거리'라는 메시지만 전달받는 것은 아닌지 걱정되는 것이죠.

불교에는 발우공양이라고 하는 식사법, 식사 의례가 있습니다. 주어진 음식에 온전히 집중하면서 하나도 남김없이 정성스럽게 음식을 먹는 방법이죠. '발우'는 스님들이 사용하는 그릇의 이름이고 '공양'은 식사를 뜻합니다. 발우공양은 모든 음식을 다 먹고 나서 발우(밥그릇)에 물을 따른 후, 단무지와 같은 무절임으로 밥그릇의 바닥을 조금의 음식도 남김없이 닦아내고 그 무와 그릇 바닥에 붙어있던 음식물들을 물과 함께 깨끗이 먹는 것으로 마무리됩니다.
이처럼 주어진 음식과 식사에 감사함을 표하는 과정은, 먹방과는 또 다른 형식과 태도로 음식을 바라보게 해줍니다. 음식을 즐거움을 얻는 수단으로 활용하는 가운데에서도 늘 그 소중함과 감사함은 잊지 말아야 할 의미일 텐데, 나날이 그 의미가 더 흐려지고 있는 건 아닌지 한번 생각해 봤습니다.

(2) 음식 소비자의 교양: 푸드 리터러시

위에서 언급한 바와 같이 소비자 스스로 식생활을 점검하고 각자 삶에 대한 철학과 가치관 형성, 그리고 그것들을 표현하고 강화하는 데 요구되는 수준의 푸드 리터러시는 현대 사회의 음식 소비자들에게 필수적인 교양이라 할 수 있다.

마지막으로, 소비자의 의식 변화와 이에 따른 식행동 전환은 기후 위기 대응 및 식량 안보 강화라는 거시적 목표 달성에도 매우 중요한 요소이다. 그러한 목표를 달성하고자 하는 국제기구나 정부, 업계는 그들이 제시한 목표를 이해하고 함께 구현해 나아갈 소비자들의 음식 이해력, 푸드 리터러시를 필요로 하며, 이런 거시적 관점에서의 푸드 리터시는 지속 가능한 미래를 만들어 가야 할 소비자들의 핵심적인 역량이자 교양이 되어가고 있다.

2. 제로 웨이스트(Zero Waste, 쓰레기 없애기)

1) 제로 웨이스트의 정의와 철학

제로 웨이스트는 적절하게 순환하지 못하고 있는 현대 사회의 자원 활용 방식에 대한 근본적인 해결책이자 생활 방식이다. 이는 단순히 쓰레기를 줄이는 것을 넘어, 자원의 흐름을 재설계하여 쓰레기, 혹은 폐기물이라는 개념 자체를 없애는 것을 목표로 한다.

비 존슨(Bea Johnson)은 제로 웨이스트 운동의 구체적인 행동 지침인 '5R 원칙'을 대중화했다. 5R은 문제의 근원에서부터 해결책을 찾으려는 노력의 결과이며, 제로 웨이스트를 추구하는 삶의 기준, 혹은 현실적 실천 방법으로 활용될 수 있다. 아래에 5R을 우선순위 대로 정리했다.

1. Refuse (거절하기): 5R의 가장 중요한 원칙이다. 이는 필요하지 않은 것을 애초에 삶에 들이지 않는 것을 의미한다. 일회용 비닐봉지, 플라스틱 빨대, 광고 전단지, 판촉물 등 불필요한 물건을 거절함으로써 폐기물 발생을 원천적으로 차단하는 가장 효과적인 단계이다.
2. Reduce (줄이기): 꼭 필요한 것이라도 그 양을 줄이는 것을 의미한다. 이는 충동구매를 자제하고, 자신의 소비 습관을 성찰하며, 과대 포장된 상품을 피하는 등 의식적인 소비를 통해 실천할 수 있다. 소비를 줄이는 것은 물리적, 정신적 혼란을 줄여주고 경제적 여유를 가져다주는 부가적인 이점도 있다.
3. Reuse (재사용하기): 물건의 수명을 최대한 연장하는 것이다. 일회용품 대신 다회용품(예: 텀블러, 장바구니)을 사용하고, 고장 난 물건은 버리는 대신 수리해서 사용하며, 더 이상 사용하지 않는 물건은 중고로 판매하거나 기부하는 활동이 포함된다.
4. Recycle (재활용하기): 앞선 세 가지 R을 실천한 후에도 남는 폐기물을 처리하는 최후의 수단으로 간주된다. 많은 사람이 재활용을 환경 보호의 핵심으로 생각하지만, 제로 웨이스트에서는 그 우선순위가 낮다. 그 이유는 현재의 재활용 시스템이 완벽하지 않기 때문이다. 우리는 재활용이 처리되기도 전에 소비하고 재활용 용량을 초과하는 폐기물을 배출하고 있다. 많은 재활용 가능 자원이 현실적인 이유로 다시 제품화할 수 있는 원재료로서 자원화되지 못하고 있으며, 결국 매립되거나 소각되는 실정이다.
5. Rot (썩히기/퇴비화하기): 음식물 쓰레기와 같은 유기성 폐기물을 퇴비로 만들어 영양분을 토양으로 되돌려 보내는 과정이다. 이는 매립지에서 유기물이 썩을 때 발생하는 메탄가스를 줄이는 데 중요한 역할을 한다.

이러한 5R 원칙은 폐기물 관리의 초점을 '어떻게 버릴 것인가'에서 '어떻게 소비하고 살아갈 것인가'로 전환해 준다. 이는 개인 차원의 생활 습관 변화를 일으킴과 동시에, 생산과 유통 시스템, 사회정책 전반의 변화 필요성을 인지할 수 있게 해준다.

2) 보이는 쓰레기의 배출

우리가 매일 배출하는 쓰레기는 분리수거, 종량제 봉투, 음식물 쓰레기 처리 등과 같은 구분 원칙만 지켜주면, 언제 그랬냐는 듯이 우리 시야에서 사라진다. 그래서 우리는 쓰레기를 많이 버린다고 느끼지 못한다.

우리 사회가 구축해 놓은 쓰레기 배출 및 수거 체계의 쾌거라고 느껴질 정도이다. 밤사이 내놓은 쓰레기는 다음 날 아침 출근할 때가 되면, 하나도 남김없이 깨끗하게 수거되어 있다. 우리를 쓰레기로부터 완전하게 격리 해방시켜 준다.

하지만, 이런 시각적 쾌적함은 눈에만 보이지 않을 뿐이지, 내가 버린 쓰레기는 우리 동네, 내가 사는 지역, 우리나라, 그리고 지구 어딘가로 보내져 쌓이고 썩고 소각되고 있다. 이와 관련된 대표적인 사례를 특히 눈에 보이는 쓰레기를 중심으로 찾아보자.

(1) 먹거리 관련 쓰레기: 인간이 다녀간 흔적

네팔의 히말라야 캠프의 전경

오늘날 사람들이 다녀간 대표적인 흔적은 그들이 남기고 간 쓰레기이다. 네팔 히말라야 고지대는 하루 안에 정복할 수 없고 등반하는 데 며칠, 몇 개월이 걸린다. 이는 인간이 산악 생활을 며칠, 몇 개월 동안 해야 한다는 뜻이며, 해발 8천 미터의 높은 산맥에도 쓰레기가 쌓인다는 것을 의미한다.

알프스산맥과 히말라야의 쓰레기 문제 포스터

알프스산맥과 히말라야의 쓰레기 문제를 알리는 포스터

우리나라는 식음료 포장에 사용되는 쓰레기를 매우 잘 처리하고 시민들의 불편함이 없도록 생활 공간에서 잘 격리하고 있다. 하지만 아직 이런 시스템을 갖추지 못한 나라들은 시민들의 삶으로부터 쓰레기를 충분히 거둬내지 못하고 있다. 그야말로 쓰레기와 함께 뒤섞여 사는 것 같다. 우리나라처럼 쓰레기를 제대로 처리하여 쾌적한 삶을 사는 것은 권장할 일이다. 하지만 쓰레기로부터 물리적, 시각적으로 분리된 삶은 쓰레기 문제에 대한 인지 자체를 못 하게 하며, 그 결과 우리는 매일 같이 부담 없이 소비하고 또 버리고 있다.

쓰레기 더미 위에서 먹을 것을 찾고 있는 가축들

출처: 위키 커먼스

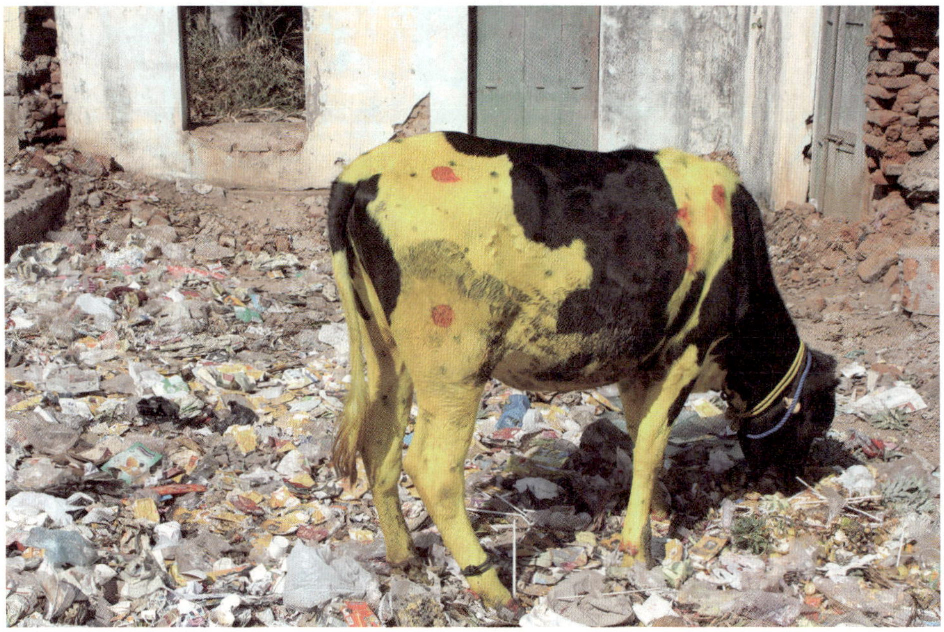

네팔 전통 의식에 맞게 꾸민 소가 쓰레기 더미를 뒤지고 있다.

출처: 위키 커먼스

생각해 볼 문제

리유저블(Re-Usable) 컵을 '사용'하는 것과 '사'는 것

리유저블컵(다회용 컵)을 사용하는 것과 사는 것은 같지 않죠. 저희집 주방의 수납장을 보면, 제가 주기적으로 정리하고 또 정리했는데도 텀블러가 가득차 있습니다. 집에서 사용하는 컵은 당연히 따로 있고요. 세어보니 저희 부부가 사용하는 텀블러는 9개, 두 아이가 사용하는 것은 4개였습니다.

저희 집의 다회용 컵 보유 현황은 나름 많은 선물들을 거절(Refuse, 제로 웨이스트의 첫 번째 원칙)해서 이뤄낸 결과입니다. 그리고 이 컵들은 나눔을 하거나 중고로 판매하여 재사용하기가 어렵습니다. 우리 아이들이 사용하던 개인용 빨대가 포함된 물통, 제가 사용하던 물통을 타인이 가져가 사용하는 것은 위생용품의 경우 쉽지 않습니다.

이 외에도 저에게는 다회용 컵들을 비롯한 일회용 컵들이 많이 있습니다.

제가 살고 있는 제주도에 소재한 스타벅스는 2021년부터 다회용 컵 제도를 도입해서 플라스틱 컵 사용을 줄여 왔습니다다만, 그 회수율이 높지 못했고, 그 제도를 2024년 4월까지만 운영하고 마무리했습니다. 그동안의 '재사용' 컵 활용이 해당 기반 시설을 갖추고 운영하기 위한 준비에 들어간 탄소 배출만큼의 몫을 해냈는지 의문이 들고 이런 시도들이 중단되는 게 안타깝기도 합니다.

지금은 위의 맥도날드 컵처럼 일회용 컵 보증금제를 시행하고 있습니다. 이는 제주도가 지자체 차원에서 일정 규모 이상의 외식업체들에 적용하고 있는 정책으로 일회용 컵의 투기를 줄이고 동일 재질의 폐기물들을 수거하여 재활용률을 높이는 제도입니다. 소비자들은 사용한 컵을 제공업체에 반납하면 사전에 낸 일회용 컵 보증금(300원)을 돌려받게 되므로 일회용 플라스틱 컵을 재활용하는 데 도움이 될 수 있지만, 재사용 컵만큼의 자원 효율성에는 미치지 못합니다. 이 제도는 전국에서는 세종시와 제주도에서만 시행되고 있으나, 이런 제한적인 제도조차 퇴행하고 있습니다.

저는 주기적으로 플로깅이라는 쓰레기 줍기 활동을 통해서 제주 해변 일대를 청소하고 있는데요. 공항 근처 해안가에서 쓰레기를 줍다 보면, 스타벅스 다회용 컵이 버려진 것을 발견하곤 합니다. 아마 카페에서 음료를 구매한 소비자들은 보증금을 이미 냈지만, 관광, 여행이라는 제한적인 휴가 시간을 조금이라도 더 만끽하고자 음료를 구매하고 보증금을 지급했던 브랜드의 매장으로 돌아가 보증금 돌려받기를 포기한 듯합니다.

물론, 공항 내에도 이런 다회용 컵을 반납하는 시설이 있지만, 짐을 부치고 비행기에 오르는 바쁜 와중에 다회용 컵 반납은 우선순위에서 뒷전으로 밀리기 쉬울 테니까요.

저와 함께 플로깅을 하는 아들들은 "와~ 스크류바 하나 사 먹을 수 있겠다."라며 기뻐하기도 하지만, 이렇게 '버려진 자원과 돈'을 발견할 때면, 아무래도 씁쓸한 기분이 듭니다.

공공차원에서 다회용기를 도입하려는 움직임도 있습니다. 제주도는 2025년 8월부터 배달 음식 용기를 일회용품이 아닌 다회용 스테인리스 용기로 대체할 수 있도록 하는 정책을 단계적으로 도입하고 추진할 계획입니다.

연.노형동서 배달앱 통한 다회용기 주문 서비스 시행

김현종 기자 | 승인 2025.08.13 15:01 | 댓글 0

하지만, 코로나 이후, 음식을 나누어 먹거나 타인이 활용하던 식기를 사용하는 것에 대한 조심성이 커져, 이런 정책이 과연 잘 정착될 수 있을지 걱정스럽기도 합니다. 객관성 있는 설문조사를 한 것은 아니었지만, 학생들에게 다회용기를 통해 배달 음식을 제공받은 후 반납하고, 다시 재사용된 다회용기에 배달 음식을 제공받는 것을 어떻게 생각하느냐 물어보면, 일회용기가 더 깨끗할 것 같다는 의견이 많았습니다. 제가 어린 시절에는 중국집에서 짜장면을 배달시켜 플라스틱 그릇에 담긴 음식을 먹은 후에 물로 잘 헹궈서 집 앞에 내놓으면 회수해 가는 방식이 자연스러웠는데, 오늘날의 젊은 외식 소비자들에게는 아무래도 낯선 것이죠. 하여 공공 차원에서 다회용기를 도입하려면 높은 수준의 관리와 소비자들의 인식 개선을 위한 프로그램 등 다양한 교육활동을 병행해야 할 것으로 보입니다.

이런 다회용 컵, 다회용기들은 아무래도 여러 번의 재사용을 전제로 하여 내구성이 좋아야 하므로 스테인리스 텀블러부터 플라스틱 소재의 다회용 컵, 다회용 식기까지 각각의 빈도가 다르지만, 적게는 12회에서 120회, 많게는 수백 회 이상 재사용해야 실질적인 자원 절약 효과를 볼 수 있습니다. 쉽지 않지요? 재활용을 전제로 한 소비, 새 제품을 구매하거나 사용하기 이전에 우리가 이미 가지고 있는 것들을 확인하고 최대한 재사용하거나 소비하지 않는 것이 최선인 이유입니다.

(2) 의류 쓰레기(Fashion Waste)와 패스트 패션(Fast Fashion): 이 쓰레기가 그렇게나 많아?

'의류 수거함(혹은 헌 옷 수거함)'이 있다. 우리가 충분히 사용한 의류를 수거해서 누군가에게 제공하는 자원 순환 제도이자 우리 일상에서 그러한 제도가 잘 운용되고 있음을 확인할 수 있게 해주는 상징적 존재가 바로 의류 수거함이다.

하지만 우리가 잘 세탁해서 수거함에 넣은 옷들이 실제로 누군가에게 전달되어 다시 활용될까? 하면, 사실 그렇지 못한 경우가 대부분이다.

특히 '패스트 패션(Fast Fashion)'으로 대표되는 의류의 대량소비와 대량폐기는 의류 재사용이라는 체계가 우리의 의류 소비에서 폐기물 발생으로 이어지는 심리적 부담을 낮춰 주지만, 실상은 그렇지 못하다.

대표적으로 칠레의 아타카마 사막은 전 세계의 의류 폐기물이 모여드는 곳이다. 칠레에는 폐의류가 매년 59,000톤씩 유입되고, 이 중 약 20,000톤이 중남미에 재판매된 후, 나머지 최소 39,000톤이 이 사막에 버려지는 것으로 알려져 있다. 우리가 입는 옷과 신발, 모자, 가방과 같은 대부분의 의류 제품은 플라스틱으로 만들어졌거나 플라스틱 성분이 포함되어 있다. 따라서 이 사막에 버려진 의류 폐기물들은 보통의 플라스틱들처럼 수백 년간 분해되지 않을 것이다. 각종 염료와 화학 처리로 만들어진 것들이 분해되는 과정에서 해당 지역의 토양과 지하수를 오염시킬 것이며, 이를 소각 처리할 때 다양한 유독가스를 배출하여 지역민의 건강, 환경 그리고 기후 위기에도 악영향을 끼치게 된다.

영화 Textile Mountain(2020)의 포스터

출처: 다큐멘터리 공식 홈페이지

이러한 문제는 칠레에 국한되지 않는다. 유럽에서는 연간 200만 톤의 섬유 폐기물이 발생하고 있다. 전 세계에서 '기부'라는 이름으로 버려진 의류 중 약 70%가 '사하라 이남 아프리카'로 수출, 재판매되고 있다. 의류는 식음료 다회용기와는 다른 특징이 있는데, 바로 크기와 계절성이다. 전 세계인들은 저마다 신체 치수가 다르다. 그리고 의류는 전체의 90%가 정상이라 하더라도 구멍이 나거나 뜯어지는 등 품질의 저하에 따라서 재사용 자체가 불가능한 경우가 생기는데, 주로 유럽, 우리나라를 비롯한 동아시아 삼국, 그리고 북미 대륙에서 기부라는 이름으로 배출되는 의류들이 중남미와 아프리카 대륙의 사람들에게 잘 맞을지, 그 기후에 적합할 것인지 가늠해 본다면, 압도적인 양으로 쏟아지는 의류들이 재사용되는 비율은 매우 낮다.

결국 그렇게 기부된 의류들은 일부 재사용되기도 하겠지만, 대부분 소각되거나 매립된다. 소각되는 의류들은 환경을 오염시키고 우리가 흐뭇한 마음으로 기부했다고 착각하는 혹은 외면한 결과는 온실가스로 변신한 후 다시 우리에게 돌아온다.

유엔 유럽경제위원회(UNECE)는 2024년에 「Reversing direction in the used clothing crisis(중고 의류 위기의 역전)」라는 보고서를 발표했고, 그린피스 같은 국제환경 NGO도 「Poisoned Gifts(2022)」, 「Fast Fashion_Slow Poison(2024)」라는 이름의 관련 보고서를 발표하여 관련 내용을 자세히 소개했다.

Poisoned Gifts(2022), Fast Fashion_Slow Poison(2024) 보고서의 표지

출처: 그린피스

생각해 볼 문제

죽음, 고인의 모든 소유물은 쓰레기가 된다.

제가 좋아하고 존경하는 '소일' 작가는 『제로 웨이스트는 처음이지?』라는 책을 집필했습니다. 저자는 이 책에서 '쓰레기'에 대해 우리 각자가 정의를 내려보기를 권하는데요.

저는 쓰레기의 정의를 '내가 가지고 있는 모든 제품과 물건'이라고 내렸습니다. 소비를 줄여야겠다는 생각은 늘 해왔었지만, '소비는 곧 쓰레기를 사서 모으는 것'이라는 조금은 극단적인 결론을 낸 건데요. 개인적으로 '내가 가지고 있는 모든 소중하고 귀한 것들은 머지않아, 곧 쓰레기가 되겠구나….'라는 깨달음을 얻은 경험을 했기 때문입니다. 몇 해 전에 돌아가신 제 아버지의 죽음이 바로 그 경험이었습니다.

제 아버지는 팔십 대 중반에 돌아가셨는데요, 2023년 기준으로 한국인 평균수명 83.5세와 거의 동일한, 길지도 짧지도 않은 삶을 사셨습니다. 아버지 사후, 우리 가족들은 아버지의 유품들을 정리했는데요. 아버지가 제가 꼬마일 때부터 입으셨던 외투나 양복 같은 것들이 한 트럭도 넘게 나왔습니다. 평균적인 기간의 삶을 마친 아버지의 유품은 결코 적지 않았는데요. '한 사람이 요람에서 무덤까지의 삶을 살아내는 과정은 이만큼이나 많은 것들을 필요로 하는구나' 하는 생각이 들었습니다.

아버지의 체구가 저희 형제들과 크게 다르지 않아, 저희가 입어도 될 만한 것들은 어머니가 나눠주기도 하셨고, 그냥 제가 버리기 아깝고 아버지 유품으로 간직도 할 겸 가져온 것들도 꽤 있었습니다.

하지만, 아버지가 가지고 계셨던 거의 모든 물건은 그야말로 버려져야 했고, 쓰레기가 됐습니다. 아버지가 돌아가시기 전까지 사용하셨던 옷들도 이미 이삼십 년은 충분히 활용하신 것들이니

그 가치를 다했다고 할 수도 있겠지만, 아버지의 죽음을 기준으로 거의 통째로 버려지다시피 한 그 옷들은 제 아버지가 십 년을 더 사셨다면, 그 십 년 동안은 쓰레기가 되지 않았을 것입니다. 하지만, 그 주인이 세상에서 생을 마감하는 순간 주인을 잃은 대부분의 물건들은 쓰레기가 되었습니다.

왼쪽의 사진은 제가 어렸을 때 아버지가 자주 입으셨던 잠바입니다. 이제는 아버지를 추억하는 유품으로 소중하게 가지고 있습니다.

아버지가 사용하셨던 옷들처럼, 제가 장롱 가득히 가지고 있는 옷들도 수십 년 안에 모두 필연적으로 쓰레기가 될 것입니다. 그리고 이것들은 제가 소비자로서 구매하고 충분히 사용한 후 버려지겠지만, 이 옷들은 기획되고 디자인되어 만들어지는 순간, 필연적으로 수십 년 안에 쓰레기가 될 것입니다. 우리가 지금 쓰고 있는 거의 모든 것들은 곧 쓰레기가 될 것들입니다.

제가 가지고 있는 옷들입니다. 사진에는 여름옷들이 대부분이고,
저는 사계절에 맞게 이것의 네 배 정도 되는 양의 옷들을 가지고 있습니다.

제가 십 대 때 인기 있었던 가수는 서태지와 아이들, HOT 등이었습니다. 그들은 통이 커다랗고 바닥에 끌리는 힙합 바지를 멋지게 입었었고, 저희 또래 친구들 사이에서는 대유행이었습니다. 그때 그 옷들은 아마도 자연스럽게 썩어버리진 않았을 것입니다. 하지만, 47세의 성인인 제가 그 옷들이 쓸 만하다고 하여 잘 차려입고 출근하기는 어렵습니다. '옷'이라는 것은 개인의 취향과 느낌, 개성을 표현하는 수단이고, 그러한 취향과 가치관 용도에 따라서 사용 가치가 변하게 됩니다. 사람의 몸을 보호해 준다는 기능적인 효용성은 아직 그대로 남아 있더라도 일정 기간 활용된 후에는 쓰레기가 될 수밖에 없죠.

❶ : 바퀴와 캐리어 본체는 멀쩡했지만, 몸체에 달린 손잡이가 파손되어 폐기
❷, ❸ : 약 170cm 정도, 성인 크기의 곰 인형, 오른쪽 발바닥 부분이 오염되어 폐기된 것으로 추정

아직 쓸 만하더라도 일부 기능의 손상, 사용자의 성장과 가치관 변화로 인해 폐기되거나, 새로운 제품이 계속해서 생산되는 한 이전에 있던 거의 모든 물건들은 사용자가 가지고 있는 활용 능력과 공간, 그리고 시간의 한계로 인해서 곧 버려질 것들입니다.

그래서 요즘 저는 제가 사는 것은 아무리 길어야 수십 년간에, 곧 쓰레기가 될 것이며, 소비는 곧 쓰레기를 만드는 것이라는 생각을 하게 되었습니다. 백 년 안에 필연적으로 죽게 될 인간에게 수십 년은 길다면 긴 세월일 수도 있지만, 한 가정과 나라의 역사, 그리고 전 지구적 시간에 비유해 보자면, '순간'도 지나치게 길게 과장된 표현 같습니다. 그 짧은 시기에 이미 저는 다 쓰고도 남을, 그래서 제 아들들이 처치가 곤란할 만큼 많은 옷을 가지고 있습니다. 그래서 저는 앞으로 되도록 아무것도 사지 않기로 했습니다.

**드론으로 촬영한
생활용품 쓰레기 매립장의 풍경**

물론 음식과 같은 삶에 필수 불가결한 것들은 소비해야 하겠지만, 옷과 같이 제가 돌아봤을 때 이미 충분히 가지고 있는 것들은 최대한 이미 가지고 있는 것을 쓰는 게 진즉에 저에게는 불가능한 '의류 제로 웨이스트'에 조금이나마 가까워질 수 있는 단 하나의 방법이기 때문입니다.

(3) 음식물 쓰레기: 배출하지 않는다는 착각

우리가 원할 때마다 대형마트에서 식품을 구매할 수 있다는 것은 그 삼분의 일만큼,
다시 말하자면, 대형마트 두 개를 운영한다면, 대형마트 한곳에서 제공하는 만큼의
음식물 쓰레기를 배출하는 것을 바탕으로 하여 유지, 운영될 수 있다고 볼 수 있다.

AI 생성 이미지

대한민국은 음식물 쓰레기를 잘 분리해서 배출하고 재활용률도 높은 것으로 보고되는 나라이다. 하지만, 실제를 들여다보면, 배출된 음식물 쓰레기를 잘 처리하는 것 이전에 더 심각한 문제가 존재한다.

코펜하겐대학교의 '맷 홈우드' 기후 변화 연구원은 식품이 유통되는 과정에서 발생하는 음식물 쓰레기에 대해서 자세히 조사했다. 그 결과는 앞서 4장에서 다룬 것과 같이 우리가 실제 소비하는 음식물의 약 33%가 우리가 소비하기도 전에 유통하는 과정에서 폐기되는 것으로 나타났다. 우리가 대형마트 두 개를 운영한다는 것은 대형마트 하나에서 공급되는 만큼의 음식물 쓰레기를 배출한다는 것을 전제로 운영되고 있다고 대략적으로 가늠해 볼 수 있다. 우리가 언제나 원하는 식품을 구매할 수 있는 유통 체계를 갖추고 유지하는 것만으로 음식물 쓰레기의 대량 발생은 피할 수 없다. 이는 우리가 최소한 구매한 음식물만큼이라도 꼭 남김없이 소비해야 하는 이유가 된다.

관련 연구를 종합해보면, 음식물 쓰레기에서 발생하는 온실가스를 줄이는 유일한 방법은 인간이 음식물을 직접 섭취하여 남기지 않는 것이 최선이다. 음식물 쓰레기를 매립하면 엄청난 온실가스가 발생하며, 소각은 말할 것도 없다. 음식물 쓰레기에서 발생하는 가스를 자원화하여 연료로 재활용하는 방법이 있지만, 그러한 시설도 미미한 수준이다.

우리가 왜 지역 먹거리를 사용하고 직거래해야 하며 계획적인 소비가 필수적인지, 그리고 구매한 음식물을 남기지 않고 소중하게 먹어서 음식물 쓰레기를 줄여야 하는 이유는 식품 유통 체계와 사회의 구조적 문제, 그리고 자연환경과 기후 위기에 대한 영향 최소화 등 셀 수 없이 많다.

생각해 볼 문제

Great Pacific Garbage Patch(G.P.G.P.)

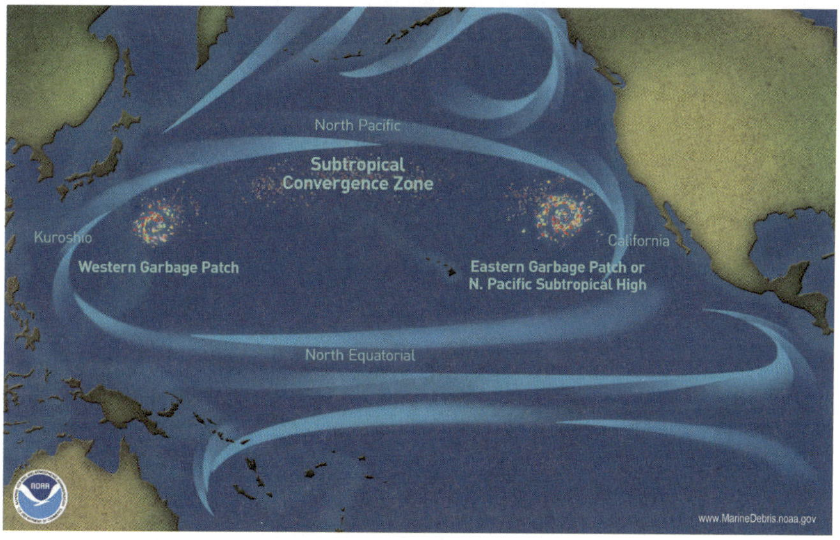

태평양에 위치한 쓰레기 섬

출처: NOAA

인류가 버린 쓰레기들은 육지에만 머물러 있지 않습니다. 사실은 바닷속에 더 많이 있을 것으로 보입니다. 그 하나의 증거가 위에 첨부된 지도입니다. 태평양에는 인류가 버린 플라스틱 쓰레기들이 모여서 만들어진 거대한 섬들이 있습니다. 2023년 기준 가장 커다란 쓰레기 섬인 GPGP의 크기는 약 160만 제곱킬로미터로, 한국 면적(약 10만 제곱킬로미터)의 약 16배 정도로 추정됩니다. 이렇게 어마어마한 쓰레기 섬을 인류가 만들어 냈다는 것보다 더 무서운 사실은 이 섬의 크기가 1990년대 초기의 발견 당시보다 2023년 기준으로 약 30년 사이에 16배 커졌다는 사실입니다. 그리고 다른 섬들은 이 GPGP만큼 거대하지는 않지만, 남태평양, 북대서양, 남대서양, 인도양 등에서도 생겨나고 있습니다. 이것들이 거대해지고 새롭게 만들어지는 속도, 이대로 괜찮을까요?

3) 보이지 않는 쓰레기의 배출

우리 눈에 보이는 물리적인 쓰레기를 배출하지 않더라도 눈에 보이지 않는 다양한 폐기물들이 발생하고 그에 따라 우리 건강과 환경에 커다란 피해를 주는 소비들이 있다. 대표적인 세 가지를 소개한다.

(1) 전기: 오염물질이 배출되지만, 우리에게는 잘 보이지 않는

가정에서는 알 수 없지만, 온실가스를 배출하며 생산되는 전기

AI 생성 이미지

전기를 사용하는 것은 나름의 안정감이 있다. 눈에 보이지도 않고 가스나 기름을 쓰는 것처럼 가정 내에 매연이나 유독물질을 남기지도 않기 때문이다. 예전에는 집집마다 주방에서 가스레인지를 사용했었다. 하지만 최근에는 대부분 인덕션 레인지나 전기 열선으로 조리할 수 있는 전력 기반의 가열 기구들을 사용한다. 전력을 사용하면 가스 누출로 인한 사고의 위험성도 낮고, 가스가 연소되면서 배출되는 유독 성분이 발생하지 않기 때문이다. 하지만, 정말 전기는 유독물질을 배출하는 것 없이 그 힘을 하얗게 사용하고 우주 속으로 사라지는 것인가 하면 그렇지가 않다.

우리는 아직도 화석연료를 사용하여 전력을 생산하는 비중이 높다. 2022년 기준 전 세계 전력 발전량의 약 35.4%를 석탄, 천연가스가 약 22.7%를 차지하고 있다. 여전히 우리는 탄소 발전 시대에 살고 있는 듯하다.

탈탄소 시대로 전환하기 위해 노력하고 있지만, 원자력 발전이라는 방식은 마치 초대형 가스레인지를 지역마다 설치해 놓은 듯한 불안감을 준다. 안전관리에 최선을 다해 건설했겠지만 원자력 발전 시설이 한번 문제를 일으키면, 그에 따르는 피해 수준은 전쟁을 방불케 하는 가공할 만한 것이기 때문이다. 2011년에 일어난 후쿠시마 원전 사고로 인한 피해 수습은 아직도 끝나지 않았으며 언제 끝날지도 모른다. 일본은 원전과 그 인근 영토를 물리적으로는 점유하고 있지만, 그 피해 정도와 소용 가치의 소멸은 가늠이 안 될 정도로 막대하다.

(2) 선크림(화장품): 안 보이는 자외선으로부터 우리를 보호하지만, 산호와 해양 생물들에게는 안 보이게 죽음을 가져다주는

우리에게는 혜택을 주지만, 그 부작용으로 환경에 피해를 끼치는 대표적인 소비재로 선크림(자외선 차단제)이 있는데, 자외선 차단제는 크게 무기물 자외선 차단제(Physical/Mineral Sunscreen, 줄여서 '무기자차')와 유기물 자외선 차단제(Chemical Sunscreen, 줄여서 '유기자차')로 나뉜다.

무기자차는 초기의 자외선 차단제로, 자외선을 물리적으로 차단하여 피부를 보호하는 원리로 기능한다. 하지만 백탁현상(얼굴이 과도하게 하얗게 됨)과 피부 위에 물리적 막을 형성하는 제형이 뻑뻑하여 바르기가 불편하고 바른 후에는 답답한 느낌이 든다.

이후, 무기자차의 단점을 보완한 유기자차가 개발되었다. 대표적으로 옥시벤존(Oxybenzone), 옥티노세이트(Octinoxate), 옥토크릴렌(Octocrylene) 등의 화합물이 자외선을 흡수하여 열에너지로 변환시킴으로써 자외선이 피부에 도달하는 것을 막아주는 원리로 기능한다. 이런 화학 성분들은 피부에 얇게 도포되고 잘 흡수되어 백탁현상도 적고 사용감도 좋다. 또한 화장 위에도 바를 수 있게 편의성도 개선된 것이다.

해양 생물들, 특히 산화의 백화를 일으키는 유기물 자외선 차단제

AI 생성 이미지

하지만 여기서 문제가 발생한다. 유기자차를 바르고 바다에 들어가면, 로션에 포함된 화학물질이 물에 씻겨 나오면서 그 유효성분(옥시벤존, 옥티노세이트 등)이 해수로 유출된다. 이렇게 바다로 나온 자외선 차단제 성분은 그대로 바다에 축적되고, 산호 및 해양 생물에 유독하게 작용한다.

연구에 따르면 옥시벤존과 같은 자외선 흡수제는 특히 산호에 치명적이다. 아주 미량이라도 산호에 악영향을 줄 수 있는데, 예를 들어 옥시벤존의 농도가 올림픽 정식 경기장 규모의 수영장에 0.1g 정도(머리핀으로 뜰 만큼의 양)만 섞여 있어도 해당 물에 노출된 산호는 심각한 손상을 입거나 폐사할 수 있다고 한다. '옥시벤존'은 산호 조직 내에 침투하여 산호의 DNA를 손상시키고, 공생조류의 활동을 방해하여 산호의 백화(하얗게 변색되어 죽는 현상)를 촉진하며, 어린 산호의 성장과 발달을 저해하거나 기형을 유발해 결국 성체로 자라지 못하고 죽게 만든다.

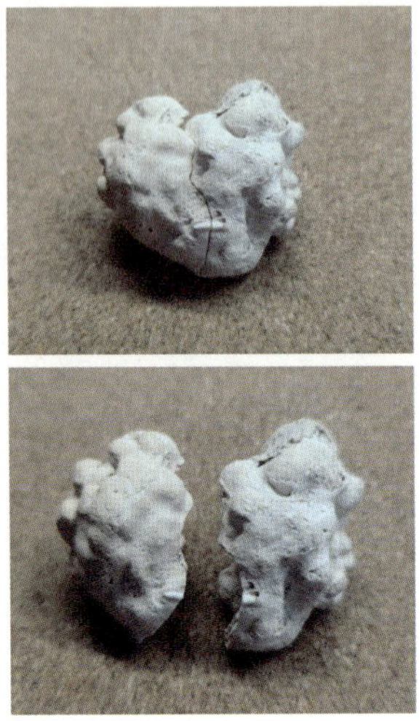

백화된 산호

그 결과 산호초의 재생산과 회복이 어렵게 되어 산호 군락 붕괴로 이어질 수 있고, 이러한 화학물질들은 어류의 성호르몬 체계를 교란시켜 번식력을 떨어뜨리기도 한다. 더 심각한 것은, 우리가 집에서 세수나 샤워를 통해 씻겨 내려간 화학물질이 하수처리 과정을 거쳐 최종적으로 바다로 유입되는 것만으로도 해양 오염에 영향을 끼칠 수 있다는 사실이다.

미국 하와이에서는 특정 해변에서 유기자차의 사용을 규제하는 정책을 시행하고 있으며, 하와이안 항공과 같은 항공사는 자사의 항공편을 통해 하와이를 찾는 관광객들에게 유해 화학물질이 없는 자외선 차단제를 나누어주고 관련 정보를 제공하는 노력을 하고 있다.

(3) 인터넷과 미디어, 그리고 AI 서비스 소비

인터넷과 미디어, 그리고 AI 서비스를 소비하는 것은 전력 소비와 직접 관련되지만, 개인과 각 가정에서 전기 사용량을 체감하기는 어렵다. 왜냐하면, SNS와 같은 다양한 인터넷 서비스, 여러 미디어 콘텐츠를 제공하는 미디어 스트리밍 서비스, 그리고 AI 서비스를 구축하고 제공하는 데 사용되는 전력의 비용을 전기세의 형태로 지불하고 있지 않기 때문이다.

특히, 재생 에너지 발전의 도입으로 전력 계통의 탄소 집약도가 낮아진 EU · 미국과 달리 석탄·가스 비중이 큰 한국·일본에서는 같은 온라인 행동이라도 배출량이 30%

이상 더 높았으며, 동영상을 10분 보는 것이 LLM 프롬프트 1회보다 3~5배 많은 이산화탄소(CO_2)를 배출했다.

① 인터넷을 통해 개별화된 콘텐츠 소비

인터넷 동영상 스트리밍(예: 넷플릭스, 유튜브)을 10분간 시청하면 전력을 얼마나 사용하고 탄소를 얼마나 배출할까? 연구에 따르면 2019~2020년 기준으로 1시간 동안 스트리밍할 때 약 0.12~0.24kWh(10분 0.02~0.04kWh)를 쓰는 셈인데, 이로 인한 탄소 배출량은 36~55g CO_2 수준으로 추정된다. 이를 10분으로 환산하면 약 6~9g CO_2를 배출하는 것인데, 국제에너지기구(IEA)는 2019년 한 시간 스트리밍의 탄소 발자국을 36g CO_2로 추정했으며, 넷플릭스 자체 평가로는 한 시간당 약 55g CO_2e(CO_2 환산량)로 발표했다.

일반적인 전력 소비량으로 보면, 이는 전기 주전자로 물을 몇 분간 끓이는 정도라 할 수 있는데, 오늘날 우리들은 유튜브와 넷플릭스를 일반 TV를 시청하는 만큼 각각자 소유한 스마트폰이나 태블릿, 노트북과 PC로 보고 있으므로 이런 미디어 소비의 총량을 단순히 전기 주전자로 물을 끓이는 것과 비교할 수는 없다. 집집이 전기포트를 몇 개씩 놓고 혹은 가지고 다니면서 몇 시간씩 물을 끓이지는 않기 때문이다.

물론 스트리밍 서비스에서 발생하는 전력 소비를 비율로 계산해 보면, 디바이스 소비 89%, 통신망 10%, 데이터센터가 1%로 구성된다. 하지만, 그 디바이스는 2007년 6월 29일 아이폰의 등장과 함께 지난 18년 동안 기하급수적으로 늘어났으며, 인터넷에 연결하는 사용자는 기업과 가정의 PC를 넘어 전 국민 5천만이 각자 소유하고 있는 태블릿과 스마트폰으로 급증한 만큼 결코 무시할 수 없는 상황이다.

더불어, 미디어 콘텐츠의 소비는 인터넷이 보급되기 전에는 한 방향으로 제공되는 콘텐츠를 선별하여 선택적으로 소비하는 형식이었지만, 오늘날의 구독제 콘텐츠 소비는 일정 기간 동안 콘텐츠를 무한정으로 소비할 수 있게 하는 형식으로 공급되고 있으므로, 여타 산업군의 생산품과 그 소비와 같이 대량생산 대량소비로 연결되어 지속적으로 그 절대량이 폭증하고 있다.

② 21세기에 출현한 혁신적 새 소비재: AI

우리가 본격적으로 소비하기 시작한 인공지능 서비스 특히 ChatGPT, 구글의 제미나이 같은 서비스들을 'AI LLM(Large Language Model, 거대 언어모델)'이라고 한다. 우리는 인공지능에게 질문하거나 요청을 전달하고 그에 대한 답변을 받는데, 그 단위를 '1질의(쿼리, Query)'라고 하고 그때마다 AI는 '토큰(Token, AI가 사용하는 데이터 단위)'과 전력을 사용한다.

일반적으로 LLM의 사용 에너지는 '모델 추론 연산(inference)'을 수행하는 데이터센터 GPU의 전력 소비가 핵심이다. 사용자 기기는 주로 텍스트 입출력만 처리하므로 에너지 영향이 미미하지만, 서버 측에서 대규모 연산을 수행하는 데 많은 전력이 필요한 것이다.

2025년 6월 OpenAI(ChatGPT 개발사)의 CEO, 샘 알트먼은 'ChatGPT의 평균 질의 한 번이 전자 오븐을 1초 정도 가동하는 정도의 전력'을 사용한다고 이야기했다. 이는 0.3~0.5Wh 정도를 의미하는데, 이는 AI 연구기관 'Epoch AI'의 분석 결과 약 0.3Wh의 전기 사용량과 거의 같다. 이는 과거에 '질의당 3Wh'으로 추정한 것에 비해 10배 낮은 값인데, 2023년 이후 모델과 하드웨어 효율이 개선되어 산출치를 바로잡은 결과라고 한다.

0.3Wh는 매우 적은 양으로, 노트북이나 LED 전구를 몇 분간 켜두는 수준의 전력 소비량으로 전력망에 따라 0.1~0.2g CO_2 정도의 탄소만 배출하는 것으로, 다시 말해 질문 하나는 1g도 안 되는 CO_2를 배출하는 것으로 추정하고 있다.

하지만, 이러한 대규모 LLM AI들은 지속적으로 훈련되어야 하며, 이러한 훈련과정에는 대규모의 데이터를 처리하기 위해 전기를 많이 소비한다. 또한, 그린피스의 2023년 11월 보고에 따르면, AI 질의 하나당 에너지 소비량은 인터넷 검색 엔진을 활용한 질의의 약 4~5배에 달한다고 한다. 일반적인 구글 검색은 질의 하나당 약 0.2g의 이산화탄소를 배출하는 것으로 알려져 있는데, ChatGPT와 같은 AI는 질의 한 번에 약 1g의 이산화탄소를 배출하는 것으로 추정한다. 이 수치는 OpenAI와 Epoch AI의 최신 발표와는 큰 차이가 있음을 알 수 있다.

무엇보다 중요한 것은 이런 AI 서비스는 LLM을 넘어 다양한 방식으로 개발되고 있고 지금은 기술이 개발되고 활용되는 초기 단계라는 점이다. 얼마 전에 우리나라에서 AI를 활용한 이미지 생성으로 자신의 사진을 예쁘게 만들어서 각종 SNS의 프로필로 사용하는 것이 유행하기도 했는데, 여기서 AI를 활용해 이미지를 만드는 것은 단순한 텍스트 기반의 응답보다 훨씬 더 많은 데이터와 전력을 소비하고, 탄소 배출량도 당연히 늘어난다.

그리고 이런 AI 서비스는 우리들이 사용하는 자동차와 같아서, 그 엔진과 서비스 이용 방식에 따라서 요구되는 전성비(자동차로 비유하자면, '연비')가 다르다. 고품질의 결과를 얻고 싶다면 정교하게 다듬은 질문을 여러 번 해야 하며, 그 답변 또한 더 많은 데이터들을 활용해야 심도 있는 결과물을 제공받을 수 있다. 이런 새로운 서비스 상품의 출현과 지속적인 개발, 그리고 이를 활용하는 새로운 시장이 개화하는 것은 개인적인 역량을 끌어올릴 수 있는 반가운 일이다. 하지만, 이에 따라 추가적으로 발생하는 전력 사용과 탄소 배출 또한 고민해 봐야 할 문제이다.

생각해 볼 문제

인간이 배출하는 탄소량을 측정한다는 것: 1.5도 사는 방법 한 달 살기

1.5도 사는 방법 한 달 살기, 함께 하실래요?

출처: 한계레 21, 1526호, 20024.08.19.

저는 지난 2024년『한겨레 21』과 녹색전환연구소가 공동으로 기획한 '탄소 일기' 쓰기 프로젝트에 참여한 적이 있습니다. 한국인 1인당 탄소 배출량은 2022년 기준 연평균 14.1t으로 전 세계 평균(6.7t)의 2배가 넘는다고 합니다. 하여, 우리 일상에서 어떤 활동이 탄소를 배출하는지 알아보고, 이런 활동들을 점검하고 개선, 보완할 방법은 없는지 찾아보았습니다.

녹색전환연구소에서 제공하는 일상생활 체크 리스트를 통해서 해당 활동들이 배출하는 탄소량을 기록하고, 일간 탄소 배출량을 합산하여 생활을 돌아보는 재미있는 기획이었습니다.

저를 포함한 전체 참가자들은 월간 탄소 배출량을 5.9t을 설정했지만, 6.9t으로 실패했고, 직접 이 프로그램을 기획하고 참여한 기자님 또한 '내가 전체 평균을 높였다.'라는 기사 내용처럼 탄소 배출을 줄이는 것은 쉽지 않았습니다.

여기서 중요한 포인트는 이 프로그램에 참여하는 동안은 어떻게든 절약하고 탄소 배출을 최소화하려고 모두가 노력했음에도 불구하고, 지구온난화를 멈추기 위한 목표치에 도달하는 것에 대부분 실패했다는 점입니다.

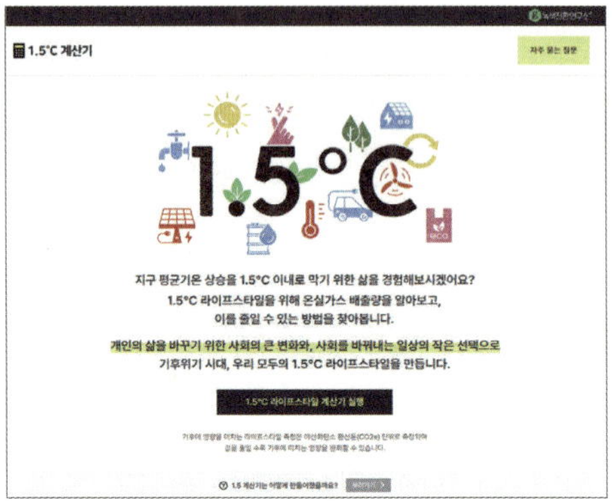

녹색전환연구소의 1.5도 라이프 계산기

저는 본 기획기사의 중간 회의와 마무리 행사에 참여하고 싶었습니다. 하지만, 제주도에서 비행기를 타고 한겨레 신문사에서 열리는 행사에 가기 위해서는 왕복 두 번의 비행기 탑승이 필요했고, 이 두 번의 비행기 탑승과 제가 매년 명절과 방학 때 서울과 경기도에 있는 어머님과 장인어른을 찾아뵙기 위한 비행기 이용으로 인한 탄소 배출만 종합해도, 전 세계인의 연간 평균 탄소 배출량을 한참 넘어서는 일이었기 때문에, 평소라면 그냥 갔겠지만, 본 행사의 취지에 어긋나는 것 같다는 생각에 직접 참석하지는 않았습니다.

저는 사실 탄소 배출량 기준으로만 계산해 보아도, 숨조차 쉬면 안 되는 삶의 방식을 가지고 있었습니다. 물론, 제가 이것 때문에 모든 사회생활을 그만두고 산속에 들어가 살 수는 없습니다. 하지만 이 프로그램을 통해 저의 일상과 삶을 돌아볼 수 있었고 이런 경험을 통해서 제가 변화하는 것을 넘어, 저의 주변과 기업, 그리고 정부와 세상에 변화를 만들어 달라는 요청을 하고 함께 그런 변화를 만들어 낼 수 있지 않을까 하는 생각을 해볼 수 있었습니다. 인간이 1907년부터 베이클라이트를 시작으로 값싸고 편리한 플라스틱 소재를 대량생산하기 시작했고, 녹색혁명을 통해 1950년대부터 농산물을 대량생산한 것은 100년이 훨씬 넘는 세월에 걸쳐 일어난 것인데, 그것을 한순간 뿅~ 하고 송두리째 바꿔버릴 수는 없을 것입니다. 하지만 뭔가를 시작해 보려고 하는데, "내가 해보니까 이렇더라고."라는 말을 건네고 제 생각과 경험을 나누어 나가다 보면, 지난 백 년과 같이 앞으로의 백 년도 금방 흘러가지 않을까 생각해 봅니다. 마지막으로 한겨레 21, 이재훈 기자님의 관련 기사 '10%, 49% 그리고 3.5%'의 본문 내용을 공유합니다.

> 사이토 고헤이의 저서 '지속 불가능 자본주의'에는 이런 대목이 나온다.
> "우리에게는 '3.5%'라는 수치가 있다. 무슨 수치인지 아는 사람이 있을까. 하버드대학의 정치학자 에리카 체노웨스의 연구진에 따르면 '3.5%'의 사람들이 비폭력적인 방법으로 들고일어나 진심으로 저항하면 반드시 사회에 큰 변화가 일어난다고 한다."
> 이번 실험이 큰 변화의 시작이 될 수 있으면 좋겠다.

4) 제로 웨이스트를 실현하는 활동: '제로 투 마이너스'를 만들어 내는 선구자들

지금까지 우리는 소비로 인해서 만들어지는 다양한 쓰레기, 폐기물과 이로 인한 여러 문제점을 알아보았다. 그럼 우리는 어떻게 해야 할까? 인류의 삶 자체가 쓰레기를 만들어 낸다는 것과 동의어처럼 느껴지기도 한다. 도대체 뭘 어떻게 해야 할지 막막하기까지 하다. 하지만 세상에는 이런 고민을 바탕으로 다양한 도전을 시도하여 당면 문제들을 해결하고자 하는 시민, 단체, 기업, 정부와 국제기구들이 존재한다. 구체적인 노력은 무엇이고, 어떻게 진행되고 있는지 사례를 통해 알아보자.

(1) 플라스틱 절감을 위한 활동: Refill(재충전) 캠페인

Refill 캠페인은 2015년 영국 브리스톨에서 환경운동가 '나탈리 피(Natalie Fee)'가 만든 'City to Sea(도시에서 바다까지)'라는 단체에 의해 시작되었다. 이 캠페인의 핵심 아이디어는 매우 단순했는데, 재사용할 수 있는 물병을 가져온 시민들이 캠페인에 협력하는 카페, 레스토랑, 상점 등에 가서 요청하면 생수를 무료로 제공받을 수 있도록 한 것이다.

나탈리 피는 2014년 '알바트로스 새'가 플라스틱 쓰레기를 먹고 죽은 영상을 본 후 플라스틱 오염 문제에 대해 고민하기 시작했다고 한다. 당시 해변 청소 활동에서 발견된 쓰레기의 절반 이상이 플라스틱 생수병이었으며, 특히 영국처럼 수돗물 품질이 우수한 국가에서도 이런 현상이 나타나는 것에 문제의식을 느꼈다고 한다.

알바트로스 새끼의 시체 안에 부모가 먹인 플라스틱 해양 쓰레기가 그대로 담겨있는 모습 (2009, 태평양 미드웨이 환초 국립 야생동물 보호구역)

출처: 위키 커먼스

새들이 바닷가의 그물과 플라스틱 잔해들을 모아 둥지를 만들고 있다. (2017, 네덜란드)

출처: 위키 커먼스

나탈리의 '리필 캠페인 운영 체계'는 단순하다.

1. 무료 모바일 앱
2. 창문 스티커 시스템
3. 지역 커뮤니티 동원

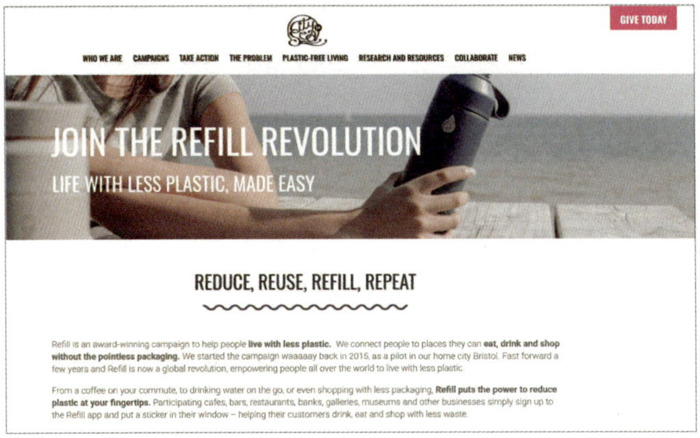

'City to Sea'의 리필 캠페인 소개 페이지

출처: 공식 홈페이지 https://www.citytosea.org.uk/campaign/refill/

이 캠페인이 훌륭한 이유는 이 캠페인에 참여하는 모두가 혜택을 받기 때문이다. 단체의 2023년 자체 발간 보고서에 따르면 시민들에게 혜택을 제공하는 참여 업체들에게도 다음과 같은 실질적인 영업상의 이익이 발생했다.

1. **고객 유입 증가**: 앱 사용자의 78%가 관련 상점의 재방문이나 'zero-waste 상점'을 찾게 됨
2. **추가 매출 창출**: Refill 캠페인 참여를 위해 방문하는 고객의 73%가 평균 £2-5(약 3,300~8,200원)의 상품을 구매하는 것으로 나타남
3. **브랜드 이미지 개선**: 78%의 소비자가 무료 급수 서비스를 제공하는 업체에 더 호감을 느낀다고 응답함

제3기관에서 평가한 결과는 아니지만, 우리는 무언가를 제공받으면, 어느 정도의 답례를 하려는 심리가 있다. 또한, 사회적 공헌을 하는 업체와 브랜드에 우호적인 감정을 갖기 쉬우며, 이는 캠페인에 참여하는 업체 차원에서도 훌륭한 마케팅 수단이 될

수 있다. 이용자는 비용을 절약하고, 플라스틱 쓰레기 배출은 줄이고, 참여 업체들은 자사를 홍보할 수 있는, 모두가 혜택을 보는 캠페인이다.

국내에서 리필 캠페인을 하고 있는 시민 단체들
위와 같은 스티커가 부착된 매장에서 다회용 컵을 가져가면 물을 제공받을 수 있다.
(좌) 남양주 옹달샘, (우) 제주 지구별 약수터

(2) 의류 및 섬유제품의 재활용 캠페인

폐섬유를 의류 수거함에 넣는 것은 어쨌든 자원 순환을 위한 제도에 참여한다는 의미가 있다. 의류는 최소한의 재사용 및 재활용 체계는 갖추고 있는 셈이다. 이 외에도 섬유제품들은 용도를 살짝 변경하여 재사용하는 경우가 늘어나고 있다. 폐플라스틱 재활용 원료를 사용해 옷과 가방과 같은 의류 제품들을 제조하는 업체들도 있다.

관광업, 특히 대형 호텔들이 많이 운영되고 있는 제주도에서 폐침구류를 수거해서 간단한 제조 과정을 거쳐 재사용하는 캠페인이 있는데, 지구별 약수터 & 키즈가 하는 활동이 그렇다. 호텔은 모텔과 달리 숙박업이라는 본연의 기능에 충실하기 위해 좋은 침대와 침구류를 소비자들에게 제공한다. 이런 과정에서 침구류가 낡기 시작하면, 특히 고급 호텔은 이를 새것으로 교체해야 하고, 작은 손상이나 변질만 생겨도 소비자에게 다시 제공하기 어렵다. 이렇게 버려지는 침구류는 품질이 좋을뿐더러 일부의 손상과 변질 부위를 제외하면, 여전히 원단은 좋기 때문에 이를 원료로 재사용하여 바지와 손수건을 만들고 있다.

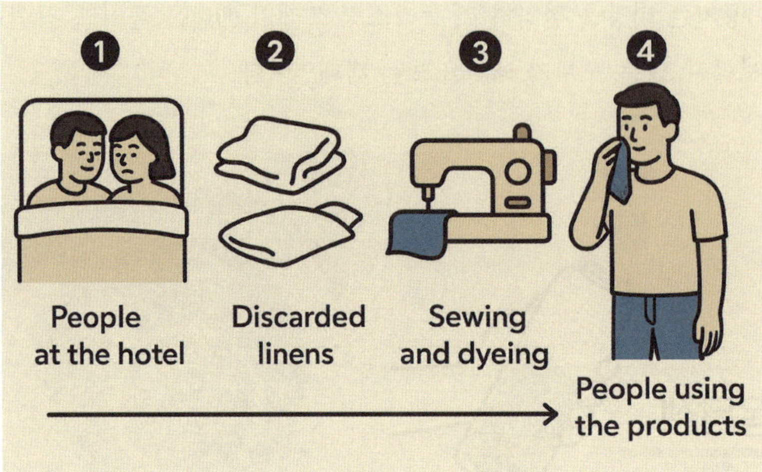

호텔 침구류를 재사용하여 바지와 손수건을 생산하는 단계

이 과정에서 중요한 핵심은 어린이들에게 물티슈나 휴지 같은 일회용품 사용을 대신하여 손수건을 활용하는 경험을 주는 것이고, 재사용할 수 있는 위생용품을 제조하고 활용하는 기회는 특히, 장기적인 관점에서 생활 방식의 변화가 있어야 하므로 재사용, 재활용된 제품으로 일회용품의 사용을 줄인다는 상징적인 의미, 그리고 교육적인 효과까지 기대할 수 있다.

간단한 재단 과정 후 손수건으로 만들어진 침구류를 캠페인 참여 어린이들이 염색한다.

직접 염색한 손수건을 완성한 모습

(3) 제로 웨이스트 샵: 알맹상점, 예쓰, 지구별가게

재사용할 수 있는 플라스틱 용기나 다회용기를 사용해서, 주방 세제, 비누, 샴푸와 같은 반복적인 제품 구매로 인하여 발생하는 쓰레기를 줄이고자 하는 상점, 가게를 제로 웨이스트 가게라고 한다. 이들은 한 번 사용하고 버리게 되는 다양한 제품들을 재사용이 가능한 형태로 기획하여 제조하고 판매함으로써 쓰레기 배출량 자체를 낮추고자 하는 목표가 있다.

아래 첨부한 재사용 가능한 나무 빨대와 같은 제품들이 있다. 빨대처럼 한 번 사용하면 재사용이 불가능한 제품을 개인이 반복 사용할 수 있는 재질로 만들어 판매하고 이런 제품의 유지, 관리에 필요한 도구와 재사용에 필요한 방법을 교육한다.

특히 빨대와 같은 제품은 어린이들에게 필요한데, 어릴 때부터 다회용품을 사용하고 소비하는 습관을 들이는 것은 매우 중요한 일이다. 어릴 때 형성된 소비 습관은 평생 동안 영향을 끼치기 때문이다.

제주시에 위치한 지구별가게에서 판매하는 다회용 빨대

출처: 저자 소장

서울시에는 마포와 서울역사에 '알맹상점'이라고 하는 제로 웨이스트 가게가 있다. 다회용기를 가져가서 내용물을 충전하면 사용할 수 있는 샴푸, 주방 및 세탁세제 등을 플라스틱 용기 없이 그 알맹이만 구매할 수 있다. 특히 알맹상점 인근의 리페어 카페, '수리상점 곰손'은 아이폰처럼 공식적인 수리가 어렵고 관리가 어려운 제품들을 스스로 고쳐 쓰는 방법을 알려주는 프로그램들을 제공한다. 망가진 우산을 고치는 법부터 스마트폰의 배터리를 직접 교체하여 오래도록 사용하는 법까지 다루는 주제들도 매우 다양하다.

이런 제로 웨이스트 가게의 출발은 1995년 '노 웨이스트(No Waste)'라는 개념이 환경운동가들 사이에서 등장한 것을 시작으로 2000년, 뉴질랜드에서 열린 첫 제로 웨이스트 콘퍼런스를 통해서 대중화되었다. '제로 웨이스트'라는 콘셉트로 운영을 시작한 매장은 2006년 언패키지드 런던(Unpackaged London, 런던, 영국)으로 알려져 있으며 포장재 없는 식료품으로 시작한 것이 2012년에는 다른 지역에 카페와 바를 열었고 고객들이 직접 다회용기를 가져와 제품을 사 가는 것으로 포장재와 같은 쓰레기 절감을 목표로 했다. 2014년에는 '언베어팩트 킬(Unverpackt Kiel, 킬, 독일)', '오리지널 언베어팩트(Original Unverpackt, 베를린, 독일)'라는 이름의 제로 웨이스트 가게가 문을 열고 식품을 넘어, 생활용품, 약품, 요구르트, 음료, 우유와 같은 액체 제품을 판매할 때 보증금을 받아 다회용기에 담아주고 다회용기를 반납하면 보증금을 돌려주는 형식으로 운영했다. 미국에서는 '프리사이클(Precycle, 브루클린, 뉴욕, 미국)'이라는 제로 웨이스트 가게가 대표적이며, 운영 방식은 위에 언급한 바와 큰 차이가 없으나, 대용량 벌크 상품, 농산물, 생활용품을 포장재 없이 판매함과 동시에 지역의 농민, 소상공인들과 협업하여 생산된 제품들을 판매하는 것을 특징으로 한다.

알맹상점에서 판매하는 재충전 제품들

출처: 저자 소장

대구 제로 웨이스트 가게 '예쓰'에서 진행하는 제로 웨이스트 행사

출처: 예쓰 갈무리

국내에도 이와 같은 철학과 목표를 가진 제로 웨이스트 가게가 대구의 '예쓰'를 포함하여 전국적으로 운영되고 있다. 쓰레기 감축과 환경 보호를 위한 경영활동을 하고 있으며, 지자체, 기업들과 함께 공동으로 캠페인 진행 및 교육 프로그램을 운영 중이다.

(4) 플로깅(Plogging)과 플로빙(Ploving), 그리고 환경단체들

소비를 어떻게 하느냐, 얼마만큼 소비를 하느냐, 어떻게 버리느냐에 대해서 그리고 이런 활동들을 잘 해내는 방법은 무엇인지 알아보았다. 하지만, 결국에는 어떤 식으로든 '우리가 살아간다는 것 = 쓰레기를 배출한다는 것' 이 공식에서 벗어날 수 없다. 결국 '제로'를 달성하는 것은 불가능하다는 이야기다.

하지만, '제로 투 마이너스'라는 표현이 있다. 긍정적으로 쓰이기도 하고 부정적으로 쓰이기도 하는데, 내가 사용하고 배출한 것을 상쇄하기 위해 꾸준히 노력하여 환경에 도움이 되는 활동을 해 나가는 것으로 내가 만들어 낸 오염만큼 혹은 그보다 더 큰 환경 활동을 해 나가는 노력이 필요하다는 개념이다. 그리고 이런 활동들을 꾸준히 주최하고 여러 사람과 함께하고 널리 알리는 단체들이 있는데, 대표적인 플로깅과 플로빙 그리고, 환경단체들을 소개하려고 한다.

① 플로깅

플로깅은 조깅을 하면서 쓰레기를 줍는 환경운동으로, 스웨덴어 '줍다'를 뜻하는 plocka upp과 영어 '조깅(jogging)'의 합성어에서 유래한 용어다. 스웨덴에서는 이 활동을 '플로가(plogga)'라고 부르는데, 이는 'plocka upp'과 '달리다'를 뜻하는 'jogga'를 결합한 것으로 조깅 중에 눈에 보이는 쓰레기를 주워 담는 행위를 가리킨다.

플로깅은 운동과 환경 보호를 결합한 새로운 형태의 참여로서, 건강 증진과 자연 정화의 두 가지를 동시에 하는 것인데, 이 캠페인은 2016년 스웨덴에서 에릭 알스트롬(Erik Ahlström)이 시작했다. 그는 출퇴근길에 쓰레기가 너무 많다는 생각이 들어 길거리의 쓰레기를 줍기 시작했는데, 이후 이 활동을 자신의 일상적인 달리기와 결합하여 꾸준히 실천했고, 곧 주변 사람들도 함께 달리며 쓰레기를 줍는 모임에 동참하게 된 것이 플로깅의 시작이다.

제주의 환경단체 '지구별 키즈'에서 해양 정화 활동으로 폐부표들을 수거한 모습

출처: 쓰줍인

한국에서는 2017년경부터 플로깅이 시작되었다. 우리는 '줍깅(줍다+조깅)' 혹은 '쓰줍(쓰레기+줍다)'이라는 표현으로 전국의 여러 사람들과 환경단체들이 이런 플로깅 활동을 하고 있으며, 관련된 환경단체들뿐만 아니라, 흡연자 연대가 환경단체와 함께 담배꽁초를 줍는다든지, 산악회나 트레킹 동호회들이 플로깅을 그들의 활동에 결합해 진행하기도 하며, 이런 시민 단체들의 관심과 활동에 따라서 등산 및 스포츠 관련 브랜드들과 관련 지방 정부에서도 이와 같은 활동을 지원하고 공동으로 진행하는 등의 활동들이 이어지고 있다.

쓰줍인(쓰레기를 줍는 사람들)이라는 환경단체는, 특히 단일 플라스틱 폐기물로는 발생량이 가장 많은 담배꽁초를 줍고 환경을 정화하는 활동을 정기적으로 진행하고 있으며, 흡연자 커뮤니티와 함께 환경정화 활동을 하는 등 홍보와 교육 프로그램을 진행하고 있다. 쓰줍인에서는 플로깅을 진행한 후, 플로깅으로 수거한 담배꽁초들을 별도로 구분하여 아래의 사진과 같이 숫자로 헤아려 정기적으로 기록하고 있다.

해양 쓰레기 및 담배꽁초 수거 활동을 정기적으로 하는 '정기 쓰줍' 활동 모습

하나의 일회용 컵에는 약 3~400개의 담배꽁초가 들어간다.

출처: 쓰줍인

② 플로빙

플로깅이 지상에서의 조깅+청소라면, 플로빙(ploving)은 바닷속에서의 다이빙+청소에 해당하는 개념이다. 이 단어는 플로깅의 어원 구조를 본뜬 신조어로 2020년대에 등장하였으며, 다이빙 동호인들 사이에서 스포츠를 즐기며 환경을 보호하는 새로운 트렌드로 인식되고 있다.

제주 '플로빙 코리아'의 활동가들과 수거된 해양 쓰레기들

출처: 플로빙 코리아, 저자 소장

바다에서 쓰레기를 줍는 다이버들의 노력은 이전부터 세계 곳곳에 존재했다. 'PADI'와 같은 스쿠버다이빙 단체는 2011년부터 'Dive Against Debris'와 같은 프로그램을 통해 국제적인 해양 캠페인을 벌여왔고, 프리다이빙 동호인들도 다이빙 중에 마주치는 쓰레기들을 주워 오는 관행이 있었다고 한다. 이후 심각성을 인식하고 환경정화 활동을 중심으로 하는 다이버들의 모임이 전 세계적으로 생겨났다.

바닷속을 다이빙하는 것은 필수적으로 동료와 함께해야 하는 '버디' 원칙이 있는데, 해저에서 활동하는 위험성을 완화하기 위한 원칙이다. 이러한 원칙으로 인해서 다이빙은 함께할 누군가가 항상 필요한데, 플로빙과 같이 다 함께하는 환경 활동은 동료들이 필요한 다이버들에게도 버디를 찾는 기회가 되어 그들의 다이빙 활동에도 도움이 되고 있으며, 국내에도 '플로빙 코리아', '디프다'와 같은 단체들이 이런 플로빙 활동을 정기적으로 하고 있다.

생각해 볼 문제

제로 웨이스트는 가능한 것인가?

제주도민일보

전체 뉴스 오피니언 기획·특집 도민광장

"플라스틱 오염 이제 그만"…제주서 열린 '특별한 장례식'

환경운동연합, 세계 환경의 날 맞아 플라스틱 오염 종식 퍼포먼스

제가 요즘 가장 고민하는 문제입니다. 인간이 살아간다는 건 반드시 세상의 자원을 사용한다는 뜻이고, 이는 무조건적으로 쓰레기를 배출합니다. 그야말로 웨이스트가 넘쳐나는 삶이죠. 이런 가운데, '조금이나마 환경에 도움이 될까?'라는 생각으로 플로깅이나 플로빙과 같은 환경 활동에 참여하고 있습니다. 하지만 그때마다 마음의 짐이 있는데요. 환경 활동을 하러 갈 때 제가 운전하는 제 자동차입니다. 제 자동차는 2016년에 우리 아들이 태어날 때 구매한 '디젤' 차량입니다.

구매할 당시에는 '클린 디젤'이라는 표현으로 연비가 좋고, 그만큼 화석연료인 기름을 아낄 수 있는 자동차 중에서 가장 작고 제 마음에 드는 것을 구매했습니다. 하지만 이후, 자동차 회사들이 배기가스를 측정하는 와중에만 탄소 배출이 적게 일어나도록 조작을 한 것이 세계적으로 드러나면서, '클린 디젤'이라는 말 자체가 사기라는 것이 밝혀집니다. 이제는 그 누구도 '클린 디젤'이라는 거짓을 믿지 않습니다.

하지만, '친환경적이지 않으니까, 이 차를 바꿔야 할까?'라는 생각으로 전기차를 사서, 잘 기능하는 제 차를 팔거나 폐차한다면, 그런 자동차를 생산하는 과정에서 발생하는 탄소 또한 적지 않을 것입니다. 하여 지금도 디젤차를 운행하고 있는데, 제주도에서 플로깅이나 플로빙을 한다는 것은 제 디젤차를 타고 최소 수십 킬로미터를 왕복한다는 뜻이 됩니다. 과연 제가 환경 활동을 한다는 명목으로 쓰레기를 조금 줍고, 디젤차로 수십 킬로미터를 운전하는 것이 환경에 도움이 될까.. 하는 딜레마에 빠지는 거죠.

출처: 플라스틱 장례식 공식 포스터를 재구성

매번 고민되는 상황입니다. '내가 살아있는 동안에는 무조건 쓰레기를 배출한다, 내가 디젤차를 운전하면 무조건 탄소를 배출한다. 그래서 아무것도 하지 말아야 할까?' 고민이 되지만, 그럼에도 불구하고 뭔가를 해야 한다는 결론을 내렸습니다.

대신, 제로는 어렵지만, 제로에 가까워지도록 하는 노력을 아무런 문제의식 없이 살아온 46년이라는 기간만큼 해보는 것으로 말입니다. 백세시대인 요즘, 제 죽음까지 남은 50여 년 동안 그리고 우리 아이들의 어린 시절부터 쭉~ 이런 활동을 해 나간다면, 마이너스까지는 아니어도, 제로에 가까워지지 않을까? 제 디젤차처럼 당장 폐차하기 어려운 삶을 조금이나마 배워보고, 배운 대로 실천하고 좌절도 해보면서 다시 시작하고 이렇게 해 나갈 수밖에 없지 않을까? 스스로 위로해 봅니다.

책을 마치며

2011년의 어느 날, 제가 엑스턴십을 하고 있는 캘리포니아 버클리 지역에 『오래된 미래(Ancient Future)』라는 책의 저자 '헬레나 호지'가 강연을 왔었습니다. 당시 하숙집 주인 아주머니 '제인'이 이런저런 재미있는 행사에 절 데리고 갔었는데, 그날도 그렇게 참석했지요.

"오래된 미래"의 저자 '헬레나 호지'

『오래된 미래』는 '라다크(Ladakh)'라는 인도령 카슈미르 지역에 1974년에 방문한 그녀의 경험으로 시작합니다. 처음에는 생태적으로 조화로운 방식으로 자급자족하며 살아가던 지역민들의 삶이 서구식 '발전'과 '진보'를 받아들이면서 시장 중심 경제로 전환되어 갑니다.

이에 따라서, 세대 갈등, 실업, 인플레이션, 환경 파괴, 전통 생활 방식의 위협이 일어나고, 엄청난 사회적, 환경적 비용을 초래하는 변화가 일어나는 현장을 16년에 걸쳐 경험한 기록입니다. 스웨덴의 언어학자이자 환경학자인 그녀는 아마 시장 중심 경제가 시작되기 전, 유럽의 모습을 1974년의 라다크에서 확인했던 것 같습니다. 그리고 그런 오래된 삶이 어떻게 붕괴하고, 그녀가 나고 자란 유럽처럼 변화했는지를 라다크의 변화를 통해 시간 여행자와 같은 시선으로 바라보고 가슴 아파하면서, 고민한 결과를 낸 작품이 『오래된 미래』입니다. 그런 저자의 이야기를 듣게 된다니 반갑고 설렜습니다.

그날의 강연주제 또한 자본주의 시장과 관련된 것이었는데, 강연 후 질의시간에 뜻밖의 질문을 들었습니다. 당시 한창 진행되고 있던 한미 FTA에 대한 것이었지요. 한 젊은 남성이 그녀에게 물었습니다. "왜 한국 사람들은 우리나라가 관세도 없이 싼값에 고기를 수출하는 것에 그렇게 격렬하게 반대하나요?"와 같은 질문이었죠. 저는 사실 그 질문을 들었을 때 매우 큰 충격을 받았습니다. '그 이유를 모른단 말이야?' 속으로 생각했죠. 그리고 그 자리에 유일한(아마도?) 한국인이었던 제가 손을 들고 일어나 대답했습니다. "우리는 아무리 싼 값에 고기를 주더라도, 30개월이 넘어서 도축된, 늙고 품질이 떨어지고, 병에 걸렸을 확률도 높은 소고기를 수입하고 싶지 않습니다. 사실 이건 미국인들도 직접 소비시장에서 거의 사 먹지 않는 쓰레기 수준의 고기이자 식품입니다. 우리는 쓰레기를 바라지 않습니다."라고 대답했습니다. 아마도 영어를 좀 더 잘했다면 완곡하고 친절하게 말할 수 있었을 텐데. 짧은 언어 실력 때문에 직설적인 단어와 표현을 사용했던 것 같습니다. 그 당시 질문자는 '한국이 미국산 고기를 관세 없이 받는 것은 '혜택'이 아닐까?'라는 단순한 생각을 했던 것 같습니다. 바로 이런 까닭에 종합적인 '푸드 리터러시(음식 이해력)'가 필요한 것이죠.

답변이 마음에 드셨는지,
사진도 한 컷 찍어주신 헬레나 여사님

미국에서는 2003년 광우병(소해면상뇌증, BSE, Bovine Spongiform Encephalopathy, 또는 프리온 질병, Prion Diseases라 불림)이 발생합니다. 이후 한국은 미국산 쇠고기 수입을 전면 중단했죠. BSE는 사람이 먹지 않는 소의 부산물을 조리, 건조하여 가루로 만든 후 가축의 사료로 사용하는데, 살아있는 소에게 죽은 소를 먹도록 함으로써 나타난 것으로 보고됩니다.

여기서 30개월이 중요한 기준이 되는 이유는 30개월 미만 소에서는 통계적으로 BSE 발병사례가 매우 드물기 때문에 최소한의 안정성을 확보할 수 있는 조치입니다. 지금, 2025년에도 미국은 소고기 월령에 따른 수입제한 완화를 다시 요구하고 있지만, 우리는 30개월령 미만의 소만 수입하고 있습니다. 그리고 저는 사실, 아직도 소의 사료에 소의 부산물이 조리되어 포함된다는 것을 아직도 납득하기가 어려운 '1인'입니다. 초식동물인 소가 그런 걸 먹으면 안 되는데….

아무튼 이날의 경험은 나름의 충격과 깨달음을 주었습니다. '세상의 모든 일들은 디테일이 중요하구나….' 하고 말이죠. 푸드 리터러시도 그렇습니다. 세심하게 조사해서 팩트를 이해해야, 현상을 파악하고 이해할 수 있습니다. 일부러 환경 강연을 들으러 오는 사람들은 평소에 이런 주제들에 대해서 비교적 잘 아는 편일 텐데도, 안건마다 다른 문제가 있을 수 있으니, 그것들을 모두 제대로 파악하는 것은 어려운 일일 것입니다. 그래서 저는 알면 알수록 무언가에 확고한 판단을 내리지 않고, 유보하는 습관, 그리고 자세히 알아보는 습관을 들이려 노력하고 있습니다. 세상은 너무 복잡하고, 나는 잘 이해했고, 잘 판단했고, 잘하고 있다고 믿었는데, 안 그랬던 적이 너무나 많았기 때문입니다.

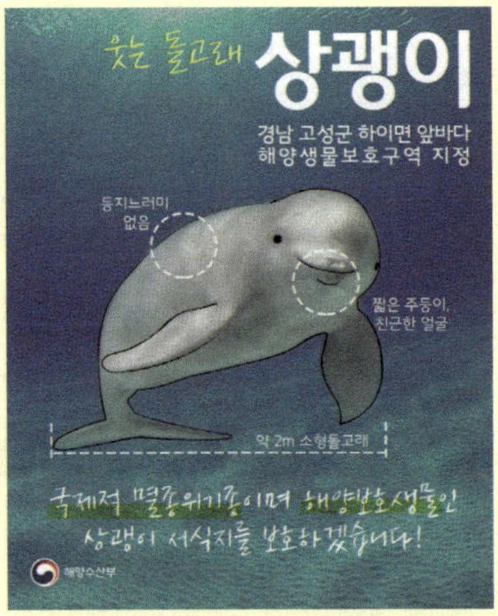

웃는 돌고래 상괭이 (해양수산부)

또 다른 예로, 개인 차원을 넘어서, 환경을 위한다지만 사실은 환경을 위하는지 의심이 되는 일도 있습니다. 제주도에는 상괭이라고 하는 돌고래가 있는데요. 멸종 위기종입니다. 이 상괭이가 제주도에 주로 서식하는 곳은 추자도라고 불리는 추자군도 일대입니다. 또한 많은 새들이 날아다니는 곳이기도 한데요. 이곳에 2.6GW급 풍력단지의 조성을 위한 절차가 한참 진행되고 있습니다.

요즘 탄소중립, 탈탄소를 위한 여러 노력이 있고, 대표적인 재생에너지, 풍력발전이 거론되고 있죠. 화석연료 발전을 벗어나려는 시도는 매우 긍정적이라고 생각하고 박수를 쳐주고 싶지만 여러 가지 문제점들이 지적되고 있는 것도 사실입니다. 제주도는 2025년 8월 1일, 1156.4MW(=1.15GW)의 '순간 최대 전력 수요량'을 기록했습니다. 지난 10년간 꾸준히 늘어왔습니다. 하지만 건설 예정인 풍력 발전 단지의 용량 2.6GW의 절반이 안 되는 수준이죠. 이런 인프라는 장기적인 안목으로 만들어야 할 테니, 그런 차원에서 탈탄소 사회를 위한 기존 발전방식 대체를 위해서, 그리고 장기적인 관점에서는 타당해 보일 수도 있습니다. 여기까지 긍정할 수 있는 이유들도 있죠.

이미 전기자동차가 제주도의 전체 차량 중 10%를 차지하고 있으며, 이런 상황에서 전력 수요량은 앞으로 더욱 늘어갈 것으로 예측되기 때문에, 안정적인 발전시설의 확충은 당연한 것으로 보이기도 합니다.

그러나, 여기서 가장 간과되고 있는 부분이 있는데요. 바로 추자도를 중심으로 살아왔던 수많은 생물에 대한 피해, 상호작용에 대한 조사가 충분히 이루어지지 못했다고 지적받고 있는 현실이 그렇습니다. 마치, '인간들이 전기를 많이 써야 해. 그래서 환경 친화적인 전력을 만들어야 하거든, 그러니까 너희 인간이 아닌 것들은 알아서 살거라.'라고 말하는 듯합니다.

상괭이는 수중소음에 민감한 쇠돌고래류인데요. 등지느러미도 없어 눈에 잘 띄지 않고 체구가 작기 때문인지, 천적에게 노출되지 않기 위함인지, 작고 부끄럼을 많이 타는 녀석으로 알려져 있습니다. '이렇게 전 세계에 얼마 남지 않은 소중한 상괭이가 제주도에서 우리 이웃으로 살고 있는데, 그 거대한 풍력 발전단지가 건설되더라도 제주도를 터 잡아서 건강하게 살아갈 수 있을까?' '우리가 친환경 전력 소비라는 목적을 이룸과 동시에 다른 생물들과도 평화롭게 공존할 수 있는 방법은 뭘까?'와 같은 질문과 이를 바탕으로 한 조사, 분석이 필요한 시점입니다. 하지만, 이런 연구와 객관적 자료의 공유, 그리고 소통이 매우 부족하다는 지적이 나오고 있는 것이 안타깝습니다.

이렇게 거대한 친환경 프로젝트가 또 다른 방식으로 환경을 파괴하고 있는 것은 아닐까? 우려되는 지점입니다. '친환경이라는 이름의 소비'가 '기후 위기'는 피하더라도, 상괭이와 같은 '우리 이웃의 위기'를 만들어내는 것은 아닐까?' '이렇게 만들어진 위기는 결국에는 다시 우리에게 다른 형태로 되돌아오지 않을까?' '역시 소비를 줄이는 것만이 유일한 답인가?'라는 섣부른 예측을 또 한 번 해봅니다.

마지막으로 저는 '정말 세상은 모두 이어져 있구나. 모든 건 돌고 돌아 다시 나에게 오겠구나.'라는 현실을 2025년 4월에 알래스카에서온 '이누이트족'과의 만남을 통해 깨닫게 되었습니다. 북극 가까이에 살고 있는 그들은 이미 기후위기로 인한 환경의 변화로 인하여 여러 가지 어려움을 겪고 있었습니다.

그리고, 이제 북극항로는 항해 가능 기간이 점점 늘어나고 있습니다. 2050년에는 약 6개월, 2070년에는 일년 내내 북극항로를 항해할 수 있을 것으로 예측하죠. 알래스카에서는 이미, 그들이 살던 고향이 녹아내리고 있는 것입니다. 그들은 지금까지 살던 방식을 더 이상 고수할 수 없을 것입니다. 기후위기 때문이죠. 사진 속의 여성분은 저희에게 이누이트족의 전통 노래를 들려주었습니다. 이런 전통을 이어 나가고자 하는 것이 작은 소망이라고 했던 것으로 기억하는데요. 이 노래는 전해질 수 있어도, 이분들은 더 이상 고향에서 이 노래를 부를 수 없는 날이 곧 다가올 것입니다. 고향이 녹아 없어질 테니까요. 하지만, 그들의 고향이 녹아내리게 한 것은 아마도 제가 사용한 에어컨의 전기를 생산하기 위해 사용된 화석연료가 연소하면서 전기를 만들고 공기 중에 버려진 탄소들의 탓도 적지 않을 거라는 생각을 해보았습니다. 사실이니까요. 그래도, 이분들도 우리도 환경은 변하더라도 뭔가 잘 알아보고, 하나라도 더 실천하면서 살아가야지 싶습니다. 우리가 많든 이 대변동은 지난 백 년 동안의 인류 활동을 주된 원인으로 보이는데, 백세시대를 사는 47세 중년 아저씨인 제가 53년 동안 뭔가 열심히 하면 나아질 것이라는 믿음이 있으니까요.

제가 읽으면서 깜짝 놀란 책이 있습니다. 백희나 작가님의『달샤베트』라는 동화책인데요. 아마도 이분은 천재가 아닌가 싶습니다. 제가 이렇게 수백 페이지에 걸쳐서 다양한 자료를 조사하고, 이래저래 고민하면서 다다른 결론을 단 36장의 그림과 시적인 문장들로 완벽하게 이야기해 줍니다.

달샤베트 표지

한여름 밤 동네 사람들이 모두 에어컨을 켜자. 거기서 뿜어져 나온 열기가 달님을 녹여 버리고 세상이 어두워지는데요. 녹아내리던 달님을 잘 받아둔 한 아주머니가 달님을 화분에 잘 가꾸어 심었더니, 달님이 꽃을 피워, 하늘로 다시 떠올라 세상을 밝혀준다는 줄거리입니다. 내가 이 세상 모든 것들, 심지어 하늘 넘어 우주에 떠 있는 달님과도 연결되어 있음을 이야기하고 다시 우리가 잘 가꾸고 노력하니 밝은 달님이 피어나 우리를 다시 밝혀주는 이야기는 '동화'가 아니라 '현실' 아닌가? 라는 생각마저 듭니다.

우리가 모두 연결되어 있다는 걸 잊고 살기 쉽지요. 하지만, 일부러 한 번씩 그 사실을 돌아보고, '그래서 오늘 나는 뭘 할까?'를 한 번쯤 더 생각해 볼 수 있는 기회가 본서를 통해서 한 번만 더 생겨나도, 참으로 저는 기쁠 것 같습니다.

2023년 2월에 한 신문에 기고했던 글을 끝으로 마칩니다.

감사합니다.

우리 다시 만나자, 기쁘게

결혼하고 이~삼 년이 지났을 때였나? 와이프랑 침대에 누워서, 자기 전에 듣는 영미문학관 팟캐스트를 틀고 잠들 준비를 하고 나서 말했다. '연희야, 그냥 이렇게 요 상태로 죽어도 될 거 같아. 그냥 잠들고 안 일어나도 괜찮을 거 같아.' 처는 그냥 웃기는 소리 하지 말라는 듯 넘겼고, 잠들었다.

특별한 날도 아니었고, 무언가를 성취한 것도 아니고, 그냥 그런 날들 가운데, 그냥 오늘 접어도 괜찮다는 생각, 감정이 드는 날들이 있었다. 천주교 신자지만, 그렇게 독실하지는 않아, '겨우 신과 영혼의 존재를 믿는 정도'라서인가? 그래도 나는, 죽음이 그렇게 큰 의미가 있다고 생각되지 않았었다.

죽음은 벽이 아니라 문이니까.

하지만, 이후의 내 삶은 조금 달라졌는데, '나'라는 사람의 삶이 진행됨에 따라 자연스럽게 그리되었다. 특히 '아들'이라는 정의가 변하면서 그렇다. 내게 '아들' 하면 떠오르는 이미지는 '나 자신'이었는데, 언제부터인가 '아들' 하면 내 여덟 살, 네 살 된 아들 둘이 먼저 생각나게 되었다. '아들'이란 의미의 변화는 변화대로 납득할 만 하지만, 변치 않기를 바라건만 변해가는 의미들도 있는데, 지금 내게 '아버지'란 의미가 특히 그렇다.

일곱 살 때쯤이었을까? 친구들과 놀고 있었는데 갑자기 등에서 큰 고통이 느껴졌다. 소리를 악! 내지를 정도로 깜짝 놀라 다 팽개치고 집으로 펄쩍 뛰어 들어갔다. "아빠 등이 너무 아파!" 고통은 등의 어디랄 것 없이 침으로 콱콱 찔러대듯 여기저기 이어졌는데 눈물이 펑펑 나올 지경이었다. 황급히 내 윗도리를 벗긴 아버지는 이내 재미있다는 미소를 지으며 말씀하셨다. "개미야, 개미. 개미가 물면 진짜 아파~ 하하하" 처음에는 '아니, 이게 재미있는 일인가?'라는 생각이 들었지만, 잠시 후엔 '큰일은 아닌가 보다…'라며 되려 안심이 됐다. 아버지는 집에 있는 '소주'를 손가락에 찍어 아픈 곳에 살살 발라주셨는데, 두 손가락이 상처 위를 뱅글뱅글 문지르자 고통이 사라졌다. 또 어찌나 시원해지던지 오히려 좋은 기억이 됐다.

나에게 '아버지'는 이런 의미였다. 뭔가 너무 무섭고 놀라운 일도, 하하~ 웃어넘길 수 있을 만큼, 크고 큰 고통도 살살 문지르면 시원하게 없앨 수 있는 대단한 것.

하지만 지금의 내게 '아버지'는 파킨슨병에 시들어가는 강인 함이자, 요양원의 도움 없이는 하루도 이어질 수 없는 노약함이다.

꽃이 한번 피어나면 시들어감이 당연하기에 이런 변화는 슬퍼하기보단 받아들여야 하는 삶의 단편이고 이제는 나를 '아버님'이라고 부르는 '순간'을 마주할 때마다, 나도 내 아버지와 같이 늙어감을 되뇌면서 절대적인 것은 없음을 알고 오만하지 못하게 나를 돌아보게 해주는, 변해버린 의미, '아버지'.

내 아버지와 내 아들 둘

이처럼 모든 것은 변한다. '변하지 않는 것은 없다'라는 사실만 제외하고 말이다. 끝없는 변화 속에서 늘 같은 것, 그래서 편안하고 특별한 것이 '자연' 같다. '나'는 삶의 변화에 따라 울고, 웃고, 태어났으며 죽을 것이고, 이처럼 나를 중심으로 한 인간사는 변해가지만, 이를 둘러싸고 나를 바라보는 '자연'은 예나 지금이나 한결같을 것이다.

인간, 그리고 나의 죽음은 그렇게 큰 의미가 없다고 생각한다. 죽음은 벽이 아니라 문이니까. 단지, 삶이 진행됨에 따라, 우리 아들 둘이 세상에 나서기 전까지 준비시켜줄 시간이 조금 더 있으면 좋겠다는 생각이 더해졌고, 그래도 우리 부모님 두 분이 돌아가시기 전까지는, '자식의 죽음'이라는, 두 분이 겪지 않아도 될 슬픔을 더해 드리고 싶지 않을 뿐이다. 그냥, 문을 열고 나가기 전에, 문 앞을 좀 잘 정리해 놓고 싶다는 그런 느낌?

그리고 마지막으로, 최근에 한 가지가 추가됐는데, 변치 않으므로 특별한 자연도 그 변치 않음을 위한 지속적인 노력이 필요하다는 것을 알게 되었다. 이는 '인간이 자연을 너무 많이 낭비하고 괴롭혀서'라는 것도 깨달았다.

내 아들 둘은 2016년생, 2020년생인데, 얘네 둘이 백 살 정도는 살 수 있게, '그래도 2120년까지는 지구가 온전하도록 노력을 좀 하다가 가자'라는 결심을 하나 더했다. 우리 아들 둘이 '아빠가 엉망 쳐서 더 살고 싶은데 그러지 못했다'라며, 문 열고 나와 나한테 따져 물으면 미안할 것 같다. 그리고, "앞으로 백 년? 그럼 내 애들, 아빠 손주들은요?"라고 그 둘이 내게 따져 물으면, "야 그건 너희가 또 해봐. 나는 너희 살 만큼 내 뒷정리하는 것도 힘들었어.'라는 답변 정도는 좀 여유 있게 하고 싶다.

언젠가, 문 열고 나와서 우리 모두 다시 만나도, 서로 기쁘게 맞이할 수 있도록.

참고문헌

1장 축산업

1. Seung-Woo Kim, Gyung-Hee Cha. (2015). Study on Dietary Usage and Prohibition on Beef in Joseon Dynasty. Journal of The Korean Society of Food Culture, 30(1), 64-76.
2. Kim, Youme (2022). Practice of Eating Meat in Choseon Korea. Literature and Environment, 21(3), 33-65.
3. 축산물품질평가원. (n.d.). 축산 통계.
4. 대한민국 법제처. (n.d.). 가축 및 축산물 이력관리에 관한 법률. 국가법령정보센터.
5. 축산물 이력제 종합 포털. (n.d.). 축산물 이력제 통계.
6. 한국농촌경제연구원 축산관측팀. (2023). 2023년 축산관측 11월호. 한국농촌경제연구원.
7. 한국농촌경제연구원. (2025). 2025 농업전망: 제4장 5절.
8. 한국농촌경제연구원. (2022). 제18장 가금류 수급 동향 및 전망. 『2022 농업전망 II』. 한국농촌경제연구원.
9. 송인주. (2018). 한국 산업축산의 발전과정. 환경사회학연구 ECO, 22(2), 225-266.
10. 통계청. (2023). 하루 세끼, 우리는 쌀을 어떻게 소비할까? 통계청.
11. Woods, A. (2012). Rethinking the History of Modern Agriculture: British Pig Production, c.1910-65. Twentieth Century British History, 23(2), 165-191.
12. U.S. Chicken Industry History,
13. 식품산업통계정보 FIS(Food Information Statistics), 2023 농림축산식품 주요통계,
14. Haley, M. M. (2001). Changing consumer demand for meat: The U.S example, 1970-2000. In A. Regmi (Ed.), Changing structure of global food consumption and trade (WRS-01-1). U.S. Department of Agriculture, Economic Research Service.
15. Whitton, C., Bogueva, D., et al. (2021). Are we approaching peak meat consumption? Analysis of meat consumption from 2000 to 2019 in 35 countries and its relationship to gross domestic product. Animals, 11(12), 3466.
16. Hannah Ritchie, (2024). How many animals are factory farmed?, Our World in Data, 2024.11.
17. Poore, J., & Nemecek, T. (2019). "Reducing food's environmental impacts through producers and consumers". Science, 363(6428), eaaw9908.
18. Center for Sustainable Systems, University of Michigan. (2024). "Carbon Footprint Factsheet". Pub. No. CSS09-05.
19. Hannah Ritchie and Max Roser. (2019). "Half of the world's habitable land is used for agriculture". OurWorldinData.org.
20. U.S. Environmental Protection Agency. (2024, April 25). Understanding global warming potentials.
21. Intergovernmental Panel on Climate Change. (2021). Climate Change 2021: The Physical Science Basis.
22. 대통령직속 2050 탄소중립녹색성장위원회. (2025). 탄소중립녹색성장 기본계획(2025~2034).
23. Ritchie, H., Rosado, P., & Roser, M. (2023). CO_2 and greenhouse gas emissions. Our World in Data.

24. Ritchie, H., & Roser, M. (2020). Environmental impacts of food. Our World in Data.
25. Ritchie, H., & Roser, M. (2024). Global land use for agriculture. Our World in Data.
26. Jonathan Anomaly, What's Wrong With Factory Farming?, Public Health Ethics, Volume 8, Issue 3, November 2015, Pages 246-254,
27. 농림축산검역본부. (n.d.). 법정가축전염병 발생현황. 국가가축방역통합시스템.
28. 한국농촌경제연구원. (2015). 2014-2015 구제역 발생원인 분석 및 방역체계 개선 방안 연구.
29. 우병준. (2019). 축산업의 사회적 책임 이행 실태와 정책과제. 한국농촌경제연구원.
30. Mehta, N. (2011). Mind-body dualism: A critique from a health perspective. Mens Sana Monographs, 9(1), 202-209.
31. Harrison, P. (1992). Descartes on animals. The Philosophical Quarterly, 42(167), 219-227.
32. Franco, N. H. (2013). Animal experiments in biomedical research: A historical perspective. Animals, 3(1), 238-273.
33. 김태훈. (2017). OECD의 가축질병에 대한 경제학적 접근 동향 [OECD's economic approach to livestock diseases]. 한국농촌경제연구원.
34. Harrison, R. (2013). Animal Machines: The New Factory Farming Industry. CABI.
35. Sandøe, P., Hansen, H. O., & Forkman, B. (2020). From legislation to labelling: Challenges in achieving higher welfare standards for broiler chickens in the EU. University of Copenhagen.
36. Mellor, D. J., Beausoleil, N. J., et al. (2020). The 2020 Five Domains Model: Including human-animal interactions in assessments of animal welfare. Animals, 10(10), 1870.
37. 정효선, 이수연, 여상구. (2024). 2022-2023절기 조류인플루엔자 인체감염증 대응 결과 보고 [Preventive responses to avian influenza human infection in the Republic of Korea, 2022-2023]. Public Health Weekly Report, 17(16), 666-672.
38. 한국농촌경제연구원. (2024). 농업전망 2024 [Agriculture outlook 2024].
39. Food and Agriculture Organization of the United Nations. (2023). FAO statistical yearbook 2023.
40. 서울대학교 사회발전연구소. (2017). 가축매몰(살처분) 참여자 트라우마 현황 실태조사(연구용역보고서 11-1620000-000685-01). 국가인권위원회
41. Mort, M., Convery, I., Baxter, J., & Bailey, C. (2005). Psychosocial effects of the 2001 UK foot and mouth disease epidemic in a rural population: Qualitative diary based study. BMJ, 331(7527), 1234.
42. Purc-Stephenson, R. J., Hood, D. K., & Doctor, J. M. (2025). "With every big outbreak, we lose staff": The mental health impacts of depopulation on veterinarians. The Canadian Veterinary Journal, 66(2), 184-192.
43. 국가인권위원회. (2019.1.4.). 가축 살처분 참여자 76% 외상 후 스트레스 장애 우려. 국가인권위원회.
44. 농림축산식품부. (2020.2.25.). 살처분 참여자 4명중 3명은 트라우마, 심리치료 절실, 연합뉴스(3. 4.) 보도 관련 설명자료. 농림축산식품부.
45. Bakke, H. J., Perez, A. D., et al. (2025). Mental health impacts of African swine fever outbreaks on veterinarians in the Philippines. Frontiers in Veterinary Science, 12, Article 1519270.
46. World Health Organization. (2015, October). Q&A on the carcinogenicity of the consumption of red meat and processed meat.
47. Harvard T.H. Chan School of Public Health. (2015, November 3). Report says eating processed meat is carcinogenic: Understanding the findings. The Nutrition Source.
48. Purc-Stephenson, R. J., Hood, D. K., & Doctor, J. M. (2025). "With every big outbreak, we lose staff": The mental health impacts of depopulation on veterinarians. The Canadian Veterinary Journal, 66(2), 184-192.
49. University of Oxford. (2021, July 21). Red and processed meat linked to increased risk of heart disease, Oxford study shows.

50. Harvard T.H. Chan School of Public Health. (2023, October 19). Red meat consumption associated with increased type 2 diabetes risk.

51. Willett, W., Rockström, et al. (2019). Food in the Anthropocene: The EAT-Lancet Commission on healthy diets from sustainable food systems. The Lancet, 393(10170), 447-492.

52. Lee, M. J., et al. (2022). A traditional Korean balanced diet has a greater impact on the gut microbiota of the Prevotella-enterotype than the Bacteroides-enterotype in a 4-week randomized clinical study. Frontiers in Nutrition, 9, 861880.

53. Kim, J., et al. (2022). Inverse association of a traditional Korean diet composed of a multigrain rice-containing meal with fruits and nuts with metabolic syndrome risk: The KoGES. Frontiers in Nutrition, 9, 1051637.

54. 한국농촌경제연구원. (2017). 제2차 식생활교육 기본계획(2015~2019) 성과평가 및 제3차 기본계획 수립방안 연구.

55. 농촌진흥청. (2016). 아침밥 먹으면 왜 좋을까?.

56. Intergovernmental Panel on Climate Change. (2019). Climate change and land: An IPCC special report on climate change, desertification, land degradation, sustainable land management, food security, and greenhouse gas fluxes in terrestrial ecosystems(P. R. Shukla, J. Skea, E. Calvo Buendia, et al. Eds.).

57. 한국소비자원. (2022. 2. 3.). 『친환경 표시·광고 실태조사 결과』 [보도자료].

58. JSDF disaster relief operations for Avian influenza 01 [Image]. (2007). Wikimedia Commons.

2장 수산업

1. Organisation for Economic Co-operation and Development. (2022). Glossary: Fisheries sector. OECD.

2. 국립국어원. (2023). 표준국어대사전.

3. Food and Agriculture Organization of the United Nations. (2022, June 29). Record fisheries and aquaculture production makes critical contribution to global food security. FAO Newsroom.

4. Food and Agriculture Organization of the United Nations. (n.d.). Fish salting 101: What you need to know. FAO.

5. Food and Agriculture Organization of the United Nations. (2020). The state of world fisheries and aquaculture 2020: Sustainability in action. FAO.

6. 국립민속박물관. (n.d.). 명태. 한국민속대백과사전.

7. 한국학중앙연구원. (n.d.). 명태. 한국민족문화대백과사전.

8. Seoul Museum of History. (n.d.). 명태 관련 자료 검색 결과. 서울우리소리박물관 아카이브.

9. Marzano, A. (2018). Fish and fishing in the Roman world. Journal of Maritime Archaeology, 13(3), 437-447.

10. Hassoun, A., Siddiqui, S. A., et al. (2022). Seafood Processing, Preservation, and Analytical Techniques in the Age of Industry 4.0. Applied Sciences, 12(3), 1703.

11. Grainger, S. (2018). Garum and Liquamen, what's in a name? Journal of Maritime Archaeology, 13(3), 247-261.

12. Badola, R. (2018, March 5). The history of canning-timeline. Scientific India.

13. Moreira, M. C., Cordeiro, J. M. L., & Cerdeira, J. (2024). Strategies for Portuguese Canned Sardines in the U.S. Market between the Great Wars. Ler História, (85).

14. United States Department of the Interior, Fish and Wildlife Service. (1944, May). The canning of

fish and shellfish (Fishery Leaflet 78). National Oceanic and Atmospheric Administration.

15. National Agricultural Library. (n.d.). How did we can?: The evolution of food preservation. U.S. Department of Agriculture. Retrieved June 12, 2025.
16. National Agricultural Library. (n.d.). Timeline. U.S. Department of Agriculture. Retrieved June 12, 2025.
17. Dunlop, D. R. (1928). The life and work of Louis Pasteur. Canadian Medical Association Journal, 18(3), 297-303.
18. United States Department of Agriculture, National Agricultural Library. (n.d.). [Photograph of canned goods display].
19. U.S. Department of Agriculture, National Agricultural Library. (n.d.). Spoilage. In Preserving Victory: Canning in Wartime.
20. 국립수산진흥원. (1968). (어민을 위한) 수산기술지도. 부경대학교 한국해양수산 아카이브.
21. Dawson, P., Al-Jeddawi, W., & Remington, N. (2018). Effect of freezing on the shelf life of salmon. International Journal of Food Science, 2018, Article 1686121.
22. Rabiepour, A., Zahmatkesh, F., & Babakhani, A. (2024). Preservation techniques to increase the shelf life of seafood products: An overview. Journal of Food Engineering and Technology, 13(1), 1-24.
23. Library of Congress. (n.d.). Who invented frozen food? Everyday mysteries: Food and nutrition.
24. Brousseau, M. (2022). Birdseye's frosted possession: Processing, storing, and transmitting the gift of Inuit thermocultural knowledge. Journal of Transnational American Studies, 13(1).
25. Bennett, A., Funge-Smith, S., et al. (2021). Recognize fish as food in policy discourse and development funding. Ambio, 50(12), 2456-2474.
26. Ali, A., Wei, S., Ali, A., et al. (2022). Research Progress on Nutritional Value, Preservation and Processing of Fish—A Review. Foods, 11(22), 3669.
27. Engle, C. R., & Leung, P. (2022). A tribute to Professor Clem Tisdell (1939 to 2022), founding coeditor of Aquaculture Economics & Management and member of the organizing team of the International Association of Aquaculture Economics & Management. Aquaculture Economics & Management, 26(3), 251-252.
28. Ritchie, H., & Roser, M. (2019). Fish and overfishing. Our World in Data.
29. Pacoureau, N., Rigby, C. L., et al. (2021). Half a century of global decline in oceanic sharks and rays. Nature, 589(7843), 567-571.
30. Gilman, E., Perez Roda, A., Huntington, T., Kennelly, S. J., Suuronen, P., Chaloupka, M., Medley, P., & Kite, B. (2020). Benchmarking global fisheries discards. Scientific Reports, 10, 14017.
31. FAO. 2022.The State of World Fisheries and Aquaculture 2022. Towards Blue Transformation. Rome, FAO.
32. Ritchie, H., & Roser, M. (2024, March). Fish and overfishing. Our World in Data.
33. Atwood, T. B., Romanou, A., et al. (2024). Atmospheric CO_2 emissions and ocean acidification from bottom-trawling. Frontiers in Marine Science, 11, 1125137.
34. Longo, S. B., & York, R. (2024). Why aquaculture may not conserve wild fish. Science Advances, 10(42), eado3269.
35. Naylor, R. L., Hardy, R. W., et al. (2021). A 20-year retrospective review of global aquaculture. Nature, 591(7851), 551-563.
36. Frontiers in Sustainable Food Systems. (2024). Plant-based proteins as sustainable fishmeal alternatives. Frontiers.
37. Santillan, E., Yasumaru, F., et al. (2024). Microbial community-based protein from soybean-processing wastewater as a sustainable alternative fish feed ingredient. Sci Rep 14, 2620.
38. Aquaculture Stewardship Council. (2024). Impact evaluation summary of ASC-certified farms.

ASC.
39. NOAA Fisheries. (2010). Integrated multi-trophic aquaculture (IMTA). NOAA.
40. Hamilton, S. L., Elliott, M. S., et al. (2022). Integrated multi-trophic aquaculture mitigates the effects of ocean acidification: Seaweeds raise system pH and improve growth of juvenile abalone. Aquaculture, 560, 738571.
41. Food and Agriculture Organization of the United Nations. (2020). The state of world fisheries and aquaculture 2020: Sustainability in action.
42. Aquaculture Stewardship Council. (n.d.). Human rights in aquaculture. Retrieved May 23, 2025.
43. National Oceanic and Atmospheric Administration. (n.d.). Bycatch reduction device pictures. NOAA Fisheries. Retrieved June 17, 2025.
44. U.S. National Oceanic and Atmospheric Administration. (2023). Hurricane striking the coast [Image]. Wikimedia Commons.
45. United Nations. (1982). United Nations Convention on the Law of the Sea.
46. 한국해양수산개발원. (2018.1.31.). 국내에도 도입되기 시작한 MSC 인증에 대한 비판 대두. 해양환경·기후연구실.
47. European Commission. (2024, May 14). Regional Fisheries Management Organisations (RFMOs).
48. ASC Korea. (n.d.). 수산양식관리협의회 한국 홈페이지 [Aquaculture Stewardship Council Korea homepage].
49. 박원석 (2023). '쿤밍-몬트리올 글로벌 생물다양성 프레임워크'의 탄생과 의의. 일감법학, 56, 269-304.
50. Maizland, L., & Fong, C. (2025, January 21). Global climate agreements: Successes and failures. Council on Foreign Relations.
51. 법제처. (2024.5.13.). 친환경수산물 인증 등. 찾기 쉬운 생활법령정보.
52. Eurogroup for Animals. (2016, October). Fish welfare: A briefing.
53. Key, B. (2016). Why fish do not feel pain. Animal Sentience: An Interdisciplinary Journal on Animal Feeling, 1(3), Article 1.
54. Hart, P. J. B. (2023). Exploring the limits to our understanding of whether fish feel pain. Journal of Fish Biology, 102(3), 503-514.
55. Sneddon, L. U. (2019). Evolution of pain in fish: The debate and its conceptual and scientific resolution. Philosophical Transactions of the Royal Society B: Biological Sciences, 374(1785), Article 20190290.
56. EFSA Panel on Animal Health and Welfare (AHAW). (2009). General approach to fish welfare and to the concept of sentience in fish. EFSA Journal, 7(7), 1152.
57. Larsen, I. L. (2021, September 7). New slaughterhouse investigation reveals critical lapse in federal law. Sentient Media.
58. World Organisation for Animal Health. (n.d.). Codes and manuals. Retrieved May 23, 2025.
59. EFSA Panel on Animal Health and Welfare (AHAW). (2004). Opinion of the Scientific Panel on Animal Health and Welfare (AHAW) on a request from the Commission related to welfare aspects of the main systems of stunning and killing the main commercial species of animals. EFSA Journal, 2(4), Article 45.
60. Brown, C. (2020). Applying a precautionary approach to the use of fish in research. Animal Health Research Reviews, 21(2), 102-108.

3장 농업

1. Harvey, E. L., Denham, T., & Stevens, C. J. (2024). Early farming in Island Southeast Asia:

Archaeobotanical evidence and interpretive frameworks. Frontiers in Environmental Archaeology, 3, Article 1328315.

2. National Geographic Information Institute. (2022). Agriculture: Comprehensive Edition 2022.
3. Castillo, C. (2018). Development of cereal agriculture in prehistoric mainland Southeast Asia. Man in India, 95(4), 335-352.
4. Tudi, M., Ruan, H. D., et al. (2021). Agriculture development, pesticide application and its impact on the environment. International Journal of Environmental Research and Public Health, 18(3), Article 1112.
5. Tydence Davis from Las Vegas, CC BY 2.0, via Wikimedia Commons.
6. Price, T. D. (2009). Ancient farming in eastern North America. Proceedings of the National Academy of Sciences of the United States of America, 106(16), 6427-6428.
7. Statewide Dual Credit World History. (n.d.). The Agricultural and Industrial Revolutions [Online course module]. OER Commons. Retrieved June 24, 2025.
8. 1. John, D. A., & Babu, G. R. (2021). Lessons from the aftermaths of Green Revolution on food system and health. Frontiers in Sustainable Food Systems, 5, Article 644559.
9. Evenson, R. E., & Gollin, D. (2003). Assessing the impact of the Green Revolution, 1960 to 2000. Science, 300(5620), 758-762.
10. 한국학중앙연구원. (n.d.). 산미 증식 계획. 우리역사넷.
11. 국립민속박물관. (n.d.). 화학비료. 한국민족문화대백과사전.
12. 국가기록원. (n.d.). 통일벼 보급 및 쌀 생산 증대. 국가기록원 기록물 설명.
13. Kim, B., Kim, D. G., et al. (2014). Defining the genome structure of 'Tongil' rice, an important cultivar in the Korean "Green Revolution". Rice, 7(1), Article 22.
14. Food and Agriculture Organization of the United Nations. (2019, May). Key messages - Global Symposium on Soil Erosion. FAO. Retrieved June 20, 2025.
15. Rahman, S., Anik, A. R., & Sarker, J. R. (2022). Climate, environment and socio-economic drivers of global agricultural productivity growth. Land, 11(4), 512.
16. Menegat, S., Ledo, A., & Tirado, R. (2022). Greenhouse gas emissions from global production and use of nitrogen synthetic fertilisers in agriculture. Scientific Reports, 12, 14490.
17. Food and Agriculture Organization of the United Nations. (2024, November 14). Greenhouse gas emissions from agrifood systems. Global, regional and country trends, 2000-2022. FAOSTAT Highlights.
18. Nhlengetfwa, N., & Mamba, S. F. (2024). Socio-economic impacts of commercialisation of agriculture in the Kingdom of Eswatini: A case of Siphofaneni. Heliyon, 10(13), Article e33722.
19. National Park Service. (n.d.). Rachel Carson.
20. Silent Spring Institute. (n.d.). The legacy of Rachel Carson.
21. Wikimedia Commons. (2019, June 23). Rachel Carson National Wildlife Refuge dedication plaque [Photograph].
22. Bailey614. (2014, February 11). Rachel Carson 1907-1964 [bronze sculpture] [Photograph]. Wikimedia Commons.
23. 질병관리청. (2025). 유전자변형생물체 보건안전관리.
24. 법제처. (2018). 유전자변형생물체의 국가간 이동 등에 관한 법률 [시행 2019. 6. 12., 법률 제15868호, 2018. 12. 11., 일부개정]. 국가법령정보센터.
25. 국립농업과학원. (n.d.). LMO 소개-LMO란?.
26. U.S. Food and Drug Administration. (2024, March 5). Science and history of gmos and other food modification processes. her-food-modification-processes

27. Chakrabarti, A., Ganapathi, T. R., Mukherjee, P. K., & Bapat, V. A. (2003). MSI-99, a magainin analogue, imparts enhanced disease resistance in transgenic tobacco and banana. Planta, 216(4), 587-596.

28. Brookes, G. (2022). Farm income and production impacts from the use of genetically modified (GM) crop technology 1996-2020. GM Crops & Food, 13(1), 171-195.

29. Bekele-Alemu, A., Dessalegn-Hora, O., et al.(2025, March 21). Rethinking progress: harmonizing the discourse on genetically modified crops. Frontiers in Plant Science, 16, 1547928.

30. European Commission. (2024, June 14). Traceability and labelling.

31. Rozas, P., Kessi-Pérez, E. I., & Martínez, C. (2022). Genetically modified organisms: Adapting regulatory frameworks for evolving genome editing technologies. Biological Research, 55, 31.

32. Klümper, W., & Qaim, M. (2014). A meta-analysis of the impacts of genetically modified crops. PLoS One, 9(11), Article e111629.

33. Peterson, G. D., Cunningham, S. A., et al.(2000). The risks and benefits of genetically modified crops: A multidisciplinary perspective. Ecology and Society, 4(1), Article 13.

34. Londo, J. P., & Watrud, L. S. (2013). A systematic review of the environmental impacts of GM crop cultivation as reported from 2006 to 2011. Agricultural Sciences, 4(6A), 13-22.

35. Hamdan, M. F., Mohd Noor, S. N., et al. (2022). Green Revolution to Gene Revolution: Technological advances in agriculture to feed the world. Plants, 11(10), Article 1297.

36. Buiatti, M., Christou, P., & Pastore, G. (2013). The application of GMOs in agriculture and in food production for a better nutrition: Two different scientific points of view. Genes & Nutrition, 8(3), 255-270.

37. Magnusson, M. K., & Koivisto Hursti, U.-K. (2002). Consumer attitudes towards genetically modified foods. Appetite, 39(1), 9-24.

38. Schütte, G., Eckerstorfer, M., et al. (2017). Herbicide resistance and biodiversity: Agronomic and environmental aspects of genetically modified herbicide-resistant plants. Environmental Sciences Europe, 29(5).

39. 국제연합(UN). (1998). 환경문제에서 정보접근성, 대중의 의사결정참여, 사법접근성에 관한 협약(오르후스 협약). 세계법제정보센터.

40. United Nations Economic Commission for Europe. (2016, November 24). Promoting public participation and transparency in biosafety.

41. United Nations Economic Commission for Europe. (2024, June 3). Report on public participation in decision-making: Key outcomes and lessons learned from the fourth round of reporting (2021-2024) on the implementation of the Convention.

42. United Nations Economic Commission for Europe & Secretariat of the Convention on Biological Diversity. (2024, October). Pocket guide: Promoting effective access to information and public participation regarding living modified organisms/genetically modified organisms (LMOs/GMOs). UNECE & CBD.

43. Korea Biodiversity Research (국가생물다양성연구기관협의회). (2000). 당사국총회(COP) - 제5차 당사국총회. 국가생물다양성정보공유체계.

44. 한국민족문화대백과사전. (n.d.). 바이오 안전성에 대한 카르타헤나 의정서. 한국학중앙연구원.

45. Convention on Biological Diversity. (1992, June 5). United Nations.

46. Doggett, C. (2015). Label GMOs-Pembina Propane North Portland [Photograph]. Wikimedia Commons.

47. 소비자주권시민회의. (2022.10.6.). [보도자료] 유전자변형식품(GMO) 현황 실태조사. 가톨릭농민회.

48. 김희원. (2023, April 5). 주키니호박 논란으로 본 GMO… 여전히 우리 식탁에 [Q&A]. 세계일보.

49. 식품의약품안전처. (2025). 유전자 변형식품 등의 안전성 심사 규정 해설서 [민원인 안내서]. 식품의약품안전처.

50. 조성봉. (2025, June 18). 올해 GMO 신규승인 8개…대형로펌이 신청자 명단에 왜? 뉴시스(newsis.com).
51. 농림축산식품부, & 식품의약품안전처. (2023.3.26.). 국내산 주키니호박 종자에서 미승인 LMO 확인, 판매 중단 및 수거·폐기 조치 [보도자료].
52. 식품의약품안전처. (2023.4.3.). '주키니 호박' 가공식품 전수조사...2건 검출.조치 [보도자료].
53. 식품의약품안전처. (2023.4.10.). '주키니 호박' 가공식품 13건에서 미승인 호박 유전자 추가 검출.조치 [보도자료].
54. 채혜선. (2023.3.31.). "이미 조리했어도 전량 환불"…미승인 유전자변형 호박, 8년 유통 전말. 중앙일보.
55. 식품의약품안전처. (2017.01.25.). 「유전자변형식품등의 표시기준」 일부개정고시(고시 제2017-7호). 식품의약품안전처.
56. 식품의약품안전처. (n.d.). 유전자변형식품 표시제도 안내. 식품안전나라.
57. 식품의약품안전처. (2021). 「유전자변형식품등의 표시기준」 일부개정고시(안) 행정예고(식품의약품안전처 공고 제2021-035호).
58. 법제처. (2015.05.15.). 유전자변형식품 등의 표시. 국가법령정보센터, 생활법령정보.
59. 이상현. (2017.11.17.). 주요국별 유전자변형식품 표시제도 (KREI 논문 E03-2017-11-01). 한국농촌경제연구원.
60. 한정숙. (2017.8.17.). 장류의 기본 재료, 좋은콩 고르기 [큐레이션 게시물]. 농업기술포털 농사로.
61. United Nations Framework Convention on Climate Change. (2015). Paris Agreement.
62. U.S. Environmental Protection Agency. (2025, March 20). Sources and Solutions: Agriculture.
63. Hu, D., Wang, D., Pan, H., & Liu, X. (2025). Molecular mechanisms underlying resistance to Bacillus thuringiensis Cry toxins in lepidopteran pests: An updated research perspective. Agronomy, 15(1), 155.
64. U.S. Department of Agriculture, Foreign Agricultural Service. (2023, December 29). Agricultural biotechnology annual (GAIN Report No. KS2023-0020).
65. Jefferies, L. K. (2025). Shaping consumer perceptions of genetically modified foods: The influence of engineering, science, and design signifiers in packaging disclosure statements. Foods, 14(6), 909.
66. 소비자주권시민회의. (2022.10.6.). [보도자료] 유전자변형식품(GMO) 현황 실태조사.
67. Țopa, D.-C., Căpșună, S., Calistru, A.-E., & Ailincăi, C. (2025). Sustainable Practices for Enhancing Soil Health and Crop Quality in Modern Agriculture: A Review. Agriculture, 15(9), 998.
68. 세계보건기구(WHO). (2001.7.6.). Codex Alimentarius 위원회, 유전자변형식품 안전성 논의 및 독소 기준·유기축산 지침 승인.
69. FAO/WHO Codex Alimentarius. (n.d.). General Principles of the Codex Alimentarius.
70. 세계보건기구. (2014.5.1.). 유전자변형식품(FAQ).
71. Doebley, J. (n.d.). Images of teosinte and maize. Doebley Lab, University of Wisconsin-Madison. Retrieved June 20, 2025.
72. Zou, X., Jiang, X., et al. (2017). Transgenic citrus expressing synthesized cecropin B genes in the phloem exhibits decreased susceptibility to Huanglongbing. Plant Molecular Biology, 93(4-5), 341-353.
73. Hightower, R., Baden, C., et al. (1991). Expression of antifreeze proteins in transgenic plants. Plant Molecular Biology, 17(5), 1013-1021.
74. de Vos, C. J., & Swanenburg, M. (2018). Health effects of feeding genetically modified (GM) crops to livestock animals: A review. Food and Chemical Toxicology, 117, 3-12.
75. Sharma, R., Ben Hadda, T., & Kumar, S. (2022). Genetically engineered crops for sustainably enhanced food production systems. Frontiers in Plant Science, 13, 1027828.
76. Azarbad, H. (2022). Conventional vs. organic agriculture-which one promotes better yields and microbial resilience in rapidly changing climates? Frontiers in Microbiology, 13, Article 903500.
77. Food and Agriculture Organization. (2023). The state of food and agriculture 2023: The true

cost of food—Estimating what food really costs: The economics of food systems. FAO.

78. Feledyn-Szewczyk, B., & Kopiński, J. (2024). Productive, environmental and economic effects of organic and conventional farms—Case study from Poland. Agronomy, 14(4), 793.

79. Food and Agriculture Organization. (2009). Globally Important Agricultural Heritage Systems (GIAHS): Conservation and adaptive management (FAO GCP/GLO/212/GFF). FAO.

80. Schmid, J. (2008). Wurzelrebläuse auf einer Rebwurzel [Photograph]. Wikimedia Commons.

81. Edward Linley Sambourne (January 4, 1844-August 3, 1910). Phylloxera cartoon [Cartoon]. Wikimedia Commons.

82. 국제슬로푸드한국협회. (2025). 맛의 방주.

83. 행복이 가득한 집. (2015).

84. 통계청. (2025). 유기농경작면적률. 국가통계포털 KOSIS.

85. FiBL, & IFOAM-Organics International. (2025, February). The World of Organic Agriculture 2025. FiBL.

86. Barański, M., Średnicka-Tober, D., et al. (2014). Higher antioxidant and lower cadmium concentrations and lower incidence of pesticide residues in organically grown crops: a systematic literature review and meta-analyses. British Journal of Nutrition, 112(5), 794-811.

87. Food and Agriculture Organization of the United Nations. (2019). The State of the World's Biodiversity for Food and Agriculture (J. Bélanger & D. Pilling, Eds.). FAO Commission on Genetic Resources for Food and Agriculture Assessments (572 pp.). 098d07df60a/content

88. Ponisio, L. C., M'Gonigle, L. K., et al. (2015). Diversification practices reduce organic to conventional yield gap. Proceedings of the Royal Society B: Biological Sciences, 282(1799), 20141396.

89. Willer, H., Trávníček, J., & Schlatter, B. (Eds.). (2024). The World of Organic Agriculture: Statistics & Emerging Trends 2024. Research Institute of Organic Agriculture (FiBL) & IFOAM-Organics International.

90. European Commission. (2025). Organic farming. European Commission.

91. 김민태 외. (2012.11.7.). 작물을 키우는 작물-친환경농업의 감초, 녹비작물. 농업기술포털 농사로.

92. Yoneda, Y. (2007, January 2). Natural farming greening the deserts: Japanese farmer-philosopher Fukuoka Masanobu. Asia-Pacific Journal: Japan Focus, 5(1), Article 2337.

93. Ferguson, R.S., Lovell, S.T. Permaculture for agroecology: design, movement, practice, and worldview. A review. Agron. Sustain. Dev. 34, 251-274 (2014).

94. Krebs, J., & Bach, S. (2018). Permaculture—Scientific Evidence of Principles for the Agroecological Design of Farming Systems. Sustainability, 10(9), 3218.

95. Keli'ikuli, A., Smith, K., & Lee, C. N. (2019). Natural farming: The development of indigenous microorganisms using Korean natural farming methods (SA-19). College of Tropical Agriculture and Human Resources, University of Hawai'i at Mānoa.

96. PIM (2019). Permaculture in motion: promoting education on sustainable infrastructures. Sustainable Development Goals Partnerships Platform.

97. Reiff, J., Jungkunst, H.F., Mauser, K.M. et al. (2024). Permaculture enhances carbon stocks, soil quality and biodiversity in Central Europe. Commun Earth Environ 5, 305

98. Forte Taylor, R.C., Clark, O.G. & Malard-Adam, J.J. (2025). Assessment of permaculture integration into gray and mainstream scientific literature in four languages. A review. Agron. Sustain. Dev. 45, 36 .

99. Holmgren, D. (n.d.). The 12 principles of permaculture. Permaculture Principles.

100. PermaKulturgut.de. (2010, May 27). Permaculture garden [Photograph]. Wikimedia Commons.

101. Naver. (n.d.). 기적의 사과 포토.

102. Menegat, S., Ledo, A. & Tirado, R. (2022). Greenhouse gas emissions from global production and use of nitrogen synthetic fertilisers in agriculture. Sci Rep 12, 14490.

103. Food and Agriculture Organization of the United Nations. (2024, December 20). Agricultural production statistics 2010-2023 [FAOSTAT analytical brief No. 96]. FAO.

104. Tulloch, A. I. T., Borthwick, F., et al. (2023). How the EAT-Lancet Commission on food in the Anthropocene influenced discourse and research on food systems: A systematic review covering the first 2 years post-publication. The Lancet Global Health, 11(7), e955-e968.

105. Daño, E. C. (2007). Potential socio-economic, cultural and ethical impacts of GMOs: Prospects for socio-economic impact assessment. Third World Network.

106. 김경자, 서석철, & 이범규. (2010). GMO식품에 대한 소비자의 긍정적·부정적 인식:정량조사와 정성조사를 통한 통합적 접근. 소비자정책교육연구, 6(3), 75-93.

107. 최윤, & 김병수. (2022). GM 작물의 국내 환경방출: 민관합동조사를 중심으로. 시민사회와 NGO, 20(1), 409-443.

108. Ibanez, M., & Blackman, A. (2016). Is eco-certification a win-win for developing country agriculture? Organic coffee certification in Colombia. World Development, 82, 14-27.

109. Rainforest Alliance. (2020). UTZ Certified Program.

4장 풍요의 시대, 그리고 그 대가

1. Gee, A. (2006, October 14). Commander Zucchiduck [Photograph]. Wikimedia Commons.

2. Gustavsson, J., Cederberg, C., et al. (2011). Global food losses and food waste-Extent, causes and prevention. Food and Agriculture Organization of the United Nations.

3. Borrelle, S. B., Ringma, J., et al. (2020). Predicted growth in plastic waste exceeds efforts to mitigate plastic pollution. Science, 369(6510), 1515-1518.

4. Gpx-evo. (2012). エホバク（韓国かぼちゃ）002 [사진]. Wikimedia Commons.

5. Underwood, P., & Yoon, D. Y. (2017, May). Examples of Korea's successful policies in waste management & lessons learned that could apply in other countries (Sustainable Development Goals Policy Brief Series No. 4). United Nations Development Programme, Seoul Policy Centre.

6. Yu, K.-Y. (2017, January 13). Volume-based waste fee (VBWF) system for municipal solid waste. Seoul Metropolitan Government, Seoul Solution.

7. Cho, I.-H., & Kang, M. (2017, July). Comprehensive study of waste management policies & practices in Korea and recommendations for LDCs and MICs (Sustainable Development Goals Policy Brief Series No. 3). United Nations Development Programme, Seoul Policy Centre.

8. Organisation for Economic Co-operation and Development. (2022). Global Plastics Outlook: Economic Drivers, Environmental Impacts and Policy Options(Highlights). OECD Publishing.

9. United Nations Environment Programme. (2021). Food waste index report 2021.

10. Food and Agriculture Organization of the United Nations. (2021). Voluntary code of conduct for food loss and waste reduction.

11. World Wide Fund for Nature. (2021). Driven to waste: Global food loss on farms.

12. Robertson, G. L. (2021). Recycling of aseptic beverage cartons: A review. Recycling, 6(1), 20.

13. Organisation for Economic Co-operation and Development. (2022). Global plastics outlook: Economic drivers, environmental impacts and policy options. OECD Publishing.

14. 제주특별자치도 제주시. (2023.6.4.). 제주특별자치도 제주시, 감귤생산 및 처리현황[데이터 세트]. 공공데이터 포털.

15. United Nations Environment Programme. (2024). Food Waste Index Report 2024. UNEP.
16. FAO, IFAD, UNICEF, WFP, & WHO. (2024). The State of Food Security and Nutrition in the World 2024 – Financing to end hunger, food insecurity and malnutrition in all its forms.
17. Yu, K.-Y. (2012). Pay as you throw system of Seoul. Seoul Solution.

5장 변화하는 음식문화

1. Berryer, P. A. (2015, June 19). Décret d'Allarde, Loi Le Chapelier, textes libéraux? [Allarde Decree, Le Chapelier Law, liberal texts?]. Contrepoints Archives.
2. Brennan, T. (2014). [Review of the book Defining culinary authority: The transformation of cooking in France, 1650-1830, by J. J. Davis]. The American Historical Review, 119(3), 988-989.
3. Alimentarium. (n.d.). Origins of the restaurant. Alimentarium. Retrieved August 17, 2025.
4. Vardi, L. (1988). The abolition of the guilds during the French Revolution. French Historical Studies, 15(4), 704-717.
5. Fitzsimmons, M. P. (1996). The National Assembly and the abolition of guilds in France. The Historical Journal, 39(1), 133-154.
6. Barbier, E. J. F. (1857). A bread riot [Primary source document]. In Chronique de la régence et du règne de Louis XV ou journal de Barbier (Vol. 1, pp. 350-351, 399-403). G. Charpentier et Cie. Liberty, Equality, Fraternity: Exploring the French Revolution.
7. Companje, K. P., Hendriks, R. H. M., et al. (2009). The end of the guild system, 1789-1820. In K. P. Companje, R. H. M. Hendriks, K. F. E. Veraghtert, & B. E. M. Widdershoven (Eds.), Two centuries of solidarity: Social health insurance in Germany, Belgium and the Netherlands, 1770-2008 (pp. 39-44). Amsterdam University Press.
8. Fine, B. (2020). The transformative influence of La Varenne's Le Cuisinier Francois (1651) on French culinary practice. Frontiers in Nutrition, 7, 42.
9. Kwon, D. Y., Soon-Hee, K., et al. (2023). Science and philosophy of Korea traditional foods (K-food). Journal of Ethnic Foods, 10(1), 26.
10. Clark, P. P. (1975). Thoughts for food, I: French cuisine and French culture. The French Review, 49(1), 32-41.
11. Boyer d'Argent, J.-B. (1747). Catherine de Médicis [Image]. Wikimedia Commons.
12. Pinkard, S. (2008, November). Busting French cuisine myths. Fifteen Eighty Four: Cambridge University Press Blog.
13. Flandrin, J.-L. (2007). Arranging the meal: A history of table service in France (J. E. Johnson, Trans.; with S. Roder & A. Roder). University of California Press.
14. Rozin, P. (2005). The meaning of food in our lives: A cross-cultural perspective on eating and well-being. Journal of Nutrition Education and Behavior, 37(Suppl. 2), S107-S112.
15. Chevalier de Cussy. (1855). Marie-Antoine Carême [Portrait]. Wikimedia Commons.
16. Cornell University Library. (n.d.). Gastronomy. In Not by Bread Alone. Cornell University Library Digital Collections.
17. Popo le Chien. (2015, February 8). Pate feuilletee [Image]. Wikimedia Commons.
18. JIP. (2025, January 30). Seafood vol-au-vent at The Rook [Photograph]. Wikimedia Commons.
19. Carême, M.-A. (1828). Le pâtissier pittoresque [Digital facsimile, p. 76]. Firmin Didot.
20. Carême, M.-A. (1842). Le pâtissier pittoresque [Digital facsimile, p. n77]. Jules Renouard et Cie.
21. Nash, J. (1826). The Great Kitchen, Royal Pavilion, Brighton [Hand-coloured aquatint].

Wikimedia Commons.

22. Tim riley. (2023, January 12). Employers of Carême [Image]. Wikimedia Commons.
23. Carême, M.-A. (1833). Le Pâtissier national parisien, ou Traité élémentaire et pratique de la pâtisserie ancienne et moderne [Image]. Wikimedia Commons.
24. Le maître d'hôtel français [Illustration]. (1822). Wikimedia Commons.
25. Carême, M.-A. (1842). Illustration du Cuisinier parisien [Image]. Wikimedia Commons.
26. del Moral, R. G. (2020). Gastronomic paradigms in contemporary western cuisine: From french haute cuisine to mass media gastronomy. Frontiers in Nutrition, 6, 192.
27. Newnham-Davis, N. (1914). Photograph of Auguste Escoffier [Photograph]. Wikimedia Commons.
28. Schweizerische Verkehrszentrale, (1976). César Ritz, Max Pfyffer, Auguste Escoffier [Image]. Wikimedia Commons. Retrieved August 4, 2025.
29. Richards, S. (2013, August 4). Savoy Hotel, Strand [Photograph]. Wikimedia Commons.
30. Unknown photographer. (ca. 1903). London, The Carlton Hotel [Photograph]. Wikimedia Commons.
31. Escoffier, A. (1903). Le guide culinaire-aide-mémoire de cuisine pratique [Title page]. Wikimedia Commons.
32. Escoffier, A. (1934). Ma cuisine [Book cover]. Wikimedia Commons.
33. Agence Meurisse. (1928). Banquet au Palais d'Orsay en l'honneur d'Auguste Escoffier, meilleur cuisinier de France, ici avec Edouard Herriot [Photograph]. Wikimedia Commons.
34. Blackley, S., & Reid, D. (2022). Gastronomy. In D. Szanto, A. Di Battista, & I. Knezevic (Eds.), Food Studies: Matter, Meaning, Movement. Food Studies Press.
35. Arnaud 25. (2007, February 11). Paul Bocuse à un concours de Cordon Bleu par Marie Thérèse Grappe [Photograph]. Wikimedia Commons.
36. Institut Paul Bocuse. (n.d.). Restaurant Paul Bocuse. Retrieved August 4, 2025.
37. Rao, H., Monin, P., & Durand, R. (2003). Institutional Change in Toque Ville: Nouvelle Cuisine as an Identity Movement in French Gastronomy. American Journal of Sociology, 108(4), 795-843.
38. Sifry, D. (2007, June 4). Alice Waters at Viader Vinyards, Napa [Photograph]. Wikimedia Commons.
39. Edible Schoolyard Project. (n.d.). About us. Retrieved August 4, 2025.
40. Karpouzis, F., Anastasiou, K., et al. (2025). Effectiveness of school-based nutrition education programs that include environmental sustainability components on fruit and vegetable consumption of 5-12-year-old children: A systematic review. Journal of Nutrition Education and Behavior, 00(ahead-of-print), 1-16.
41. Generalitat de Catalunya. (2014, September 2). Ferran Adrià en la presentación de 'Un proyecte per compartir' [Photograph]. Wikimedia Commons.
42. Bartelme, N. (2011, February 27). Olive oil chip, El Bulli [Photograph]. Wikimedia Commons.
43. Caporaso, N. (2021). The impact of molecular gastronomy within the food science community. In C. M. Galanakis (Ed.), Gastronomy and Food Science (pp. 1-18).
44. City Foodsters. (2013, June 14). Course-7 Carrot-Tartare with Rye Bread and Condiments. Wikimedia Commons.
45. Bon Appétit. (2024, June 10). Chef Daniel Humm on Eleven Madison Park's plant-based chapter. Bon Appétit.
46. How the Green Michelin Star recategorized sustainable gastronomy. (2024). Edinburgh Business School Dissertation Executive Summaries. University of Edinburgh Business School.

47. Huang, Y., Hall, C. M., & Chen, N. (2023). The sustainability characteristics of Michelin Green Star Restaurants. Journal of Foodservice Business Research, 28(2), 219–244.

48. Mejia, C., & Wilson, K. (2024). Coming to terms with a socially unsustainable fine dining business model. International Journal of Contemporary Hospitality Management, 36(10), 3403–3428.

49. Ferguson, P. P. (1998). A cultural field in the making: Gastronomy in 19th-century France. American Journal of Sociology, 104(3), 597–641.

50. Grimod de La Reynière. (1804). Almanach des gourmands vol. 1 (1803) frontispicium et titulus. Wikimedia Commons.

51. Anonymous. (1900). Guide Michelin. Wikimedia Commons.

52. Doğan, M., & Öztürk, S. M. (2023, September 10). Yemek Eleştirmenliğinin Gastronomiye Olan Etkilerinin Araştırılması [Investigation of the effects of food criticism on gastronomy]. Sosyal, Beşeri ve İdari Bilimler Dergisi (Journal of Social, Humanities and Administrative Sciences), 6(9), 1167–1181.

53. Kelso, A. (2019, April 2). What is Zagat and how do Zagat reviews work? Eater.

54. Smith, A. D. (2015). Reputation management and user-generated content. Journal of Consumer Marketing, 32(2), 86–94.

55. Sunday. (n.d.). Google Reviews: Why they matter for US restaurants' e-reputation. Sunday.

56. 강보라. (2018). SNS상의 이미지 생산과 의미에 관한 연구: '먹스타그램' 사례를 중심으로. 영상문화, 33, 5–32.

57. Sanskriti, S., Guglani, I., Joshi, S., & Anjankar, A. (2023). The spectrum of motivations behind watching mukbang videos and its health effects on its viewers: A review. Cureus, 15(8), e44392.

58. Wang Medina, J. (2025). Consumption, class, and the cosmopolitan in twenty-first-century South Korean culinary dramas. Journal of Korean Studies, 30(1), 49–73.

59. World Obesity Federation. (2020, March 4). World Obesity Day: 'All countries significantly off track to meet 2025 WHO targets on Obesity'. World Obesity Federation.

60. World Health Organization. (2025. May 7). Obesity and overweight. WHO Fact Sheets.

61. World Health Organization. (2022, July 6). UN Report: Global hunger numbers rose to as many as 828 million in 2021. WHO.

62. World Health Organization. (2025, July 28). Global hunger declines, but rises in Africa and western Asia: UN report. WHO.

6장 먹거리 소비자의 필수 교양, 푸드 리터러시 & 제로 웨이스트

1. Renwick, K. (2022). What is Food Literacy? Provocation paper. University of British Columbia. Food Literacy Research.

2. Silva, P., Araújo, R., et al. (2023). Nutrition and Food Literacy: Framing the Challenges to Health Communication. Nutrients, 15(22), 4708.

3. Mengi Çelik, Ö., Akçakaya, S. D., & Ekici, E. M. (2025). Relationship between sustainable food literacy, organic food consumption and climate change awareness and worry in Türkiye. BMC Public Health, 25(1), 2491.

4. U.S. Environmental Protection Agency. (2025, August 6). Reduce, reuse, recycle.

5. Zaman, A. U., & Lehmann, S. (2011). Challenges and opportunities in transforming a city into a "zero waste city". Challenges, 2(4), 73–93.

6. Zaman, A. U., & Lehmann, S. (2013). The zero waste index: A performance measurement tool for waste management systems in a "zero waste city". Journal of Cleaner Production, 50, 123–132.

7. Ethical Consumer. (n.d.). Ethical Consumer.
8. Ethical Consumer Research Association. (2016). A Beginner's Guide to Ethical Consumer (EC163 Nov/Dec 2016). Ethical Consumer.
9. Cordella, M., Alfieri, F., et al. (2021). Durability of smartphones: A technical analysis of reliability and repairability aspects. Journal of Cleaner Production, 286, 125388.
10. Fletcher, S., March, A. L. A., et al. (2023). Turning off the tap: How the world can end plastic pollution and create a circular economy. United Nations Environment Programme.
11. Madrigal, G. B. (2020). Patagonia Rethread: Creating a retail recycling program for post-consumer clothing [Master's project, California State Polytechnic University, Pomona]. ScholarWorks.
12. Lopes, F. (Director), & Rogerson, C. (Producer). (2020). Textile Mountain: The hidden burden of our fashion waste [Documentary film].
13. Cobbing, M., Daaji, S., et al. (2022). Poisoned gifts: From donations to the dumpsite: Textile waste disguised as second-hand clothes exported to East Africa. Greenpeace Germany.
14. Quashie-Idun, S. (2024). Fast Fashion, Slow Poison: The Toxic Textile Crisis in Ghana. Greenpeace Africa & Greenpeace Germany.
15. KBS 환경스페셜. (2022, March 10). 달걀 1개만 깨져도 한 판이 통째로 쓰레기통으로! 음식물 쓰레기의 진실 [Video]. YouTube.
16. European Commission. (2020, May 20). Farm to Fork Strategy. European Commission.
17. Clark, M. A., Domingo, N. G. G., et al. (2020). Global food system emissions could preclude achieving the 1.5° and 2°C climate change targets. Science, 370(6517), 705-708.
18. United Nations Environment Programme. (2021). Food Waste Index Report 2021. UNEP.
19. United Nations Environment Programme. (2024). Food Waste Index Report 2024: Think Eat Save - Tracking Progress to Halve Global Food Waste. UNEP.
20. 문화체육관광부. (2024.9.9.). 쓰레기를 뒤집다: 한국은 어떻게 98% 음식물 쓰레기 재활용을 달성했는가 [Turning the tables on trash: How Korea achieved 98 percent food waste recycling]. Korea Here & Now.
21. European Commission. (n.d.). Food waste. European Commission - Food Safety.
22. United Nations Framework Convention on Climate Change. (2024, September 30). Food loss and waste account for 8-10% of annual global greenhouse gas emissions; cost USD 1 trillion annually. UNFCCC.
23. 농식품정보누리. (2024.9.3.). 가장 안전하고 신선하게! 로컬푸드: 로컬에서 피어나는 다양한 맛의 세계. 농식품정보누리.
24. 한국리서치. (2020.9.23.). [기획] 방식은 달라도 가치가 모여 실현하는 착한 소비. HRC오피니언.
25. The Ocean Cleanup. (2022, November 17). The Great Pacific Garbage Patch.
26. National Oceanic and Atmospheric Administration. (2023, October 31). GWJarbage patches.
27. U.S. Environmental Protection Agency. (2025, January 8). CPRG - Electric power sector infographic.
28. National Oceanic and Atmospheric Administration. (2022, August). Sunscreen chemicals and coral reefs. NOAA Ocean Service.
29. National Science Foundation. (2022, June 8). Common component of many sunscreens may hasten corals' demise. NSF News.
30. Iorent, Y., Nemoto, M., et al. (2024). Dangers of oxybenzone in sunscreens on coral reefs: Proposed policy approaches.
31. United Nations Environment Programme. (2025, June 10). UNEP releases guidelines to curb environmental impact of data centres. UNEP.

32. 이근대, & 임덕오. (2024). 재생에너지 공급확대를 위한 중장기 발전단가(LCOE) 전망 시스템 구축(5/5) [기본연구보고서 2024-22]. 에너지경제연구원.
33. Erben, A., & Erdil, E. (2025). How much energy does ChatGPT use? Epoch Gradient Updates.
34. Kamiya, G. (2020, December 11). The carbon footprint of streaming video: Fact-checking the headlines. International Energy Agency (IEA).
35. Abdulla, R., & Fox, L. (2020, March 25). Thinking of self-isolating and watching a movie tonight? Here's how you'll be affecting the environment. World Economic Forum.
36. Zhao, C. (2025, July 2). How much energy does your AI prompt use? It depends. Science News.
37. 이재훈. (2024.7.1.). 10%, 49% 그리고 3.5%. 한겨레21.
38. 1.5℃ 라이프스타일 실천연대. (n.d.). 1.5℃ 라이프스타일. 녹색전환연구소.
39. City to Sea. (n.d.). Our history: Honouring our journey, from humble beginnings.
40. TechSci Research. (2024). Zero Waste Grocery Store Market - Global industry size, share, trends, opportunity, and forecast, 2020-2030.
41. ValuePro Research Centre. (2023). Zero-waste grocery stores: The rise of packaging-free shopping.
42. iPixel Creative. (2025, May 9). The best zero-waste stores around the world.
43. Plogging World. (2022, May 6). Welcome to the worldwide plogging event! Plogging World.
44. Pliking Inc. (n.d.). Be a part of the solution.
45. U.S. Food and Drug Administration. (2020, July 23). All about BSE (mad cow disease). FDA/Animal Health Literacy.
46. 해양수산부. (2019). '토종 돌고래' 상괭이를 위한 바다놀이터를 만듭니다 ɷ̆̈ ◡ ̆̈ɷ. 해양수산부.
47. Clean Energy Wire. (n.d.). EU's Farm to Fork strategy impacts climate, productivity, and trade. Clean Energy Wire.
48. Zhuang, P., Wang, F., et al. (2024). Unhealthy plant-based diet is associated with a higher cardiovascular disease risk in patients with prediabetes and diabetes: a large-scale population-based study. BMC Medicine, 22, Article 485.
49. 이서희. (2025, June 2). "플라스틱 오염 이제 그만"…제주서 열린 '특별한 장례식'. 제주도민일보. Retrieved August 21, 2025, from
50. Storybowl. (2024). 달샤베트 [Web story]. Storybowl.

저자소개

최준석

브런치 필명: '걱정 많은 아저씨' 혹은 '뿡핑룡 아빠'

두 아들의 아빠이자 남편으로 제주살이 8년 차, 제주한라대학교 호텔외식경영학과에서 학생들을 가르치고 있는 교수입니다. 아주대학교에서 화학공학을 전공했지만, 고민 끝에 세종대학교 조리외식경영학과에 진학해 석사학위를 취득하고, 취사병으로 요리에 입문했습니다. 외식경영이 너무 재미있었지만, 경영을 잘해서 팔아야 할 제품인 '음식'에 대해서 하나도 모르는데 거짓말을 하는 건 아닐까? 고민 끝에 미국 뉴욕주 하이드파크에 있는 CIA(Culinary Institute of America) 조리학교에서 AOS 과정을 마쳤습니다. 음식이 가진 가치가 즐거움이고 영속적이지 못한 작품이라는 생각에 평생 이 일을 할 만한 가치가 있나, 또다시 걱정에 빠졌지만, 존 로빈스 저자의 "음식 혁명(Food Revolution)"을 읽고 깊은 배움과 위안을 받아, 조리사의 기술적인 측면보다 식생활, 식문화, 음식의 가치와 식량으로서의 자원, 이런 혜택을 주는 모든 자연과 환경에 관심을 기울이고 배우고, 가르치고 실천하려 합니다.

경기도 이천에 자리한 '청강문화산업대학교 에코라이프 스쿨(현 푸드스쿨)'에서 강의를 시작한 후로 약 13년 차 교수자로 학생들을 가르치고 있으며, 여전히 세종대학교 조리외식경영학과 박사과정을 수료한 학생이라는 신분으로 존경하는 '정유경 교수님'의 지도를 받으며 매일매일 좌충우돌 배우며 살아가는 중년, 이 시대 보통의 '가장'이자 '남편', '애들 아빠'이자 '걱정 많은 아저씨'입니다.

저자와의
합의하에
인지첩부
생략

바른 먹거리 착한 소비

2025년 9월 5일 초판 1쇄 인쇄
2025년 9월 10일 초판 1쇄 발행

지은이 최준석
펴낸이 진성원
펴낸곳 (주)백산출판사
교 정 박시내
본문디자인 신화정
표지디자인 오정은

등 록 2017년 5월 29일 제406-2017-000058호
주 소 경기도 파주시 회동길 370(백산빌딩 3층)
전 화 02-914-1621(代)
팩 스 031-955-9911
이메일 edit@ibaeksan.kr
홈페이지 www.ibaeksan.kr

ISBN 979-11-7385-070-7 03590
값 29,000원